LET THERE BE WATER

Israel's Solution for a Water-Starved World

Seth M. Siegel

水危機を乗り越える!

砂漠の国イスラエルの驚異のソリューション

セス・M・シーゲル

秋山 勝=訳

草思社

レイチェル・リングラーへ――
妻にして友人であり人生のパートナー、そして私のインスピレーションの源

水に照《うつ》せば面《かほ》と面と相肖《あひに》るがごとく人の心は人の心に似たり
――『箴言』二七章一九

LET THERE BE WATER
Israel's Solution For A Water-Starved World
by
Seth M. Siegel

Japanese translation rights arranged with Seth M. Siegel
c/o William Morris Endeavor Entertainment LLC., New York
through Tuttle-Mori Agency, Inc., Tokyo

水危機を乗り越える！◉目次

イスラエル水関連小史

一九二〇年：イギリスによるパレスチナ委任統治が始まる。支配地には今日のイスラエル、ヨルダン川西岸地区、ガザ地区が含まれていた。

一九三七年：のちにイスラエルの国営水道会社となるメコロットが創立。

一九三八年：ナザレ南方のエズレル渓谷に導水管が敷設、水の供給が開始される。近現代に実施されたパレスチナの地の水利基盤工事として、この工事は最初の大規模プロジェクトになった。

一九三九年五月：イギリスが白書を発布、ユダヤ人のパレスチナ入植が厳しく制限される。統治当局は水不足を理由に同地区の人口増加を抑制、その最初の命令となった。

一九三九年七月：白書を受け、シオニストは水資源の運用と管理を統合した全国規模の精緻な水利開発計画を立案する。

一九四七年：ネゲヴ砂漠の地下で帯水層を発掘、砂漠を農地化する灌漑農法の水源となる。

一九四八年五月十四日：イギリスの委任統治終了。イスラエル独立宣言。

一九五五年七月：ヤルコン川－ネゲヴ砂漠間に導水管が竣工。イスラエル中央部の水が南部の砂漠地帯の農耕地にもたらされる。

一九五九年八月：包括的水管理法案の通過にともない、水資源とその使用に関する管理がイスラエル政府に委ねられる。規制機関としてイスラエル水委員会が設立される。

一九六四年六月一～二日：レヴィ・エシュコルがイスラエル首相としてはじめてアメリカを正式訪問、アメリカ大統領リンドン・ジョンソンと海水淡水化事業に関して議論を深める。
一九六四年六月十日：国営水輸送網が操業開始、イスラエル国内で全国規模の給水系統が整う。
一九六六年：点滴灌漑用の装置がはじめて発売される。
一九六九年：廃水処理施設のシャフダンが操業を開始。
一九八九年：シャフダンの再生水をネゲヴ地区の農耕地に輸送する導水管工事が竣工。
一九九五年：イスラエル－パレスチナ自治政府間のオスロ合意Ⅱの一環としてパレスチナ水道局が設立。
二〇〇〇年：デュアル・フラッシュトイレの採用が新築に際して義務づけられる。
二〇〇五～一六年：地中海沿岸に五カ所の巨大海水淡水化プラントを建造、飲料水をおもに供給。
二〇〇六年：イスラエル水委員会の後継機関であるイスラエル水管理公社が設立。大きな権限を有するものの、技術官僚が中心の組織で政治色は排されている。
二〇一〇年：国内全域で実質費用による水道料金の課金が始まる。基礎自治体ごとに水道事業体が組織され、上下水道の権限が市長から切り離される。
二〇一三年十月：イスラエル政府、国の水が天候から独立を果たしたことを宣言。
二〇一三年十二月：イスラエル、ヨルダン、パレスチナ自治政府の三者による「紅海－死海パイプライン事業」への合意が発表される。
二〇一四年三月：イスラエル－カリフォルニア州が水管理に関する事業協力に同意したと発表。

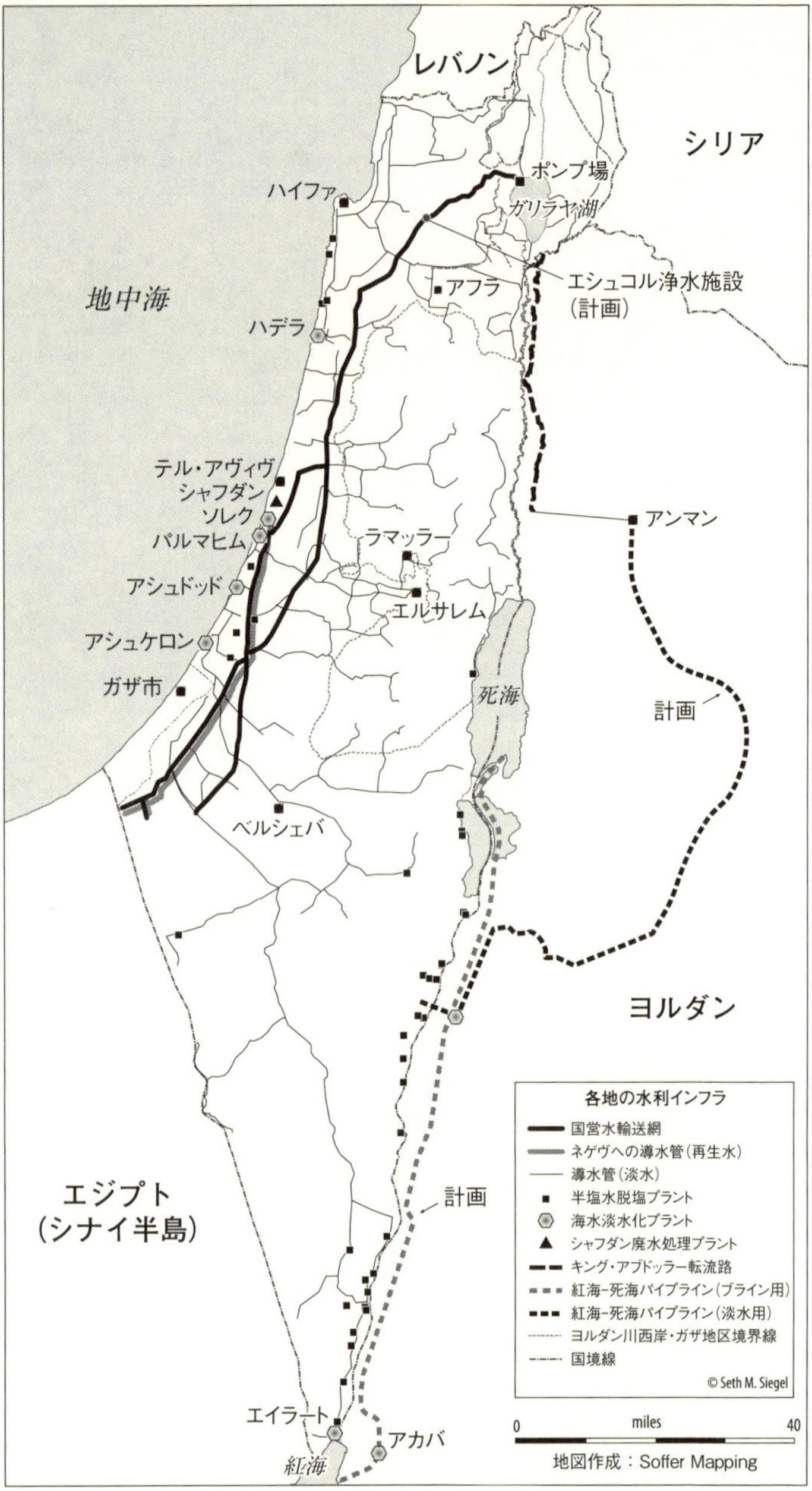
レバノン
シリア
ポンプ場
ガリラヤ湖
ハイファ
エシュコル浄水施設
(計画)
アフラ
地中海
ハデラ
テル・アヴィヴ
シャフダン
ソレク
パルマヒム
ラマッラー
アンマン
アシュドッド
エルサレム
アシュケロン
ガザ市
死海
計画
ベルシェバ
ヨルダン
各地の水利インフラ
国営水輸送網
ネゲヴへの導水管(再生水)
導水管(淡水)
半塩水脱塩プラント
海水淡水化プラント
シャフダン廃水処理プラント
キング・アブドッラー転流路
紅海–死海パイプライン(ブライン用)
紅海–死海パイプライン(淡水用)
ヨルダン川西岸・ガザ地区境界線
国境線
© Seth M. Siegel
エジプト
(シナイ半島)
計画
0
miles
40
エイラート
アカバ
紅海
地図作成：Soffer Mapping

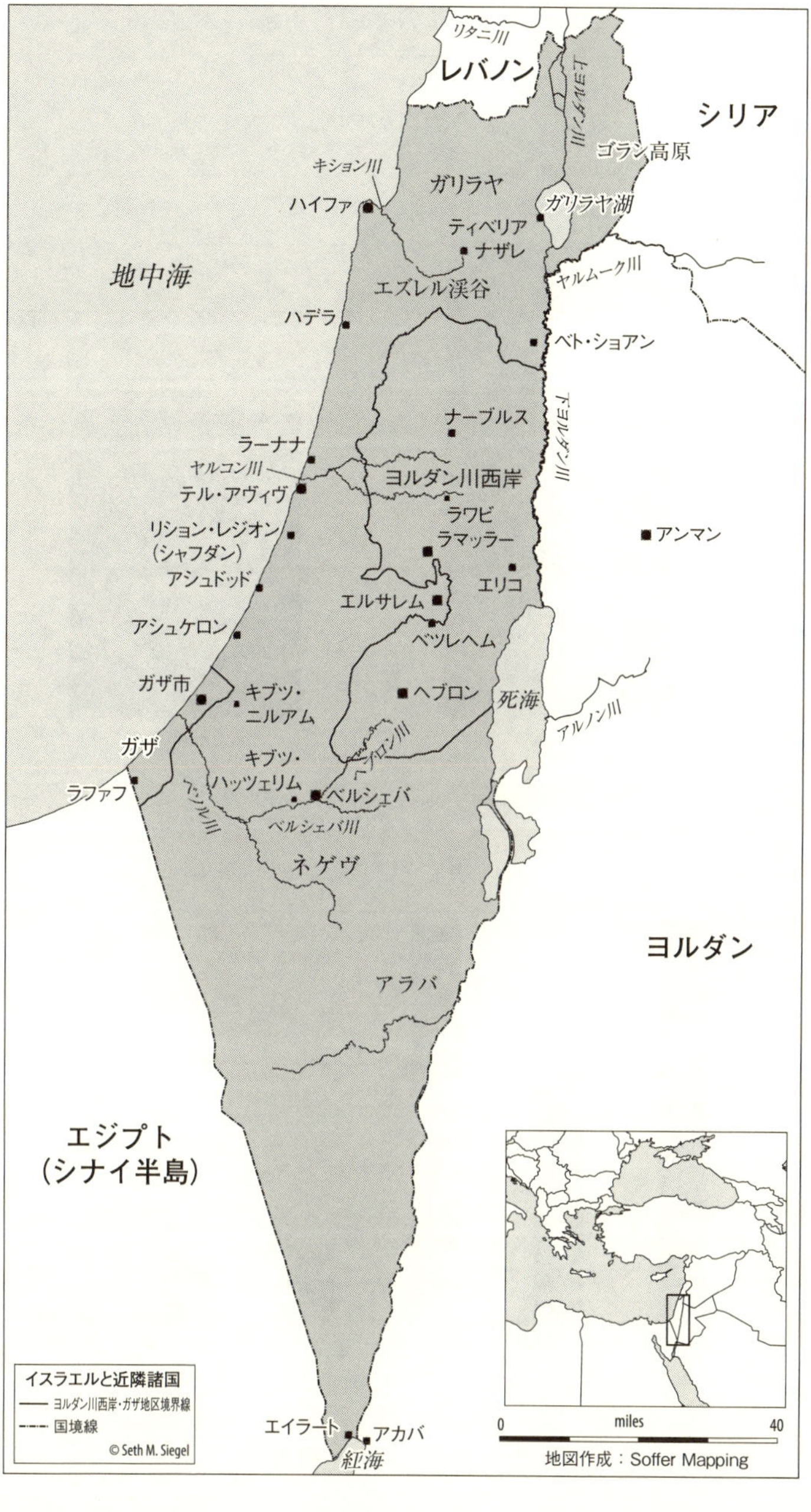
リタニ川
レバノン
上ヨルダン川
シリア
ゴラン高原
キション川
ガリラヤ
ハイファ
ガリラヤ湖
ティベリア
ナザレ
地中海
ヤルムーク川
エズレル渓谷
ハデラ
ベト・ショアン
ナーブルス
下ヨルダン川
ラーナナ
ヤルコン川
ヨルダン川西岸
テル・アヴィヴ
ラワビ
リション・レジオン
(シャフダン)
ラマッラー
アンマン
アシュドッド
エリコ
エルサレム
アシュケロン
ベツレヘム
ガザ市
キブツ・
ニルアム
ヘブロン
死海
アルノン川
ヘブロン川
ガザ
キブツ・
ハッツェリム
ラファフ
ベソル川
ベルシェバ
ベルシェバ川
ネゲヴ
ヨルダン
アラバ
エジプト
(シナイ半島)
イスラエルと近隣諸国
ヨルダン川西岸・ガザ地区境界線
国境線
© Seth M. Siegel
エイラート
アカバ
紅海
0
miles
40
地図作成：Soffer Mapping

イスラエルの水源と用水

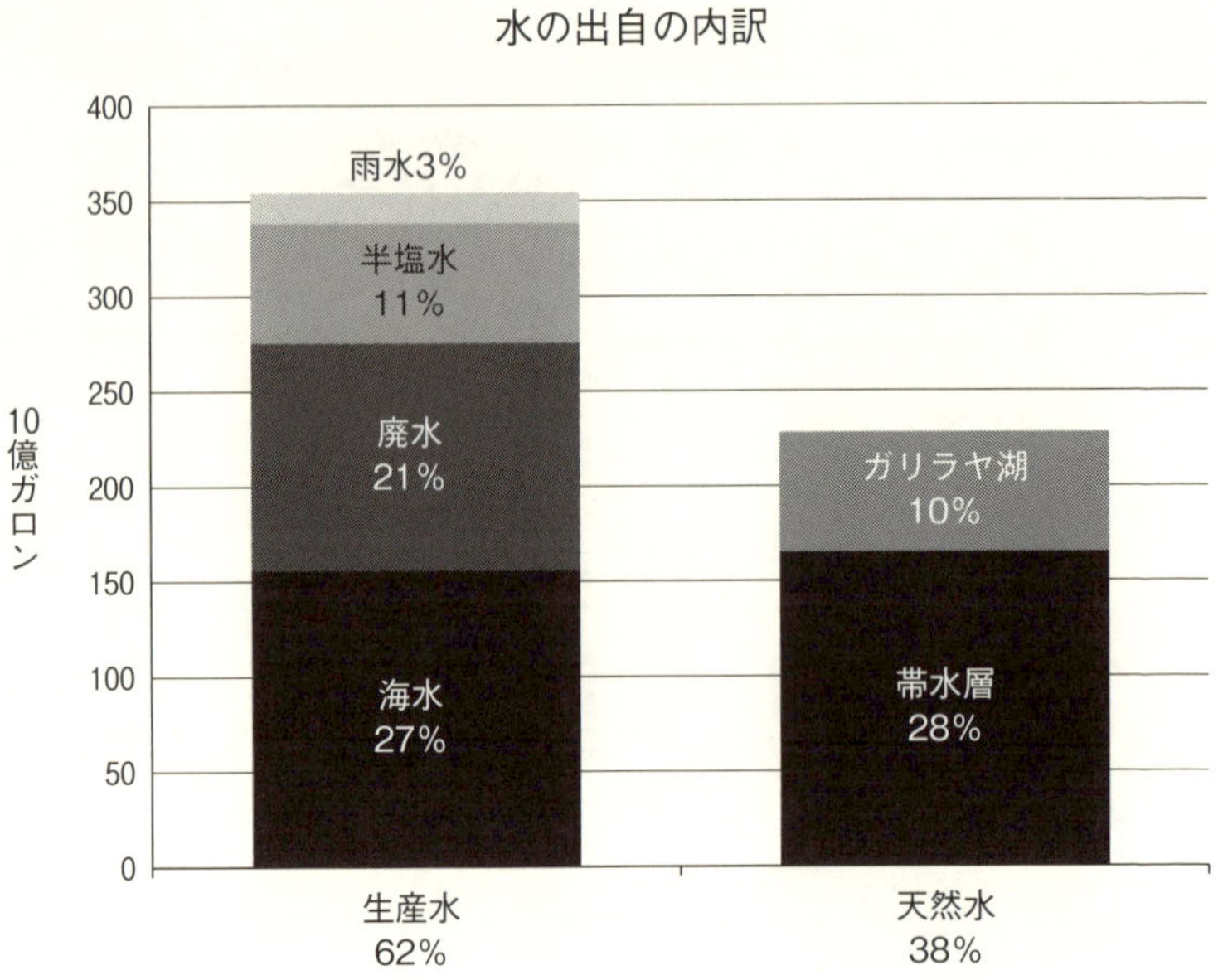

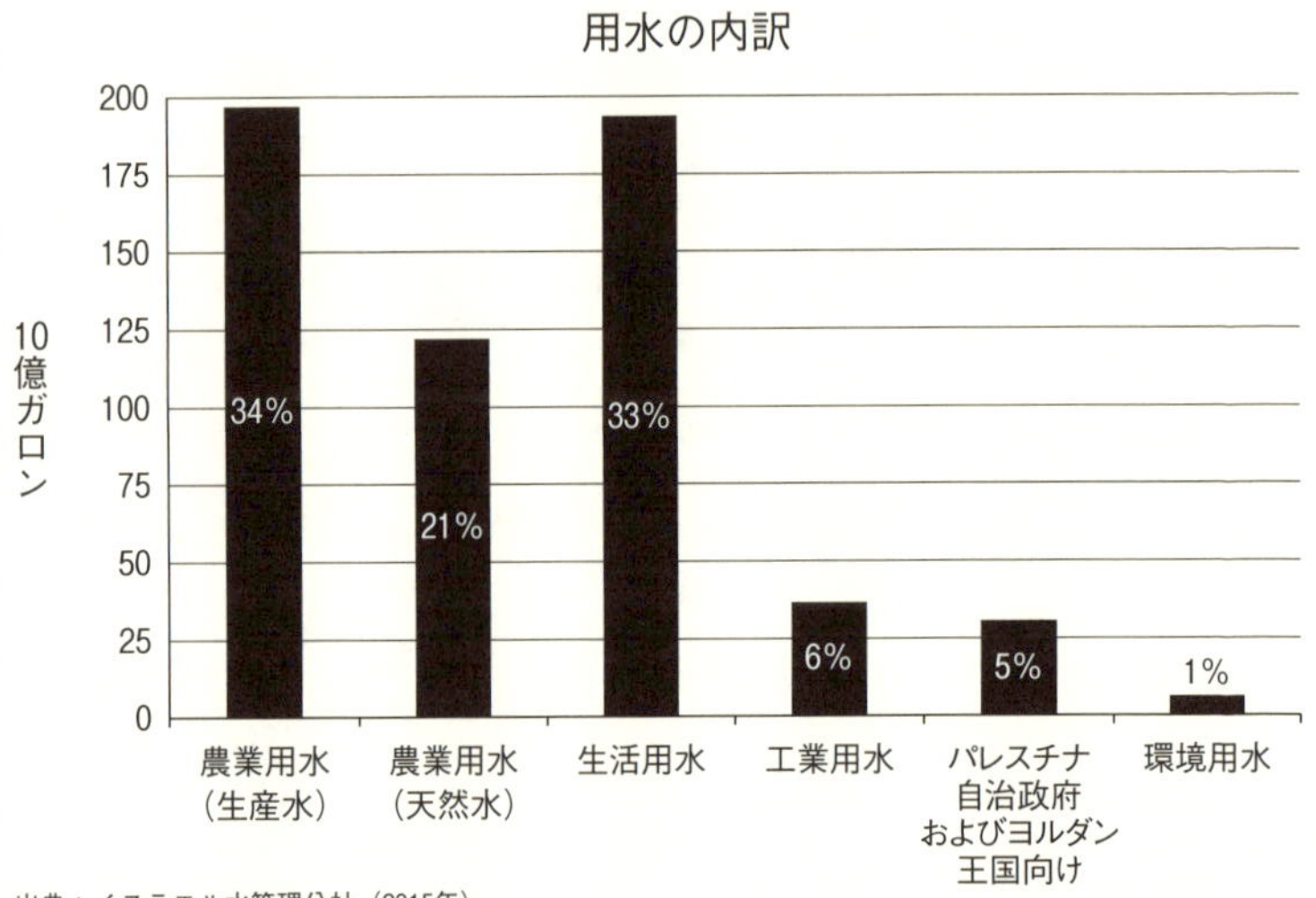

出典：イスラエル水管理公社（2015年）

はじめに　迫りくる水危機

井戸が涸れなけりゃ、水のありがたみなどわかるまい。
――ボブ・マーリー

その名称とはうらはらに、国家情報会議で秘密工作は画策などされていない。合衆国の政府機関としては地味で目立たず、名称がほのめかすような諜報組織というより、むしろ大学の校友会、あるいはシンクタンクだと言ったほうが似合っているだろう。国家情報会議から発行される報告書は――いくつかは極秘扱いされるものもある――他の諜報機関の情報を集約したもので、政府高官をはじめとする政策立案者が、遠い将来に予見される問題に対して、長期的な見通しを立てる際に利用されている(1)。それだけに、目立たないこの機関でトップシークレットとして扱われ、のちに一部が機密解除になった報告書が存在するという事実はなにやら異様なことにほかならない。そして、その報告書は、世界は長期的な水危機に突入したというきわめて刺激的な結論で締めくくられていた(2)。

危機の第一段階はすでに感じられている。この地域で干ばつが発生したとか、あの地域では帯水層が涸れたとか、あるいは気にも留めたことがない国で、水不足が原因で社会不安がたびたび高じているが、そうした話に接してもとりたてて驚きもしなくなった。しかし、国家情報会議の報告書に誤りがなければ、間もなく問題は一気に加速していく。問題は「もしも」ではなく、「いつか」なのである。報告書では、今後一〇年未満と予測されているが、アメリカや世界の安全保障にとってないがしろにできない国々が、いわゆる〝失敗国家〟に陥るリスクが高まっていくと見なされている。報告書をめぐる唯一の疑問とは、その影響がどれほど深刻で、どれだけ早く人びとの意識にのぼってくるかである。

世界のいたるところが水不足に陥るわけではないにせよ、影響は長期に及び、結局、誰もがなんらかの影響をこうむることは免れない。危機の第一段階では世界人口の二〇パーセント、つまり一五億の人びとが影響を受け、すでに六億の人間が水不足に直面しはじめている。[3] 最終的には地球の陸上表面の六〇パーセントが姿を変えてしまう。水の供給が底をついた結果、手はじめとして、アメリカと世界の食糧市場の双方が危機にさらされ、食糧価格は世界中で高騰していくことになるだろう。[4]

エネルギーの生産量が「水問題で阻まれる」と報告書が予測するのは、資源を抽出し、エネルギーを生産するには大量の水の集約がともなうからなのである。[5] ブラジルなど南アメリカの経済活動の主力は、早くもこの状態に陥りかけている。[6] 報告書ではさらにこう続けられている。「主要国の食糧とエネルギーを生産する能力」は現在の世界に変化をもたらし、「世界の食糧市場は危機にさらされ、経済成長は阻まれる」。[7] エネルギー事情が逼迫すれば当然、経済成長は鈍化する。食糧の価格が高騰していくばかりで経済成長が鈍化すれば、社会不安が引き起こされるのはすでに実証済みの公式にほかならない。[8]

水危機は国際援助機関が遠い未開の地で携わっているような、いわゆる〝発展途上国〟特有の問題ではない。中国やインドのような、アメリカの主要貿易先で世界経済の原動力である国々でもすでに深刻な水不足に直面しており、やがてこうした国々の経済体制はもちろん、政情にも大きな衝撃を与えずにはおかない問題なのだ。水の将来をめぐっては、アメリカでさえ転換点に立たされ、とりわけ西部諸州において問題への対策は急務になっている。水の涸渇はすでにぬきさしならない水危機にまで悪化しつつある。その影響はこの国のどこに住もうとかかわりなく、また、食費の多寡の差、所得水準の差にもかかわりなく、アメリカの国民のほぼすべてが直接あるいは間接の影響にさらされることになる。

カリフォルニア州のサンホアキン・バレーは先端農業の中心地で、ブドウ、オレンジ、モモ、野菜、アーモンド、ピスタチオでは国内最大の生産地だ。しかし、ここでも渇水は進み、すでに地域全体が水不足に直面している。(9) カリフォルニアの豊かな作物の供給は確実なものではなくなっているのだ。農産物の価格は上昇して、かつて無尽蔵に水を使えたカリフォルニア流のライフスタイルには、年々厳しくなっていくばかりの給水制限が課されている。

だが、さしせまった危機に瀕しているのはカリフォルニアだけではない。第二次世界大戦後から、ハイ・プレーンズ帯水層と呼ばれる天然の巨大地下貯水池は、中西部に広がる大平原、グレート・プレーンズにある八つの州の農業にとって欠かせない牽引役を担ってきた。小麦、トウモロコシ、大豆、大麦などの基本作物は、飼料として国内の牛やニワトリに、穀類は食糧として供給されてきた。そして、いずれの作物もアメリカの主要な輸出品目にほかならない。帯水層はこうした作物に地下水を提供してきたが、過剰な揚水がとぎれることなく続いた結果、一部ではすでに涸渇が進行しているのである。(10)

ハイ・プレーンズ帯水層の水源そのものは再生可能だが、一九五〇年代に始まった過剰揚水のほとんどは、この帯水層が何千年という年月をかけ、降雨や降雪によって満たしてきた水だった。(11) さらに悪いことには、今世紀を迎えた最初の数年で帯水層はこれまで以上に水量を減らしている。枯渇のペースを減速させるどころか、二十世紀の全揚水量の約三分の一に相当する水をわずか数年で使いはたしてきた[12]。経済的に恵まれ、高い生活の質を享受している何百万人というアメリカ人も影響は免れないだろうし、この問題はコロラド州、ネブラスカ州、カンザス州、テキサス州などの、急速に水を涸渇させている八州の農家だけにとどまるものではないのだ。

フーバーダムの上流にある合衆国最大の人造湖ミード湖では、間もなく揚水が不可能になるほど水位が低下しており、そうなれば西南部の州に電力を供給している水力発電所も影響は免れない[13]。カリフォルニア州と同じように、アリゾナ州とネバダ州では利用可能な水の供給量を超えるペースで人口が増え、すでに多くの市町村で給水制限を余儀なくされている。しかも、こうした地方では給水を維持するため、重い税負担がすでに続いているのだ[14]。

アメリカの水の将来を脅かしているのは干ばつだけではない。水質汚染もまた水源の利用に制限を加えている。一例をあげるなら、フロリダ州最大の淡水資源であるマナティ・スプリングスと帯水層は農業排水によって汚染され、飲用に不安のない状態を維持していくのであれば、高額な費用がともなう対策をどうしても欠かすことができない[15]。

ほとんどの場合、水と水のインフラをめぐる危機は回避できる問題で、危機を招く要因については、政府や企業、市民団体のリーダーらが集中的に取り組めば食い止めることも可能だ。ただ、これからも引きつづき水の供給を享受できる国があるにせよ、そうした国も他国の失敗のつけからは逃れられない。そして、発せられた警告は多くの国によって見過ごされてしまうのが確実であるなら、これは水源とインフラに問題を抱える発展途上の常連国にかぎられた問題でもないのだ。水資源の問題が政府の無能ぶりを映す鏡なら、無能な政府など腐るほど存在するからである。
迫りくる水危機については、その流れを推し進める大きなトレンドがいくつか存在していて、多くは長い時間をかけて顕在化してきた。ここでは五つのトレンドについてハイライトを当ててみよう。どの流れを見てもこのまま無事におさまるどころか、ペースを減速させる兆しさえ感じられない。

人口　世界の人口は増えつづけている。多くの国で出生率の抑制を図ろうとさまざまな手が打たれてきたが、いずれの国においても、数十年前と比べてはるかに高まっていく平均余命に対処できるものではなかった。現在、世界の人口は七〇億人に達し、これから二〇五〇年までは鈍化しないまま、九五億人に到達すると考えられている。[16] 増加した二五億の人びとがどれほど食事や入浴を切りつめたとしても、こうした人たちの基本的な要求を満たすため、新たな水資源を見つけ、浄水して供給することは、それ自体がすでに難事業になってしまう。[17]

中流階級の台頭　世界の人口はただ数を増やしつづけているというわけではない。以前に増して豊かになりつつ増えつづけているのだ。貧困にあえいでいた何億という人間が、近年になってそうした境遇から抜け出して中流階級へと成長を遂げ、このトレンドはおおむね途絶えることはない。西暦二〇〇〇年の時点で、世界の中流階級の人口は一四億人だった。二〇〇九年になると数字は一八億人を超えた。二〇二〇年までには、世界の中流階級の人口は三二億五〇〇〇万人に達すると予測されている。[18] 人道的には喜ばしいニュースにほかならないが、世界的な水供給の点からは歓迎できるようなニュースとは言いがたい。

連日のシャワー、裏庭のプール、緑の芝生など、誰よりも豊かな生活を謳歌してきた者は人一倍のストレスを強いられることになるだろう。しかし、水の供給の点では、はるかに大量の水を奪い去っていくのが、中流階級のライフスタイルにともなう食習慣だ。極端な貧困のもとで暮らす人たちはもっぱら野菜や穀物中心の食事だが、中流階級の場合、タンパク質中心の食事が圧倒的である。一ポンド（約四五〇グラム。以下、換算値は見やすさを踏まえて適宜端数処理している）の牛肉を得るために飼育する牛には、一ポンドのトウモロコシの栽培に比べると、一七倍以上もの水が使われているのだ[19]。

しかし、中流階級であるということは単に食べ物に限った問題だけですむものではない。自動車を運転し、エアコンのスイッチを入れ、コンピューターをはじめとするさまざまな道具を使うには相応なエネルギーが不可欠で、こうした道具は現代の中流階級の生活にとってごく当たり前でありながら、想像もつかないほど大量の水が使われている。国内産、外国産のいずれを問わず、一ガロン（三・八リットル）の石油を生産するには数ガロンの水が必要とされる。天然ガスを掘削する水圧破砕法では、鉱区当たり何百万ガロンという量の水が欠かせない。アメリカは現在、世界屈指のエネルギー生産国であり、アメリカ一国だけでも連日何十億ガロンという莫大な量の水が消費されているのだ[20]。

気候変動　気候変動によって湖沼と河川の表面温度が上昇し、これまでになく水の蒸発が早まっていく[21]。気温が上昇したことで、作物に対して同等の灌漑効果を得るには、従来以上の水が必要になってくる。また、降雨パターンも変化しつつある。雨が降る場合も、雨脚が強まる一方で、降雨の間隔は広がってきているのだ。雨の降らない期間が長びくにつれて表土は硬くしまり、この状態で雨が降ってもほとんどの雨水は下水や河川に流失するか、あるいは地表にたまったまま蒸発していく。どちらにせよ雨水は地中に浸透していかないため、水はいたずらに消えていくばかりだ。[22]

汚染水　汚染もまた利用可能な水資源を減らしつつある。大勢の人間を養う食糧や家畜の飼料を生産するため、いままで以上の肥料や農薬が使用され、その一部は灌漑や降雨によって帯水層や湖や河川へと流れ込んでいく。また、水圧破砕法のような埋蔵資源の抽出法では、大量の水とともに化学物質を添加した水が掘削に用いられているので、周辺にある飲料用の貯水池を汚染していると指摘されている。この指摘が正しいのかどうかはともかく、世界のいたるところで給水源への化学物質の浸潤は続いているのはまちがいない。こうした産業化合物のなかには発がん性物質も混じっている。[23]汚染の程度にかかわらず、帯水層や湖が汚染で負ったダメージから回復するには高額な費用がかかり、修復そのものが不可能な場合も少なくない。水の供給源が汚染されると、供給不能に陥るばかりか、時には永遠に失われたままになってしまうことさえある。

漏水　最後に、都市用水の場合、水漏れや消火栓の開放、盗水、放置を理由に、世界中の各都市で毎日驚くほどの量の水が失われている。[24]ロンドンでおおよそ三〇パーセント、シカゴでは約二五パーセントの水が漏水で消えている。中東やアジアのおもだった都市のなかには、インフラの不備で毎年給水システムの六〇パーセントの水を失っているところもあり、こうした地域では五〇パーセントという数字は珍しくはない。[25]ニューヨーク市の場合、漏水による損失改善を図ってきたが、修理が困難な部分から漏れ出す水だけでも一日で三五〇〇万ガロン（一三万二五〇〇立法メートル）に及び、損失量は依然として何十億ガロンという量に達する。[26]いずれも目には見えない損失だがその量は膨大だ。

人口増加、豊かな階層の台頭、気候変動、水源の汚染とインフラの不備による漏水など――いずれも難問だが、克服できない課題ではない。ただ、それを乗り越えていくには集中してこの問題に向き合い、意志や創造性ばかりか、訓練を受けた人材や財源を欠かすことはできない。どの国もただちに着手しなくてはならない課題だが、国という国がすぐに取り組めるわけではないのもやはり現実である。しかし、これらは対処できる問題であるばかりか、解決することさえ可能な問題なのである。

高まる需要とかぎられた供給量によって、経済成長が阻まれたり、あるいは政情不安に陥ったりする必要などまったくない。天然の水資源の不足や降雨量の減少で、一国の命運が決定される必要もないだろう。それどころか、知恵を尽くして対処できれば、むしろこうした障害の存在こそが国の発展をうながし、新たな好機さえ生み出してくれる。

世界のソリューションモデル

イスラエルは国土の六〇パーセントが砂漠で、それ以外の土地も半砂漠の地域が国をおおっている。だが、一九四八年の建国以来、人口は増加を続け、現在では建国時の一〇倍をうわまわるなど[27]、第二次世界大戦後の時代を通じ、世界でもっとも急速な人口増加を遂げた国のひとつである。建国時は貧しかったものの、経済成長の点でも、イスラエルは世界屈指の急速な発展を遂げた国のひとつだ[28]。この国では中流階級の生活が標準だとされている。ただし、降雨量についてはもともと気前のいい土地柄ではないうえに、年間降雨量は半分以下に減少している[29]。それほど苛酷な気候と人を寄せつけない土地であるにもかかわらず[30]、イスラエルは水危機と無縁だっただけでなく、むしろ豊かすぎるほどの水に恵まれている。周辺の数カ国に向けて、水の輸出さえおこなわれているのだ(31)。

本書は、ある小国が水に関する洗練された手法をいかに発展させてきたのかを記したものであり、話はこの国が独立するはるか以前にさかのぼってスタートする。この国のいずれの発展段階を見ても、中心にあったのは水利計画と技術的な解決手段だった。外国で水力発電所を建設するようになる以前から、イスラエルは水に関するノウハウを用いて、世界との関係を築き上げてきていた。

水問題に真剣に取り組み、はるか将来を見据えて検討している国はほかにもあり、オーストラリアとシンガポールはとくにそうだろう。アメリカではネバダ州やアリゾナ州などのいくつかの州が、やはりずっと以前から水不足について計画を練り上げ、水不足に見舞われた際の需要や脅威に対して絶えず巻き返しを図ってきた。

もちろん、イスラエルの水供給の一から十までが、国や人にかかわりなく通用するというわけではない。広大な国土をもつ国なら、規模やあるいは地形の点で小国イスラエルとは事情が異なる。砂漠のない国があれば、長い雨期あるいはたくさんの湖や河川をもつ国もあるだろう。国によっては、イスラエルがこれまで背負いこんだのと同等の予算をインフラ整備に投じることは経済状況が許さない場合もある。しかし、たとえそうであっても、イスラエルが積み上げてきた経験は、国のちがいにかかわりなく、水資源の管理を改善するうえでなんらかの参考となるのではないだろうか。少なくともイスラエルの国民意識に見られる水への関心の高さと優先性は、地理的条件や国の豊かさにかかわりなく、いずれの国のリーダーや水の専門家にとって、なんらかの啓示をもたらすものと思われる。

本来なら、いまから数十年前の時点で、水不足と水資源の保全に向けた計画に着手しておくことが世界にとっては賢明な判断だった。とはいえ、それは遅きに失したということを意味しない。

本書に書かれているのは、水問題にイスラエルがどう対処してきたのかという方法なのである。

第1部

水資源立国への道

第1章 水を敬う文化

雨、雨、どこかにいっちまえ
くるならおとといやってこい
——アメリカの子守歌

雨、雨、早く空から降ってこい
朝から夜まで一日中水のつぶ
ポタポタポタと雨のしずく
パチパチパチと手をたたこう
——イスラエルの子守歌

三十代を迎えたアヤ・ミローニは、子供のころの入浴の時間をいまでもよく覚えている。体をぬぐってアヤがパジャマに着替えると、母親はただちにプラスチック製のバケツを手にしてバスタブに残った水を汲みとり、石鹼の臭いが残る水を庭の花や植え込みにせっせとまいていた。バケツが空になるとそのたびに汲みに戻る。こんなことを母親は何度も何度もくり返していた。

ここがイスラエルでもアッパーミドルが住む一画と知らなければ、この話は途上国の貧しい村のできごとだと勘違いされるかもしれない。蛇口をひねればたちどころに水が流れ出る家に住んでいても、アヤの母親は水を貴重な財産のように扱い、決して粗末にはしなかった。徹底して節水する母親を何度も目にするうちに、アヤと二人のきょうだいは一滴の水も粗末にしてはいけないという教訓をおのずと吸収していった。ひとたび体に染み込めば、教訓は信念となって忘れようにも忘れられるものではない。

学校でも水の大切さをくり返し教えられていたとアヤは記憶している。教室という教室にポスターが貼られ、「一滴の水も大切に」と書かれていた。イスラエルのほかの子供と同じように、この章の冒頭にある子守歌はアヤも聞いていた(1)。子供に「今日は雨の日だから、喜んで手をたたきましょう」と教える授業など、アメリカでは想像できるものではないだろう。もちろんアメリカ版では、雨は「おとといこい」と邪険に追い払われている。

水を保全する知恵は子守歌だけにかぎらない。子守歌は総合的なカリキュラムの一環として歌われ、アヤの母親のように、生徒に対して節水はみんなの責任だという考えと、同時に節水の具体的な方法がくり返し教え込まれる。アヤの母親も節水に手を抜くことはなかったが、学校のプログラムでは、生徒への指導は徹底していて、自分の親に対して一番の方法が教えられるようになるまでたたき込まれる。イスラエルでも、保健衛生の授業でシャワーや歯磨きが教えられているのはどこの国の学校とも同じだ。ところがイスラエルではさらにこの先がある。最少の水で歯を磨く方法が教え込まれているのだ(2)。節水は一人ひとりの義務にほかならないが、それを教育の過程で徹底させている。

もちろん、イスラエルの国民は、節水しか頭にない狂信者ではない。だが、水を敬い、あって当たり前と見なしてはならないという総意が国民のあいだに存在する。水を尊ぶイスラエルの文化は、ひとつには周辺の環境のせいであり、国土の大半に砂漠が広がり、それ以外は半乾燥という土地柄である。干ばつも珍しくはない。とはいえ、こうした自然環境だけでは、水と水の尊さに向けられたイスラエルの格別な国民意識を説明しつくしたことにはならないだろう。

今日でこそ、イスラエルに住む大半のユダヤ人は信仰心とはほど遠くなったものの、ユダヤの文化と伝統はいまも揺るぎなく続いている。[3] そして、バビロンの幽閉から祖国再建にいたる二〇〇〇年という歳月のあいだ、ユダヤ人を支えた宗教文化には、水に対する畏敬の思いが「雨」と「露」という形をとってあふれている。

二〇〇〇年を通じて唱えられているユダヤ教徒の祈りには、一年のある時期に唱える雨ごいの祈禱がある。離散《ディアスポラ》の地やイスラエルの地のいずれの土地においても、この祈禱は一日三回復唱される。願うのはイスラエルの地に雨が降りそそぐことであり、祈りが唱えられた土地に降る雨を願うものではない。湿潤な土地、あるいは乾ききった土地など、どのような土地にいようとかかわりなく、祈りは二〇〇〇年のあいだエルサレムに向かって唱えつづけられてきた。そして、心のなかでは、実際の聖地に気象上の恵みあれと願われてきた。アヤ・ミローニと二人のきょうだいがそうだったように、やがてこうした関心はユダヤ人のあいだに染み込んでいき、世界観の一部を成すようになったのだ。

祈禱書はともかく、ユダヤ人のなかで水がどう考えられているのかはヘブライ語聖書（訳註：ヘブライ語で書かれたユダヤ教の聖書で、キリスト教の旧約聖書に相当する）からもうかがえる。聖書のなかでもとりわけ有名な場面が、モーセがイスラエルの子を引き連れて放浪中の話だ。飲み水を求めてモーセが岩を杖で打ちすえると、〝大量《コピアス》〟の水がほとばしった。[4] また、この物語では労働の分化が示唆されている。神は「マナ」という日々の食べ物をイスラエルの民に滋養物として授けたが、神の導きとはいえ、水の供給という仕事はモーセにくだされている。また、この物語から思い起こされるのは、水とはあまり縁のなさそうな場所から水が多数見つかっている点で、しかも前例のないような手法でしばしば探し当てられている。

例年、ユダヤ教の新年祭、ロッシュ・ハシャナが間もなくというころ、世界中のシナゴーグ（訳註：ユダヤ教の礼拝堂）でヘブライ語聖書の『申命記』にあるモーセの祝福とのろいが読み上げられる。「時にかなって」雨を降らせることはこうした祝福のひとつである。(5) そして、ユダヤの祈りのなかでも、おそらくもっとも有名なくだりが『申命記』の「シェマの祈り」で、主の命《めい》を守らなかったために科される罰として、雨は降らず、背いた者には〝滅び〟がもたらされると述べられている。(6)

水に焦点を当てたこのようなエピソードは、聖書全体のなかでもとりたてて異質だというわけではない。言語学的な面から見ると、ヘブライ語聖書とは水気に関連した記述があふれた文章なのだ。「露」という言葉は三五回、「洪水」が六一回、「雲」は一三〇回登場、「水」という言葉そのものにいたっては六〇〇回も出てくる。(7)

ヘブライ語聖書では、「雨」は一〇〇回近くも記されているばかりか、一年の最初と最後に降る雨を意味する具体的なヘブライ語さえ登場する（この言葉は現代ヘブライ語でもまだ使用されている）。「雪」を意味する言葉をエスキモーが豊かにもつのは、雪が変わらずに存在しているせいであるなら、パレスチナのユダヤ人が「雨」を意味する語を複数もっているのは、雨があまりにも乏しすぎるからのようにも思えてくる。

シオニスト（訳註：パレスチナにユダヤ人国家建設を目ざすシオニズムを信奉する者）の入植者は俗人が圧倒的に多く、祈禱書や聖書を欠かさず開くこともなかったのだろう。移民は雨の多いロシアやポーランドのような土地、あるいはエジプトや現代のイラクといった大河に恵まれた国からやってきていたものの、聖書やユダヤのしきたりにはなじんでいた。そして、移民たちの意識には、こうした親しみを通して水に対するユダヤの揺るぎない伝統が生まれつき育まれていたのだが、この伝統こそ彼らの新たな生活とイスラエルの地を結びつけるものとなった。

水の技術者は国の英雄

ウィーンに住んでいたテオドール・ヘルツルは、法律家、ジャーナリスト、作家で、草分けのシオニストたちとはちがい、ユダヤの伝統や習慣についてまったく通じていなかった。ユダヤ人らしき精神にヘルツルが目覚めたのは、一八九四年、上品ぶったパリの街で広範囲な反ユダヤ主義が発作的に湧き起こるのを目にしたときのことである。このときの経験から、ヨーロッパに生きるユダヤ人の人生は、同化か迫害かのいずれかの犠牲に陥るように運命づけられているのだと、先見の明に富むヘルツルは判断した。そして本人は、短い生涯の残りを現代シオニズムの政治運動のために捧げることになる。(8)

ユダヤ国家建設への政治的な支持をとりつける一方、ヘルツルはエッセイ、戯曲、小説に健筆をふるったが、いずれの作品もシオニズムの大義を打ち立てようとしたものだった。代表作の二冊はシオニズムのさきがけとなり、一八九六年の『ユダヤ人国家』は、当時、ベストセラーになっていたアメリカの社会主義者エドワード・ベラミーの『顧みれば』を踏襲したユートピア小説だった。そして、もう一冊が一九〇二年に発表された小説『古くて新しい国《アルトノイラント》』である。

シオニストの活動には中心に宗教的な著作物がなかったため、多くの人間にとって、ヘルツルの演説、著作、日記がこの役を果たしていた。世俗的な聖性を授けられたことで、作品は多くの国の言葉に訳され、読み書きができるシオニストなら、少なくともこの二冊ぐらいは誰でも目を通していた。一九〇四年、ヘルツルは四十四歳で亡くなったものの、その考えは本人の死後もシオニズムの指針、よりどころとして遇され、死亡からすでに何十年とたっていたが、イスラエルの指導者らはヘルツルの言葉や書物をよく引き合いに出していた。[9]

一八九八年十一月、政治的手腕に優れていたヘルツルは、最後のドイツ皇帝となるヴィルヘルム二世との面会をとりつけ、イスラエルの地にユダヤの国を建てることへの助力を仰いだ。皇帝はなぜ自分がシオニストを心から支持し、運動の先駆者らを讃えるのか理由について教えた。皇帝は、この地はなににもまして「水と緑陰樹」に恵まれた、いにしえの栄光を取り戻さなくてはならないと語っていた。[10]『古くて新しい国』が刊行されたのは面談から四年後で、ヘルツルは主要登場人物の一人であるパレスチナのユダヤ人入植者にこう言わしめている。「偉大なる未来を築くためにこの国が必要とするのは水と、そして木陰だけなのだ[11]」。

小説の後半、ヘルツルはみずからが思い描くユダヤ人の国では水の技術者が国の英雄になると、やはり主要登場人物の一人にそう予言させている。[12]ヘルツルもまた水をめぐる国の将来を夢想していたのだ。当時のパレスチナは水資源に乏しく、耕地らしい耕地もなかったが、ヘルツルはこの国の水をめぐる運命とよき未来についてこう描いた。「天上から降りそそぐ一滴一滴の雨水が公共のために使われた。いにしえのユダヤの祖国には乳と蜜があふれていた。パレスチナはふたたび約束の地となったのである[13]」。ユートピア小説が設けたハードルは高く、ヘルツル自身、シオニストの事業――とりわけ水に関する事業については同様の高いハードルを課していた。そして、ヘルツルの政治的遺志を継ぐ者もその考えに変わりはなかったのである。
ヘルツルの著作や提唱とは別に、水はもうひとつ別の経路を通じてシオニズムの先駆者たちの集合意識に染み込んでいた。建国以前からシオニストのあいだでもっとも長く歌われつづけてきた曲のひとつとして、開拓者は水をテーマにした曲に合わせ、〝ホラ〟と呼ばれる円舞を踊っていた。ホラはいまでもよく踊られ、イスラエルから遠く離れた世界の国々でもさかんに踊られている。「マイム、マイム」（「水よ、水よ」）は、ユダヤの成人式《バル・ミツワー》や結婚式に立ち会った人なら一度は耳にしたことがあるだろう。一九三七年、ナンというキブツ（訳註：イスラエルの集団的農業共同体）で水を掘り当てたことを祝った歌で、何度掘っても空井戸ばかりの数年を経てようやく見つけた水だった。歌詞はヘブライ語聖書の『イザヤ書』の一節（「喜びをもって、救いの泉から水を汲む」）[14]で、これに曲と踊りが振り付けられている。

水をめぐる節目を祝い、このほかにもたくさんの歌やフォークダンスが作曲されたり、踊りが振り付けられたりしてきた[15]。アメリカではユダヤ人の祝いの席でホラがよく踊られているが、イスラエルでは最近まで、社交の一環であり、手軽な運動としてごく日常的なものだった。「マイム、マイム」や水をテーマにした曲に合わせて踊るのは、都市や農場のちがいにかかわりなく、世界をほぼ横断する文化として各地の国々で楽しまれている。

水はまた文学のテーマとしてイスラエルの主力作家の作品に見え隠れしている。アブラハム・B・イェホシュアの小説『一九七〇年――夏に』には、水がモチーフとして全編を通じて織り込まれている[16]。「乾燥」は断絶したコミュニケーションと同義で、「砂漠」は不毛と死を象徴している。同じように、アモス・オズが一九六八年に発表した『わたしのミハエル』は一九五〇年代のエルサレムの生活について描いた作品で、やはり「雨」が象徴的なインパクトをもって使われている。雨と登場人物たちの交情が並行して描かれる一方で、雨を求める心情もまた文学的効果を高めるために使われている[17]。最近の作品としては、アサフ・ガブロンが二〇六七年のイスラエルの生活を描いたデストピア未来小説『ハイドロマニア』で、水と雨が小説のプロットを展開させていく主軸として使われている。絶対に欠かすことができないこの天然資源のコントロールを人間が失ったとき、いったいなにが起こるのかが小説には描かれている[18]。

イスラエルでは水に敬意を表し、紙幣と切手のデザインにも使われている。かつて流通していた五シェケル紙幣（現在の一ドル紙幣よりもわずかに高い金額）にはイスラエルの元首相レヴィ・エシュコルの肖像が描かれていた。裏面に印刷されていたのがイスラエルの国営水輸送網であり、エシュコルはこの事業の実現に重要な役割を担っていた。同様にイスラエルの郵便切手には水をテーマにした図柄が多く描かれ、水利用に関する革新的な技術はもとより、水インフラにおける記念碑的な建造物から、いにしえのイスラエルで建造された水道施設とさまざまである。

水はすべての人のもの

水は国民すべての共有財産――イスラエルの水の文化をめぐる取り決めのなかでも、シオニストの開拓民と若き国家イスラエルがくだしたこの決定にまさる影響をもたらした決断はなかった。水の個人所有権が認められているアメリカとは異なり、イスラエルではすべての水の私的所有権と使用は政府によって規制され、政府が個人間の利益について全体を踏まえて調整をしている。そのうえでもっとも有益だと思われるものに従い、利用可能な水が配分されているのだ。

国による水の統制は、一連の法律によって明文化され、イスラエルが水の保全について成功するうえでも、これらの水に関連する法律がきわめて重要な役割を果たしていた。

一九五〇年代なかば、イスラエルの国会に相当するクネセトで三つの法案が通過、これらの法律が一九五九年の包括的水管理法へと発展していく。一九五五年、最初に通過した法案は、事前の許可がなければ、イスラエル国内のいかなる場所においても水目的の掘削を禁ずるというもので、私有地の所有者も例外ではなかった[19]。水の私的所有権は政府管理のもとに置かれたのだ。

水に関連する二番目の法案も、同じく一九五五年に通過している。水道メーターを経由していないかぎり、いかなる配水も禁止するというものだった[20]。この法律では、世帯ごと、事業所ごとに給水された総水量を計測するため、各設備に対して個別の水道メーターを設置することが求められた[21]。こうした個々のデータを集積する作業を通じ、イスラエルでは、他国に何十年もさきがけて情報テクノロジーが急速に発展していく（後年、計量インフラには計り知れない価値があることが明らかになる）。一方で、国民の水の消費パターンに関して、政府は強権的な役割を確立することになった。

一九五七年、三番目の水関連法がクネセトで可決される。一九五五年の法律は地下水の管理が対象とされていたが、新たに決まったこの法律では地表水を対象にすると全般的に解釈された。この法律によって、河川を流れる水は政府が管理するようになったが、そればかりか雨水も国の管理下に置かれることになる。イスラエルの各家庭から流れ出た未処理の汚水の所有権も政府が管理することになった[22]。そして、政府の事前許可がなくては、いかなる形態の水であれ、その流れを変えることがこの法律で禁じられる[23]。農民は農民で、家畜を放牧させる場合、そこが私有地であっても動物が水路を渡るようであれば、やはり放牧に先立って政府の許可を取得しておかなければならなかった[24]。ここにおいてふたたび、個人の利益は政府の統制に従うことになったのである。

水の所有権の集中を図ってきた結果、法理的にその頂点に達したのが一九五九年の包括的水管理法だった。この法律の成立で、政府には、「公益の促進および保護を目的に、水を使用する個人の活動について、それを統制して制限を加える広範な権限」(25)が授けられる。水資源という水資源は一滴残らず公共財産となり、国が管理することに決まる。(26)土地の所有者であろうと、自分の土地の地表、地下、隣接する水資源についてはなにひとつ権利が認められなかった。(27)これ以降、個人や企業の水の使用については、法律にのっとっている場合にかぎり許可される。(28)そして、水管理法では、供給された水については、全市民が「効率的かつ控えめ」に使用することを望むと記されていた。(29)

建国からまだ日の浅かったころであり、国民は政府による水の統制に不服の声をあげることもないまま、むしろ進んで従っていた。当時、政府は社会主義にまちがいなく傾倒していたころで、国が社会主義の流れを放棄したあかつきには、水管理法も修正されるか撤廃されるだろうと見なされていた。しかし、水の所有権だけはあいかわらず〝人民〟の手に――すなわち政府の手元に置かれつづける。国営企業や国の資産の民営化が数度にわたって実施されたあとでさえ、水資源を自由市場の商品として切り替えることを望む声は起こらなかったのである。今日のイスラエルは活気にあふれた資本主義経済のもとにあるが、こと水に関してはいまだに国の管理下にあり、中央の計画に従った手法で運営されている。

イスラエル水委員会委員長を二〇〇〇年から二〇〇六年にかけて務めたシモン・タールは、政府によって一〇〇パーセント管理された水とはどんなものか、それについて納得のいく実例をあげてくれた。「もちろん、ガリラヤ湖（イスラエル最大の淡水湖）の水を一滴残らず管理するのはこの国の政府で、国内の全帯水層も国の管理下にあります。しかし、雨季を迎え、自分の家の屋根にバケツを置いたとしましょう。家は自分のもので、バケツも自分のバケツです。しかし、このバケツのなかの水は誰のものかと言えば、所有権はこの国の政府にあります。理屈では少なくともそうなのです。雨水をためてもいいという許可がなければ、厳密には水管理法に違反したことになります。雨粒が一滴でも地面に落ちたり、あるいはバケツのなかに一滴でもたまったりすれば、すでにその水は公共のものなのです[30]」。

水の公共所有に関しては、ほかの国と比べてみても、イスラエルの方針は他に例のないほどの徹底ぶりだ。たとえばフランスの場合、土地所有者は、他人に欠乏を強いるのであれば自分の土地の水でも勝手に使いはたすことはできない。しかし、一九六四年のフランスの水管理法では、地域の正当な利用が阻害されない場合、土地所有者はその水を自由に使用することができるとしている[31]。さらに、フランスの民法には、雨水の所有権について、雨水が降りそそいだ土地の所有者に属すると明記されている[32]。

イスラエルを訪れる人は、このように水を統制して制限を加える法律や政策は、国民には不人気ではないのかと考えるかもしれないだろう。とりわけ、左派政党がほぼ崩壊した様子や社会主義経済のおおかたの評判を見聞した国では、そうした傾向はいっそうはなはだしいのではないのだろうか。しかし、実情はまったく逆だ。この例にうかがえる集産的な方針こそ、国が水の保全に成功した秘訣なのだとイスラエルでは多くの人が考えている。

アルノン・ソファー教授は政治地理学者で、ハイファ大学の地理学科を創設した。教授は世界中の水道システムを研究している。信条的には市場経済主義のゆるぎない支持者で、政府の過剰な干渉は好ましくないと考えている。だが、その教授がこう語る。イスラエルは「西側諸国の一員であるとともに、個人主義の理念がここでは尊重されています。そうではあっても、この国においてはキブツ的(集産的)な手法を選んだほうがうまくいく分野も存在しているのです。水に関しては、この国が〝ジャングルに囲まれて豪邸を構えていられる〟のも、こうした共同所有権が存在しているからなのです[33]」。

イスラエルはトレードオフの選択を受け入れてきた。国民は個人の所有権を放棄し、さらに水を売買する自由市場からこうむる恩恵のかわりに、誰でもが高品質な水にアクセスできるシステムを選んだ。公益こそ最大の受益であるという考えに従い、国民は水に関する管理、規制、料金、分配をめぐる権限を政府に授けてきたのである。

今日の世界のどの国においても、イスラエルの水道システムほど成功を収めた社会主義の実践例は存在しないのかもしれない。

第2章　水は国が管理する

国家にとって水とは、人間にとって血液のようなものである。
――レヴィ・エシュコル（イスラエル元首相）

一九三九年五月、イギリス政府からつきつけられた白書ほど、シオニズムの大義に苛酷な試練を課した危機はなかった。白書に記されていた命令は、パレスチナ――現在のイスラエル、ヨルダン川西岸地区、ガザ地区から構成――に流れ込むユダヤ人移民を締め出すことを目的に布告されたものだった。[1] イギリスは目的をほぼ遂げたものの、一方で白書は予想もしていなかった結果をもたらす。国の水を最大限に活用するにはどう管理すればいいのか、その方法についてシオニストたちに改めて検討することを迫ったのだ。それからちょうど二五年後の一九六四年六月、この考えはイスラエルの国営水輸送網として実現する。

国営水輸送網は、想像力と果敢な挑戦によって遂げられた大事業であり、革新的な技術力とさまざまな資金調達の手段が欠かせなかった。さらに騒乱や分断をもたらし、その傷を癒すには数年を要するような出来事も引き起こしていた。しかし、国家規模の水利インフラの計画と建設は、国の姿を変えていく一方で国の一体感を育むことにひと役買った。

一九三六年初頭、イギリス領委任統治当局は、パレスチナでこれから三年にわたって続くアラブ大反乱に直面しようとしていた。ここパレスチナは、第一次世界大戦の終結以来、イギリスの占領地となっていた。パレスチナの地に騒乱と大量の殺戮をもたらした表向きの理由は、流れ込んできた大量のユダヤ人移民を原因としていた。だが、ユダヤ人が一番の標的だったにしても、間もなくイギリスの警察や軍隊も反乱民の攻撃対象になっていく。断続的に続いた反乱は、一九三九年には収束の気配をうかがわせたが、今度はロンドンのイギリス外務省が反乱の再発に懸念を示すようになっていた。

だが、欧州での戦争勃発を危惧するイギリス当局には、パレスチナを沈静化させるために必要な軍隊を足止めさせておく余裕はない。また、広範な植民地に存在する反乱の可能性を秘めた他のイスラム教徒の動静にも目を光らせ、パレスチナの騒乱を反英活動、すなわち独立を目ざした抵抗運動の口実に利用されないよう、万全の手はずを整えることを当局は望んだ。抵抗運動が起これば、大戦への取り組みが阻まれる。一九三六年から三九年に起きたアラブの反乱のような事態は二度と起こしてはならないことが、対外政策上、イギリス外務省が国益を死守するうえで決定的な鍵となっていた。[2]

大英帝国のこうした恐れは、一九二〇年代後半にイギリスの経済学者が最初に示した懸念と一致していた。その懸念とはユダヤ人によるパレスチナへの移民は持続できるようなものではなく、時を置かずに農業やそのほかの用途に不可欠な手持ちの水資源を圧倒するというものである。パレスチナの国土を踏まえれば、この土地に二〇〇万を超える人間を受け入れる余裕はないという考えは、経済学者にとって信念にさえなっていた。一九三九年のパレスチナの全人口は八三万四〇〇〇人、自然増によって一世代かそこらのうちに人口は限界値に達するが、もし移民を全面的に受け入れてしまえば、一五万というユダヤ人の集団が既存の住人に加わり、あっという間に限界値に達してしまうだろう。移民の促進を求めるシオニストらの運動と、パレスチナの脆弱なエコロジーとかぎられた水資源を天秤にかけた末にイギリスが望んだのは、この地における長期の支配だった。そして、時のイギリス首相ネヴィル・チェンバレン政権が考えついた解決案が一九三九年の白書であり、この白書によってイギリスはパレスチナのアラブ勢力を懐柔しようと目論んでいた。

白書に示されていた条項とは、パレスチナに移住するユダヤ人の数を向こう五年間、七万五〇〇〇人に制限するというもので、それは一年当たり一万五〇〇〇人の移民しか認められないことを意味していた(3)。海外への流失人口、自然死による減少を踏まえると、今後五年間、ユダヤ人の人口は現状の水準を維持するか、あるいはその前後でとどまるおそれがあった。そうなれば、ユダヤ人国家創出というシオニストの願いは早くもついえてしまう。

第二次世界大戦中、ナチスの手を逃れようとしたヨーロッパ在住のユダヤ人を見舞った悲劇的な結末と同じように、この白書についても政治的な観点から広範な分析がおこなわれてきたが、現在のイスラエルの水資源に対する指針を理解するうえでも、白書は格好の出発点となるだろう。シオニストの指導者たちはただちに、利用可能な水資源の総量に関して、イギリスの経済学者の試算は過ちであることを実証しようと必死になった。シオニスト側の思惑もあり、さらに大きな数字が必要だったのだ。イギリスはパレスチナの居住可能な最大人口は二〇〇万人と試算していたが、ユダヤ側の指導者は、これをうわまわる数百万の人間をパレスチナは擁することができると立証する必要があったのである。

白書の発布に始まり、戦争のさなかも、さらに戦後イスラエルが独立を宣言した一九四八年五月にいたるまで、シオニストの指導部が考え抜いたのは、この地には莫大な量の水が潜在的に存在することを示唆する一連の計画だった。だが、こうした対応が功を奏するのは実際に水が見つかり、使われるなどの決定的な変化があってこその話である。この程度の計画案でイギリスが方針を変え、ユダヤ人亡命者の受け入れの見直しが図られるかという点では効果はまったくなかった。とはいえ、このときの発想とその発想を踏まえた計画は、イスラエルの水管理にとって指針と運用の基盤となる。その水の管理は常に完璧だったとは言えないまでも、イスラエルが今日にいたるまで国としての水需要を一貫して先取りできたのは、こうした管理が存在していたからこそ可能だったのである(4)。

現在、パレスチナの地理的領土は一二〇〇万を超える人びとの故郷で、うち約八〇〇万はイスラエル、残り四〇〇万の人間がヨルダン川西岸とガザ地区に分断されている。さらにイスラエルは国内の供給分から、パレスチナ人とヨルダン王国に膨大な量の水を供給しているばかりか、胡椒、トマト、メロンをはじめとする水を集約的に使用する農産物を栽培しており、輸出金額は年間数十億ドルにも達している。イギリスの経済学者はまったくの誤りを犯していたのは言うまでもない。

世界の農業を変えた水の賢者

世界がもっと公平な場所なら、シムハ・ブラスという名前は、イスラエル国内はもとより世界中で知られていたのかもしれない。その名前は町の広場に冠され、学術会議では、イスラエルの水の運命を変えたうえで、ブラスが果たした役割について時代をさかのぼって分析が図られていただろう。いまでは多くのことが歴史に埋もれたが、イスラエルの水利計画を策定、のちになって世界中の農業のあり方を変えた点でも、ブラスは中心人物の役割を果たしていた。

一九三〇年代早々、ポーランドから移民してきてまだ日は浅かったものの、ブラスの名声はすでにこのころから高まり、非凡な洞察力と直感、技能をもつエンジニアとして知られはじめていた。しかし、イシューヴ（訳註：イスラエル建国以前からパレスチナに存在したユダヤ人共同体）の水の専門家の日常はまだきわめて基礎的なレベルにあり、ドリルで地表から穴を掘り、水を汲み上げるというもので、地表から差し込まれたパイプの口径は小さく、長さにもかぎりがあった。イギリスの経済学者に見る目があったかどうかはともかく、なにかを変えなければ、手元にある水の供給量では急増する入植者のぶんまでまかなうのは十分でないのは明らかだった。とりわけ、一九三三年二月以降、アドルフ・ヒトラーとナチス政権が台頭してからは、ヨーロッパ在住のユダヤ人がパレスチナ移住に向ける関心は一気に高まっていた。

数百万の移民がパレスチナに流れ込んでくると見込まれていた。そのなかにはシオニズムのイデオロギーに賛同した者もいれば、ヨーロッパで吹き荒れる嵐がやむまで安全な港を求めているだけの者もいた。いずれにしろ農業や産業に必要な用水はもちろん、まず生活用水の確保が欠かせない。移民の流入と同じように、水の流通量もまた重い意味をもっていた。両者は切っても切れない関係にあったのである。

ブラスがイシューヴきっての水道技術者だったにせよ、ブラスにはレヴィ・エシュコルという後ろ盾がいた。エシュコルは建国前のシオニスト組織でさまざまな要職にあったというだけではなく、パレスチナにおけるユダヤ人社会の政治的指導者、ダヴィド・ベン＝グリオンが信頼を寄せた側近でもあった。数多くの要職についていたが、水道事業ほどエシュコルの関心をそそるものはなかった(5)。のちにエシュコルはイスラエルの三人目の首相となり、在任中の一九六七年六月に勃発した第三次中東戦争（六日戦争）では国の陣頭指揮にも立っている。だが、残した遺産の大きさの点では、水に関連した国のインフラ整備について、政治と制度の両面から枠組みを創設した点にまさる功績はないはずだ。

一九二〇年代はじめ、シオニスト指導部は、建国前の政府機関として機能させるべく数多くの組織作りに着手していた(6)。水利関連の分野においては、一九三五年にエシュコルはブラスほか数名を招集してチームを結成すると、水道会社の設立計画を進めている。そして二年後、こうして創設された会社がメコロットだった(7)。メコロットは、水資源の調査とともに、イギリスの統治領内で増えつづけるユダヤ人移民や農民が必要とする水について、確実に供給する責任を負っていた。

メコロット設立に先立つ一九三五年、エシュコルはブラスにエズレル渓谷の西部で新たな水源を開発するよう命じている。エズレル渓谷はナザレの南、下ガリラヤにあるユダヤの農地で、当時、著しい成長のさなかにあった。ブラスの指示で何本もの試掘に成功すると、間もなく水が見つかり、汲み上げられた水は渓谷をぬって耕作地へと送られていった。ここに入植した農民は開墾を広げ、新たな耕作地が間もなくこうした農地に加えられていった(8)。

水源を見つけ、水を輸送することも重要だが、エズレル渓谷の開発計画はそれらにも増して大きな意味があった。水源を見つけ、さらにその水を水源から比較的離れた耕作地に供給する開発計画の策定は、ブラスにとってもはじめて負った仕事だったのである。それから何年ものあいだ、ブラスは輸送距離の点においてはるかにまさる計画に携わるが、本人はますます壮大な開発計画を描き、事業を推進させていった。こうした事業がくり返され、この国の国土はいよいよ大きく開かれていき、間もなく新生の国にふさわしい生産的な用途に富んだ土地、豊かな作物を生み出す土地へと変わっていったのである。

水の自給体制を整える

白書が発布された一九三九年五月、エズレル渓谷では水源開発が成功したとはいえ、当時、地中海沿岸の一帯にあったイシューヴでは、農業用水や日常用水の大半は町中や農場に掘られた浅い井戸から汲み上げた水が使われていた。地区ごとに細かい割り当てや貯水量が決まっているなど、水の多くは細分されていた。当時、パレスチナや世界中でそうだったように、農場や町でも水は少量を汲み上げ、使い勝手がいいように手近なところに置かれていた。

利用可能な水量という点では、大量の水源地があるのはイスラエルのはるか北部地域だった。このあたりにも入植地や農地は点在していて、とくにレバノンやシリア国境沿いに多かったものの、たくさんの水を必要としていたのはこの地域ではない[9]。人口が過剰に集中していたのは新興都市テル・アヴィヴであり、地中海沿いに長く延びる海岸線の中央に位置している。ネゲヴの広漠たる地は砂漠地帯で、遊牧を営むベドウィンの部族を除けば、ここにはほとんど誰も住んでいない。しかし、ベン＝グリオンは、水さえ見つかればネゲヴ砂漠こそこれから誕生する国家の農業にとって一番の希望を授けられる土地だと信じていた[10]。しかし、テル・アヴィヴにしてもネゲヴにしても十分な水に恵まれていない点では変わらず、ベン＝グリオンが夢想するだけの人口増加を支えることはできなかった。

ブラスに「夢物語のような水利計画」を立案せよという要請が届いた。この計画をイギリス政府に差し出し、それによってユダヤ人移民の数について再考を迫ろうと目論んだのである。ブラスはさっそく作業にとりかかった。ブラスのアイデアは、大々的なインフラ整備計画を実施して、北部の豊かな水を水源がかぎられた中部地区ばかりか、さらに水の涸渇した南部の地域にも送り込もうというものだった。

一九三九年七月、ブラスは設計図を完成させている。この設計図は本人がその後何百枚と描くことになる最初の一枚であり、この設計図をめぐり、ブラスはそれから二〇年近くにわたって見直しを図ることになる。作業は建国後も長く続き、そのころには移民制限も撤廃されていた。ブラスが引いた初期の設計図は国の基本水利計画へと発展していく。しかし、数十年後の設計図に記されているどの要素も——国営水輸送網を含め——そもそもは第一稿に書き込まれていたものである。のちになって手を加えられたのは、いずれも注釈や仕上げのためのひと筆であり、そして余分な部分の削除にすぎなかった。

ブラスは、水の自給体制を国家的に整える方法として、三つの段階《フェーズ》を提案した。フェーズⅠとして、ネゲヴ砂漠の地下には膨大な量の水が存在しており、深く掘り下げていけば水はかならず見つかると考えていた。この水を利用すれば、新たに三〇カ所の農地が入植先としてただちに用意できる。フェーズⅡで提案されていたのは、テル・アヴィヴのすぐ北を流れるヤルコン川から揚水してネゲヴ砂漠に輸送、おもに農業用水として活用するというものである。そして最後のフェーズⅢとして計画されたのが、将来のある時点において、北部の水を南部にまわすというものであり、輸送に使われるおもな基幹設備は、イスラエルを二分するように地下に埋設される。この事業こそのちの国営水輸送網にほかならなかった(11)。

ブラスの計画のうち〝夢物語〟の部分は、はたしてイギリスはパレスチナの国境を越えて描かれたこの計画を受け入れるかどうかにあった(12)。ごくわずかな距離とはいえ、当時、ヤルムーク川はトランスヨルダン(訳註：イギリスの委任統治下にあった独立前のヨルダンの旧称)にあり、またリタニ川はレバノンを流れ、とくに利用もされないまま、それぞれ大量の水がヨルダン川と地中海に流れ出ていた。

手つかずのまま流れていく河川の水を利用できれば、イシューヴは必要な水を残らず手に入れられるばかりか、必死の思いで移民を望んでいる何百万というヨーロッパのユダヤ人を迎え入れることができるのである。

ドイツがポーランドに侵攻、第二次世界大戦が勃発したのは、ブラスが計画を完成させて二カ月とたたないころだった。戦争によって移民はいっそう困難を増していたものの、それでもユダヤ人は移民を切望し、なんとかヨーロッパをあとにしようとしたが、問題はどうすればビザが入手できるかにつきた。ベン＝グリオンは、イギリスに対して、もっと難民を受け入れるように交渉を続けていたが、その際、要求書に交じっていたのが、絶えず進化を続けるブラスの計画書だったのである。[13]

ブラスは、微妙で詳細なアイデアをさらに大胆に加えながら計画を練り上げていく一方、イスラエル領内や境界線の外側（といってもその周辺だが）にある水源をつぶさに調べ上げた。そして、需要に応じて水を供給する、国による単一の給水システムの構築という構想を抱くようになっていた。一九四三年の修正計画案には、北部にあるヨルダン川の源流とガリラヤ湖の水流をひとつにして、さらに周辺の流れを加えながら、沿岸部にある井戸も随時取り込むことが詳細に記されている。モデルとなっていたのは、工学技術の偉業とされ、ロサンゼルスに淡水を供給しているアメリカのコロラド川の分水路事業だった。ブラスのプランは、これらを水源とする水を途中必要に応じて供給しつつ、国の南部へと輸送、当時はまだ人もまばらな砂漠だったネゲヴ砂漠に点在する農地まで運ぼうというものだった。[14]

設計図にはこのほかにも、嵐で出現した川の奔流をせき止めて貯水するという案が加えられていた。廃水を処理して再使用するという案は、地域を流れる河川の改善を図るためで、再生水は農業にも利用できる可能性を秘めていた。帯水層に関しても、それまで以上の高度な掘削技術が記されていた。実現はしなかったものの、地中海から死海まで水路を築き、高低差を利用して水力発電をおこなうというプランまで提案されていたのだ[15]。

いくつもの開発計画が立案されたあとでは、魔神のような水の天才の勢いを抑えられる者は誰もいない。いまやイシューヴの指導部の誰もが、シオニストの計画は水資源をめぐる新たな統合システム、国による一元管理のもとで推進されていくだろうと理解していたが、それは中東地方ではかつて見たこともないものであるばかりか、この時点では世界のほとんどの者が目にしたことがないような試みだった。

シオニストには政治上の自治権はなく、統治上の主人に当たるイギリスに対しては、どうこうしようにもそれができる立場にはなかった。壮大な計画を抱きながらも、実現に必要な資金ももちあわせてはいない。それどころか、自分たちの未来の国の国境線がどこに引かれるのかさえ彼らは知るよしもなかった。しかし、ブラスの開発計画が、自分たちの現代国家建設にとって不可欠な水インフラをどう整備し、何百万人という新規の移民を吸収する方法を提供していたのはたしかだった。

砂漠から肥沃な土地を奪い返す

イスラエルの水利開発計画に考えをめぐらせていたのはシムハ・ブラスだけではなかった。

一九三八年、アメリカの土壌学者ウォルター・クレー・ローダーミルクは、合衆国農務省の要請に応じてヨーロッパ、北アフリカ、パレスチナの土壌に関する包括調査へと向かった。目的は古代文明の発祥地の調査で、アメリカの土壌保全事業に応用できるものがあるのか、その研究にほかならなかった[16]。そして一九三九年二月、ローダーミルクはイスラエルの地に到着した。ヨーロッパで大戦の口火が切られるまであと半年、到着から数カ月後にイギリスの白書が公布される。

目の当たりにした実態にローダーミルクは驚いていた。いにしえの段丘と表土は、数千年の放置がたたり、大きく浸食されて地中海へと洗い流されている。だが、驚くことがもうひとつあった[17]。シオニストによる土壌の再生事業を目にしたときである。視察から一五カ月、訪問先は二四カ国を数えた直後だったこともあり、ローダーミルクはイスラエルの地でおこなわれていた農地の保全について、このたびの長い視察旅行で目にした「もっとも特筆すべき」仕事だと記した。結局、イスラエルでは滞在期間を延長して三〇〇カ所の農場や入植地、イシューヴの出先機関を訪問している。イスラエルの地区内だけで二三〇〇マイル（三七〇〇キロ）以上を移動、さらにトランスヨルダンでも一〇〇〇マイル（一六〇〇キロ）を走破している[18]。見聞を深めるごとに、シオニストの仕事に対するローダーミルクの関心は深まっていった。パレスチナに移り住んだアラブ人を調べると、移住後は生活が豊かになり、乳幼児の死亡率も低下していく様子を見て、ユダヤの入植地はアラブ人、ユダヤ人の双方にプラスになると考えていた[19]。

帰国したローダーミルクは興奮した。イスラエルの地の復興ばかりか、北アフリカや中東全域に対する農業と経済の発展モデルを知る機会を得たのである。一九四四年、第二次世界大戦が終盤を迎えたころ、アメリカの大手出版社[20]からローダーミルクの著書『パレスチナ、約束の土地』（*Palestine, Land of Promise*）が刊行された。本は一一刷まで版を重ねるというベストセラーになった[21]。書評の受けもよく、ニューヨーク・タイムズのほか[22]、ニューヨーク・ヘラルドトリビューンでは、「パレスチナの奇跡、砂漠から肥沃な耕地を奪い返したユダヤ人」というタイトルで、週間ブックリストの第一面を飾るほどだった[23]。

この本のなかで、ヨルダン渓谷で進められていた大規模公共事業が解説されている。開発事業は、灌漑のために水の供給を集約し、流失した表土を復活させるとともに、水力発電所を建設、植林をおこない、約二〇〇〇年前の第二神殿時代のようにふたたび緑豊かな土地にしようというものである。ローダーミルクはこれらの計画が実現したあかつきには、イスラエルの地は開発可能な天然資源を十二分にもつようになり、やがては四〇〇万のユダヤ難民を吸収できると考えた[24]。

ここでさらに意味をもつのは、地理的な制約上、パレスチナが抱えられる人口には具体的な限界があるとする、当時支配的だった白書の方針にローダーミルクが異を唱え、イギリスを鋭く批判している点だ。「国の吸収能力とは動的に拡大していく。国土を最大限に利用できる国民の能力と、科学基盤と生産的な基盤のもとに経済を築き上げようとする国民の能力しだいによって、吸収能力は変化を遂げていくのである[25]」。一九三九年のはじめての訪問で、ローダーミルクはシオニストが進める水利技術が精巧に機能する実例をすでに目の当たりにしており、これらがなにを意味するのかがわかっていた。

この本の結論から、ローダーミルク本人はパレスチナの見通しについてきわめて楽観的であることがうかがえる。「ユダヤ人入植者の開墾と進歩の勢いがこのまま続くなら、パレスチナはパンの種となって、近東のほかの土地をも変えていくはずだ。これらの国々にある手つかずの大資源が正しく利用されれば、いまは生きるだけで必死の数百万の人間が住む土地であろうと、二〇〇〇万から三〇〇〇万の人びとが人間らしい豊かな生活を送れるようになるだろう。パレスチナ（におけるユダヤ人の入植地）はその見本、その証明、その引き金であり、現在は悲惨な状況に置かれた近東全域でさえ、自由世界において威厳ある地位に引き上げてくれる」とローダーミルクは記している。[26]

パレスチナにおいて水はどう活用されるべきなのか、ローダーミルクにはあるモデルがあった。テネシー川流域開発公社（ＴＶＫ）である。フランクリン・ルーズベルトの時代、大恐慌に対する経済政策として、貧困にあえぐアメリカの農村部一帯に電力と水を供給するという事業だった。ベン＝グリオンもＴＶＫのことはすでに知っており、その規模の大きさと大胆さに感銘していた。ローダーミルクと同じように、ベン＝グリオンもまたＴＶＫはパレスチナの地でも再現できるのではないかと考えた。白書が課してくる制限を背景に、ベン＝グリオンの主導のもと、ＴＶＫに触発された巨大な水利事業をめぐる話し合いは、切迫感を募らせて断続的にくり返されていた。ローダーミルクもまたＴＶＫの理念にのっとることを唱え、さらに野心的なその計画案はいくつかの点でブラスの計画とは異なっていたとしても、ブラスの計画の本質的な点は踏襲されていた。[27]

ローダーミルクがイスラエルの地における水利構想に影響を与えていたとするなら、アメリカ国内の中枢部の政治家に対しては、シオニストの活動がはらんでいる思想に関して、ローダーミルクはさらに深い影響を与えていた。ローダーミルクの本は、アメリカの連邦議会の議員という議員すべてに配布されていたのだ。[28]ルーズベルトが生前最後に読んでいた本が『パレスチナ、約束の土地』かもしれないという話は特筆に値するだろう。ルーズベルトが亡くなったとき、デスクに開いたまま置かれていたのがこの本だったのである。[29]

当然、ローダーミルクはイシューヴでも有名人で、イスラエル建国後、テクニオン－イスラエル工科大学の教授として自身のキャリアを終えている。[30]ローダーミルクのイスラエル版ＴＶＫ構想によって、パレスチナは莫大な水資源を得ることが可能だという確信はさらに深まっていき、水資源があれば大勢の移民吸収が可能だというシオニストの考えをさらに裏づけるものになった。

不毛のネゲヴ砂漠で水源を掘削する

今日から振り返れば、第二次世界大戦後のイギリスは激しく疲弊し、志気は衰えて国は破綻状態に陥り、植民地からも早々に撤退して二〇〇年に及ぶ大英帝国の歴史に幕をおろしたいと願っていたようにも見える。手放したい植民地も存在していただろうが、外務大臣アーネスト・ベヴィンと安全保障担当の高官らにとってパレスチナはそうではなかった[31]。インドの物資、ペルシャ湾の石油を無事にイギリスまで運ぶには、地中海東部の保護とスエズ運河の航路確保はイギリスにとって国益を左右する問題であり、ベヴィンは断固としてパレスチナにとどまる覚悟でいた。

水路はともかく、大戦中、イギリスはイラク－地中海間に石油のパイプラインを完成させ、海港ハイファの街は地政学的にも戦略的にも重要な拠点となっていた。ここで原油を積み込んだイギリスのタンカーは、最短距離で地中海を横断すると、イギリス経済の復興のために燃料をそそぎ込んでいた。パレスチナに五〇年とどまったあと、イギリスは——少なくとはベヴィン自身はさらにもう五〇年、この地にとどまる計画を立てていた[32]。

シオニストの指導部は別の計画を立てていた。彼らにすれば、イギリスが経済上と政治的な圧力に屈して退去するのは時間の問題であり、その時点で新たなユダヤ人国家の国境取り決めをめぐって、武力闘争あるいは政治闘争といったなんらかの紛争が発生するだろうと見込んでいた[33]。イシューヴの指導者らは最大の領地を確保するために打てる手はすべて講じる一方、ベン＝グリオンはネゲヴ砂漠に特別な興味を覚えていた[34]。イギリスが荷物をまとめ、この地を去るその日が訪れしだい、ユダヤ人によってネゲヴ地区の支配を確実なものにするため、必要であればどんなことでもやると心に決めていたのだ。[35] しかし、そうした事態が起こる前に、新たに設立された国際連合に対して、イスラエルの国境線を定めるという作業が委ねられる。

大半の傍観者には、ネゲヴは荒涼たる無人の土地にすぎない。エアコンが登場する以前の世界では、人が住みつくにはあまりにも暑く、農業をするにしても土地は乾ききっていた。水源などどこにもあるようには見えない。しかし、ベン＝グリオンにはネゲヴ砂漠はいくつもの魅力を備えていた。紅海に面する港を得られることでイスラエルが孤立するのを防ぐことができる。シナイ半島を経由してエジプトが侵攻してきた際には、戦略的に十分な奥行きが得られる。そして、水問題が解決したあかつきには、国が成長していくうえで必要な手つかずの土地と農業のための豊かな耕作地をもたらしてくれるはずだ。

ただ、これという実績がないまま、国連がシオニストにネゲヴ砂漠の領有を委ねるはずなどないことは、ベン＝グリオンにもよくわかっていた。砂漠の領有をユダヤ人の新国家に委ねる、そう国連の調査員に認めさせる正当な実績を積み上げなければならないが、それは一刻を争う問題だとベン＝グリオンは考えた。こうしてブラス構想のフェーズI——ネゲヴ砂漠で水源の掘削——を試すことが決定する。だがその前にまず、この砂漠はユダヤ人の領有する土地であるという要求の声をあげる必要があった。

高価な給水パイプラインの敷設

移民と入植地建設に対する制限の継続をめぐって、シオニストの指導部はイギリス当局と小競り合いをくり返してきた。一九四六年の贖罪《ヨム・キプル》の日当日の夜、指導部はこれまでにない大胆不敵な行動に打って出て、まんまとそのたくらみを成功させた。さながら映画のようなドラマチックなこの出来事においても、鍵となっていたのがやはり水をめぐる問題だった(36)。

ユダヤ暦のなかでも贖罪の日は特別な祭日だ。多くのユダヤ人にとって、この日は断食と祈りと瞑想の一日にほかならない。だが、一部の者にとって、一九四六年の贖罪の日は、かつてない手口でイギリスに挑む最後の準備を意味していた。夜のとばりが降りて、聖なる一日が終わりを迎えたころ、一一組のコンボイチームがネゲヴ砂漠の北部を横断して、あらかじめ示し合わせた地点へと向かっていた。

夜の闇に乗じ、夜が明けるまでに各チームが慌ただしく建てたのはたった一軒の建屋で、それぞれの建屋にまちがいなく屋根が載っているかどうかをしっかりと確かめていた。イギリスの統治法のもとでは、ユダヤ人がパレスチナで新たな農場を開いたり、入植地を設けたりすることは禁止されていたが、しかし、そこにも抜け道というものがある。オスマン法である。イギリスのパレスチナ統治以前に支配していたオスマン帝国の法律がまだ効力をもっていたのだ。オスマン法では、安全上の問題がないかぎり、屋根がある構造物は決して取り壊すことができなかったのである(37)。

翌日の朝までにはネゲヴ砂漠の北縁に沿って一一の農場があらたに出現していた。イギリスの介入を受けたところが一カ所もなかったのは、聖なるヨム・キプルのこの日、イギリス軍も警戒をゆるめがちだったからである（シオニスト側にとってさらに運がよかったのは、この年の贖罪の日の終わりが土曜日の夕方に当たり、イギリス軍の兵士は日曜の朝を寝てすごせると、夜遅くまで酒を飲んでいた）。かくして、ユダヤの入植者は農場を立ち上げるという当初の目的を果たしたのである。

一夜にしてみごとな成功を収めたものの、一一カ所の農場にはいずれもきわめて重要なものがひとつだけ欠けていた。水である。どのコンボイも給水車をともなっていたが、積んでいた水はほんの一時しのぎでしかない。かなりの量の水なくしては、これらの農場は間もなく干上がってしまうだろう。炊事やトイレなど日常用水をまかなう程度なら給水車でもこと足りる。しかし、灌漑用水がなければ、ここに植え付けたいと願うどのような作物も生き延びてはいけなかった。

シムハ・ブラスもまた一一の入植地の計画班の一人として働き、入植地の選定作業に携わっていた。候補地は地下水がありそうな場所、もしくは水源から導管が届く範囲内で選ばれていた。一一の農場がもちこたえられるかどうかは、いまやブラスしだいだった。三段階からなる開発計画のうち、フェーズⅠではネゲヴ砂漠での掘削がともなう。自給のために水を掘り当てなくてはならなかったが、掘削はかなりの深さになりそうである。掘削が始まった。そして、一一ある入植地のひとつ、ニルアムの農場でブラスはついに水を掘り当てたのである(38)。

当時、ブラスはある問題に直面していた。水を輸送する機械設備を必要としていたのだ。第二次世界大戦で工業製品の多くが軍需品に指定され、戦後も金属や機械類は圧倒的に不足していた。パレスチナにおいてもポンプや導管の不足から、ブラスの計画の大半は遅れをとっていた。戦争が終わっても資材の逼迫が続いたのは、アメリカにおける民需の高まりと、ヨーロッパでは戦後復旧のためであり、品不足は果てしなく続くようにも思えた。だが、ブラスは一一の入植地で揚水用のポンプが必要になることを見越し、ひそかに調達の手配を進め、思いもよらない相手から大量の鋼管を買い付けていた。

大戦中、ロンドンには、ナチスの空襲で起きた火災の消火活動を強化するため、特別のパイプが設置されていた。終戦とともにナチスの脅威は去り、並行する消火システムを抱えておく必要はなくなっていた。ブラスはそのパイプを残らず購入しようと水面下で動いていたのだ。膨大な出費だったが、高品質のパイプはおいそれと見つかるものではない。宝の山のパイプがあれば、ニルアムから砂漠に点在するほかの農場を結ぶことができた。一九三五年のエズレル渓谷での事業同様、ブラスはこの計画で地域の給水システムを確立する。そして、この給水システムは、シオニストの理念とイスラエルの給水事業の方針に対しても長期に及ぶ影響を与えつづけるものになる[39]。

痛烈な皮肉に富んだ事業だった。イギリスが手放したパイプは、当初、ロンドンの住民を恐怖のどん底にたたき込もうとしたヒトラーのたくらみを阻むためのものだったが、そのパイプが今度はユダヤの入植を阻もうとするイギリスのたくらみを阻むために使われたのである。ただ、高額なパイプだということで、ネゲヴ地区の水道インフラは「シャンパン・パイプライン」というニックネームを頂戴する[40]。しかし、イシューヴの指導者、そしておそらくはベン＝グリオンにとって、ネゲヴ砂漠におけるシオニストの足場が確たるものになるなら、どれほど高い買い物であっても、それだけの価値は十分にあったのはまちがいなかった。

国営水輸送網の資金源

ベン＝グリオンはわが道を進んでいく考えでいた。

一九四七年、国連はパレスチナの分割案を調査する目的で専門家からなる調査委員会を現地に派遣する。ネゲヴ砂漠についてはは周縁にユダヤ農民が入植していたこと、他の民族から強硬な反対意見がなかったことから[41]、荒涼たる砂漠地帯は、委員会によってまだ国名も決まっていないユダヤの国に授けられた。これによってユダヤの国の領土は、優にその半分以上が一見すると役立たずで、人跡もまれな砂漠で占められることになる。イギリスも国連代表に証言をおこない、パレスチナにはホロコーストを生き延びた大量のユダヤ人を受け入れられる土地はないとくり返した。戦争が終わって二年、故郷をなくし、国を失ったユダヤ人はヨーロッパの難民キャンプにいた。

イギリスの見解に反駁するため、イシューヴの指導者らによっていつもの頼みの綱、シムハ・ブラスが招聘された。ブラスは三段階の開発計画と、フェーズⅠが成功して、ニルアムで掘り当てたネゲヴ砂漠の水が一一カ所の農場に供給されていることを説明した。フェーズⅡ(テル・アヴィヴのヤルコン川の水をネゲヴ砂漠に導水)、フェーズⅢ(水の豊富なパレスチナ北部から水に事欠く南部にわざわざ分け与えるという計画)に関しては、いまだまったくの絵物語だったものの、国連の調査団はその説明にどうやら納得していた。調査員らはイギリスの主張を却下する一方で、ブラスが試算した、イスラエルの地は現時点で発見された約三倍の水資源を保有するという予測を受け入れていた[42]。

一九四八年五月十四日、イスラエルが独立を宣言すると、アラブ六カ国は誕生したばかりの国にただちに侵攻を開始[43]、水問題どころではなくなり、国の安全保障に国民の時間と注意は向けられていく。戦闘がやんだ一九四九年上半期に休戦協定が結ばれると、ヨーロッパからはホロコーストの生存者、アラブ諸国で迫害に直面していたユダヤ人が、おびただしい数となってイスラエルに押し寄せはじめていた[44]。

一九四八年にイスラエルが独立を宣言した当日、国の人口は八〇万六〇〇〇人だった[45]。それから三年半で、誕生して間もないこの国に六八万五〇〇〇人以上の移民が到着していた[46]。これほどの短期間で基礎人口を急増させた国は現代の世界では存在などしないだろう。ほぼ倍増した人口を養うための食糧生産、大量の新参者の雇用先、耕作地の準備が国のいたる場所で始まる。そして、生活用水もさることながら、それ以上にのどから手が出るほど必要とされたのが農業用水だったのである[47]。

開発計画のフェーズⅡ、フェーズⅢはまだ詳細な構想にとどまり、具体的な事業化はこれからだった。ただ、計画が実行段階に入る前に、資金調達を確実なものにしておく必要がある。戦線が多方面に及んだ第一次中東戦争の戦費に加え、安全保障費の負担、さらにヨーロッパやアラブからいまも流入してくる無一文の移民の受け入れなどの費用が重なり、国は大きな負債を抱え込んで、国民の食事も配給制にせざるをえないほど困窮した。しかし、それにもかかわらず、ベン＝グリオンやレヴィ・エシュコルは水利インフラの着工にとりかかることを強く望んだ。

戦後のドイツ政府による戦争賠償案をめぐっては、国民のあいだで暴動が火を噴き、内乱の噂さえあったものの、ベン＝グリオンは提案された賠償協定に同意した。この同意に従って、ドイツはイスラエルに対し、強制退去させられたユダヤ人の再定住の費用と、ナチスドイツによって戦時中に強奪・破壊されたユダヤ人の財産に対して数十億ドルという、双方の賠償金を支払うことになった。同胞の血の代償にも等しい賠償金をほしがる者など、イスラエルに住むユダヤ人のなかにはほとんどいない。どのようなものにしろ、かつてナチス政権が支配した国からなにかを受け取ることに対して国内は騒然としたが、それにもかかわらずベン＝グリオンはふたたび自分の方針を貫いた。接戦ではあったが、国会はドイツとの協定をかろうじて批准した[48]。水（そしてほかの）公共設備を建設するために必要な基金はこうして準備することができたのである。

砂漠の国の水紛争

ドイツからの戦争賠償金の支払いは一九五三年早々に始まったが、イスラエルには南北に導水管を敷設してネゲヴ砂漠に水を引くうえでの決定的な要素、つまり確実な水の供給ができるかどうかという保証はなかった。北部には利用可能な豊富な水が存在するとブラスは確信していたが、イスラエルに敵意を抱く周辺諸国は、自国国境に接する水源からイスラエルが水を汲み上げればなにかを言ってくるのはまちがいない。議定書を交わして、どの国がヨルダン川とその支流から取水できるのか、これに関する裏づけを確実にしておく必要があったのである。

おもにシリアとイスラエルで起きた一連の軍事的小競り合いに続いて、紛争がヨルダン、レバノンを巻き込んだものになると、合衆国大統領ドワイト・アイゼンハワーは、アメリカの影響力を高める好機と考え、この紛争を利用する判断をくだした。水資源の配分に関心を示しながらも、第二次世界大戦では連合軍最高司令官を務めていたアイゼンハワーは、問題をさらに大きな戦略的地政学の観点からとらえていた。むしろその関心は、アラブ対イスラエルの緊張に乗じ、ソ連がパレスチナに食い込んでくるのを阻む点にあったのだ。

アラブ対イスラエルの紛争とパレスチナ難民をめぐって高まった緊張は、水のような技術的な問題であると同時に、生命そのものにかかわる問題の交渉を通じて解決できるのではないのか。たとえ解消されないにしても、和らげることならできるのではないかとアイゼンハワーは期待していた[49]。紛争の解決に際し、アイゼンハワーは交渉の指揮を外交官に任せることはなかった。かわりに選んだのがエリック・ジョンストンである。ジョンストンはアメリカ映画協会（ＭＰＡＡ）の会長であるとともに有力な共和党員で、国際的な開発事業に関する経験にも恵まれていた。そのエリック・ジョンストンを大統領はパレスチナの特派大使に任命したのである。[50]

一九五三年十月、ジョンストンはヨルダン川の水配分量に関するプランを携えて到着した。このプランがイスラエル側に提示されたとたん、北部の水をネゲヴ砂漠に供給するイスラエルの夢がこれでついえてしまうのは明らかだった。ほかにも問題は多かったが、アメリカの提案には無視できない二点の大きな問題があった。一番目の問題は、ヨルダン川の水量の割り当てについて、ジョンストンが求めるイスラエルの配分量はイスラエルの思惑をはるかにしたまわる量にとどまっていたのだ。ネゲヴ砂漠を農場と耕作地でおおいつくせるどころの話ではない。第二に、ジョンストンの考えでは、ヨルダン川の水はすべて流域内にとどめて域内の開発に使われるというもので、この考えはアラブ側と同じ見地に立つものだった。つまり、今後さらに水源が発見されたにせよ、イスラエルはネゲヴ砂漠に水を供給することはできなかったのである。[51]

ブラスはこのとき、ジョンストンのツアーガイド兼指導役を命じられていた。[52] ブラスとすごすうち、やがてジョンストンは水の配分量と水利の域内優先の原則に関する見解を変えていく。いずれも国営水輸送網の計画をつぶしていたかもしれない原則である。まず、ジョンストンは、利用できる水資源という資源が、「いたずらに浪費されることなく使われ、その地域で栽培できる農作物の収穫量をもっともふさわしい評価基準とする」という考えについて理解を深めていった。[53] さらにイスラエルの農民や研究者から、新たな灌漑技術や作物の管理法を採用し、これまでにない方法で農業に取り組んでいるという説明を受け、ジョンストンの考えは大きく揺らいだ。[54] 水が使われないまま海へと流されてしまえば、それは水の浪費だと理解して、ジョンストンはイスラエルへの水配分量を大幅に引き上げることを認めた。この国なら水を生産的に活用することができるだろう。

ジョンストンはアラブ各国の技術官僚に対し、ヨルダン川の水を国ごとに公正に割り当てた改訂版のプランを認めさせることに成功した。この案を受け入れることで、不利をこうむるアラブ諸国は皆無だったが、イスラエルにとってこれは勝利にほかならなかったし、なにはともあれ、野心に満ちたイスラエルの水利開発構想にこれでようやくゴーサインを灯すことができたのである。

ブラスの悲劇

改めて考えれば、既存する大規模インフラ設備とはいずれもあって当然のように思えてくるものである。投じられた予算や犠牲、失敗に対するリスクは過小評価されるか、あるいは忘れ去られてきた。当時のイスラエルは貧しく、しかも大量の移民吸収と周辺諸国の攻撃や侵攻から貧弱な国境を守り抜くという二つの重荷を抱えていた。しかし、遠い未来を見据え、やがて供給がとだえる水の需要から目をそむけることはしなかった。かりに大半の政治家が予算や事業の複雑さ、失敗の危険を恐れて判断をためらったとしても、イスラエルの指導者がこの難事業に取り組むことを受け入れたのは、一九三九年五月に白書が公布されてからというもの、国営水輸送網の完成が国民の意識の一部になっていたからなのだろう。

一九五五年七月、テル・アヴィヴのヤルコン川からネゲヴ砂漠に敷設された導水管――シムハ・ブラスが立案した開発計画のフェーズⅡ――が開通した。資金の三分の二はアメリカにいるユダヤ人の寄付であり、残りはイスラエル政府が発行した債券（これもアメリカのユダヤ人が大部分を購入）によって調達された。新たに水を得て五万エーカー（二〇〇平方キロメートル）の砂漠が耕地へと生まれ変わっていく。完成式典では感謝の祈りが捧げられ、国中のおもだった劇場から歌手やダンサーが集まった。アメリカからも一七都市の代表、それにニューヨーク州知事のアヴェレル・ハリマンが列席していた[55]。

間髪をいれず、開発計画のフェーズⅢである国営水輸送網の計画が実施に移される。イスラエル北部の水を南部にあるネゲヴ砂漠に輸送、途中、フェーズⅡで得たヤルコン川の水を合流させて南部に輸送するというものである。克服しなくてはならない技術的な課題もあった。ヤルコン－ネゲヴ間の導水は、砂地の多い沿岸にあり、計画や敷設工事は比較的容易だったが、国営水輸送網の建設の場合、山岳地帯を貫通させながら、巨大な導管システムを地下に埋設しなくてはならない。しかも、敵対国の攻撃に耐えながら、いずれの導水管がそうであるように数十年はもたせる必要がある。

イスラエルは小国で、国土の広さはニュージャージー州とよく比較されるが、気候と海抜の点でイスラエルはじつに変化に富んでいる。そのため導水管には、海抜ゼロでも難なく機能するばかりか、ガリラヤ湖の海抜マイナス七〇〇フィート（二一〇メートル）、エルサレムの海抜約三〇〇〇フィート（九一〇メートル）などの起伏のもとでも輸送できなくてはならなかった。さらに湿度が高く凍える冬季はもちろん、乾燥した灼熱の砂漠のもとでも送水させなくてはならない。

導水管を敷設してポンプ、バルブを設置するために、国のほぼいたる場所で大々的な掘削工事が始まり、国民はそれに耐えなくてはならなかった[56]。不便は尋常ではなかったが、ユダヤ人とアラブ人のちがいなく、市民という市民が間もなくこの不便に耐えた恩恵にあずかることになるのだ。

だが、シムハ・ブラスにとって、みずからのライフワークの絶頂はギリシア悲劇にも似た思いを抱かせるものになっていた[57]。一九五〇年代を迎えたころ、ブラスは国営水道会社メコロットを離れ、国の水問題特別代表として働きはじめていた。当時、最重要課題がアイゼンハワーの特派大使ジョンストンとの交渉にほかならない。だが、ブラスの能力からすれば負担となるような仕事ではなく、本人は国営水輸送網の計画にさらに携わることを望んだ。しかし、国営水利計画会社のTAHAL《タハル》が設立されると、水利に関連する研究や提案を自分の周辺でしばしば耳にするようになっていた。

ブラスはかねてから、国営水輸送網が事業化されるあかつきには、計画と建設の両方の指揮は自分がとるものと考えていた。かわりにくだされた決定で、事業は分割され、建設部門はメコロットの責任で進められることになったが、この会社は一九三七年にブラスがレヴィ・エシュコルに協力して設立した会社だった。要職とはいえ、国営水輸送網に命が吹き込まれていく様子を見守るだけの職を受けるよりはと、結局、政府の現職さえ辞してブラスは家に帰ってしまう。そして、ブラスは電話を待ちつづけた。正しいのはやはり自分のほうだと告げる電話である。だが、その電話は決して鳴ることはなかった。ベン＝グリオンをはじめ何人もが計画部門に戻るように翻意をうながしたが、ブラスが首を縦にふることはついになかったのである(58)。

変貌を遂げていく新興国

国営水輸送網は、膨大な費用を要する複雑なパイプライン建設を超える事業だった。建造された新システムは、給水の信頼性やアクセス、水質を一夜にして改善したばかりか、誕生したばかりのこの国に対して大いなる創造性をもたらした。月面に人類を送り込むとか、あるいは巨大ハリケーンの復興事業とか、予算と時間を死守して達成された壮大なインフラ事業は国民のプライドをつちかい、一体感を育んでくれる。次なる別の困難をも克服し、国をひとつにする意識を広範に押し広げていく。イスラエルの場合、一〇〇を超える国からきた移民が集まっていたが、国営水輸送網がこの役割を担い、それ以上の効果をもたらしていた。

導水管の敷設は、新興国イスラエルにとって手にあまる大規模公共事業だった。一九六〇年代前半の何年かは、数千名規模の国民が連日のように工事にかかわり、地面を掘り返したり、溶接したり、鋼管をつないだりする作業のほか、さまざまな関連作業に携わっていた。[59] インフレ調整したうえで、国民一人当たりで試算すれば、この事業の規模と予算額が実感できる。イスラエルはアメリカがパナマ運河の建設に要した六倍以上の予算を投じていたのだ。パナマ運河は竣工当時、「アメリカ史上、もっとも高額の公共事業」だった。[60] フーバーダムやゴールデンゲート・ブリッジなど、アメリカの国家的イコンである他の公共事業よりも、国民一人当たりの規模では、国営水輸送網の建設のほうがはるかにうわまわっていたのである。

国営水輸送網の完成で、ネゲヴ砂漠を開花させるベン＝グリオンの悲願が現実のものとなる。導水管網を通して一二〇〇億ガロン（四億五〇〇〇万立方メートル）以上もの送水能力を得て、南部の荒涼たる土地でも種類を選ばずに作物を育てられるほど大量の水が利用できるようになった。この国にたどり着いた移民の多くは家と仕事を求めていたが、入植したネゲヴ砂漠で彼らは農民として生計を立てていくことになった。

国の地図も変わった。国営水輸送網が完成する以前、砂漠はテル・アヴィヴ近郊の入植地レホヴォトのすぐ南から始まっていた。新たな導水のおかげで、イスラエルは農耕地をレホヴォトから五〇マイル（八〇キロ）以上南に拡大して、ベルシェバの南方にまで押し広げた。今日、ベルシェバは活気と刺激にあふれる都市となり、ネゲヴ地区における中心地として機能している。国営水輸送網が存在しなければイスラエルは砂漠の境界を後退させることなど不可能で、大勢の移民が入植した光景も目にはできなかった。

　国営水輸送網の成功は、人口増加の限界について、イギリスの官僚と経済学者が誤っていたことをはっきりと証明した。ただ、イスラエルの水利事業の成功は、すべて国営水輸送網に帰せられるものではない。そもそもこのシステムは、政策立案、技術への敬意、決断力、そしてこの国の天候を乗り越え、豊富な水を手に入れようとするリスクをいとわなかったことを理由にして始まった。はるかに貧弱な人口を抱えて満足に自給もできなかった小国は、今日では果物、野菜、乳製品、家禽ばかりか、水を集約的に使う高品質な作物を生産して、毎年数十億ドル規模の輸出さえおこなっている[62]。

こうした輸出品の大半は、乾燥地農業、植物科学、品種改良、遺伝子学など、いずれもイスラエルにおいて新たな勢力をなす研究の成果なのである。しかも、国営の給水システムが整備された結果、今日の科学研究では、いずれの領域においてもイスラエルが指導的なポジションを占めている。荒涼たる土地でも水が使えるようになったことで、この国の研究者は——その多くは移民だが——土地の新たな活用法を考案できるようになった。ベン＝グリオンの見通しに誤りはなかった。価値とは無縁の不毛の砂漠が、高い生産性をもつ貴重な土地へと生まれ変わったのだ。

環境保護活動が台頭し、環境に向けられた意識が変化するのはだいぶ先の話になるが、北部の水源にアクセスすることで、地中海沿いに広がる井戸への負担が軽減された。井戸は冬季の雨で涵養され、塩分の少ない北部からの水と混ざって、沿岸付近の井戸水の水質もさらに健康的なものへと改善された。国営の給水システムがあることで、最終的には河川そのものの回復が図られ、ゴミの不法投棄の場所あるいはドブ川だったところが、自然があふれたレクリエーションの場所に変わった。

計画はイギリスの白書に対抗しようとした一九三九年のブラスの立案に始まるが、一地方、一地域

イスラエル建国の父の１人、レヴィ・エシュコル（1947年撮影）。イスラエルの３人目の首相（在任1963～1969年）で、1967年の第三次中東戦争（六日戦争）では国の陣頭に立った。残した遺産の点では水関連のインフラ整備で見せた指導力はさらに大きく、1937年創立ののちの国営水道会社メコロットの創業にも携わっていた。
(Kluger Zoltan/Israel Government Press Office)

イスラエルの水のビジョナリー、シムハ・ブラスは1930年代初期から1950年代なかばまで、国の基幹水利事業や工学上の決定でいずれも中心的な役割を担ったが、職掌をめぐる対立で政府の仕事から突然退く。国の水利事業に関して残した構想は今日の水事情を見越していた。半引退生活を送っていたころに点滴灌漑を考案、その灌漑法は革命的な変化をもたらしつつ世界各地に普及していく。

1938年、合衆国農務省の要請でパレスチナへと旅立った土壌学者ウォルター・クレー・ローダーミルクは、シオニストらの土壌再生や水管理の技術に心を奪われる。以降、中東や多くの乾燥地帯が経済発展を遂げる開発モデルとしてこの方法を提唱する。また、ローダーミルク夫妻はユダヤ人の建国の大義にも献身した。写真は1953年、イスラエルのラジオ局でのひとこま。(David Eldan/Israel Government Press Office)

ネゲヴ砂漠のユダヤ人農場開設は、シオニストの国家建設を図るうえで決定的なものだった。キブツ・ニルアムで掘り当てた水を利用するため、第二次世界大戦中にイギリスで使われていたパイプで導水網が建造され、遠くの農場にも送水された。写真は1947年、砂漠のただなかに置かれたイギリス製のパイプ。キブツ・ハッツェリムにもこの〝シャンパン・パイプライン〟と呼ばれた導水網が結ばれた。非常に高価なパイプであったことからそう呼ばれた導水網だが、それだけの価値は十分にあり、これによってネゲヴ砂漠北部の農業開発が可能になる。(Kibbutz Hatzerim Archive)

国営水輸送網は計画と設計の両面において驚異的な事業であるばかりか、同時にそれまでにない工学技術上の発明が要求された。写真は計画を説明する主任エンジニアのアーロン・ウィーナーと娘のルティ（1957年）。国営水輸送網は、水源に恵まれた北部から水の乏しい南部に水をまわすという大規模水利事業だった。ウィーナーはその後、政府の水利部門であるTAHALの創設に携わる。同社はのちに発展途上国向けの水利や水道エンジニアリングの専門企業へと成長していく。(Aaron Wiener Family)

数年に及ぶ不便と犠牲を強いられたのち、1964年6月に国営水輸送網は完成。国営水輸送網の開業とともに国は一変、その遺産はいまもなお実感できる。国家的な偉業だったが、安全保障上の理由から賑々しい公的な竣工式は見送られた。写真は区間の始動スイッチ（バルブ）を入れる名誉に浴したTAHALのアーロン・ウィーナー。
(Daniel Rosenblum/ Mekorot)

湛水灌漑やスプリンクラー灌漑などの従来法に比べ、点滴灌漑の場合、膨大な量の水が節約できる。水は作物の根への滴下にとどまるだけなので、蒸発による損失はないに等しい。また、作物の生育度が増し、生産量は通常の倍、あるいはそれ以上の場合が少なくない。養液や肥料も点滴可能なので、水路に排出される窒素を防ぎ、耕作地にとどまる化学物質の量も減量できる。(Netafim)

大都市につきものの下水処理施設だが、シャフダンの施設は他に例のない独特のものである。テル・アヴィヴ周辺の全地区から出た下水は残らずここに集められ、処理を経た廃水はこの地の砂層を使って濾過されている。専用の帯水層から水を汲み上げ、やはり専用の導水管を経由してネゲヴ地区の農場に送水される。イスラエルでは国の廃水の85%が農業用水として再使用され、天然の真水を補完する新たな主水源となっている。(TAHAL)

逆浸透膜による脱塩で革命をもたらしたシドニー・ローブは内気で慎み深い人柄で、報われることのなかった英雄だ。カリフォルニア州在住の研究者として、塩水から塩分とミネラル分を除く新方式を発明すると、その後イスラエルに渡ってさらに実験を重ねて研究を深め、教授として、地元の名士として評判を集めた。写真はイスラエルで知り合った妻ミッキーとともに(1970年)。ローブの発明品は世界で何十億ドルもの規模に成長したが、本人が手にしたのは全額１万4000ドルだった。(Mickey Loeb)

ソ連では政治犯だったアレキサンダー・ザーチンは、ベン＝グリオンの信認を得ると、1950年代には凍結法による海水淡水化という自身の着想を研究する政府組織を起ち上げる。採算に見合った飲料水が生産できず、研究は最終的に頓挫したが、国をあげて取り組んだ初の脱塩化研究を通じて政府はノウハウを積み重ね、のちにこの国を海水淡水化事業の大国へと押し上げていく。(IDE)

水をめぐり、イスラエルとアメリカの両首脳、レヴィ・エシュコルとリンドン・ジョンソンの２人は親密な関係を深めていった。ともに水不足に苦しむ農場出身という背景をもち、豊富な水によって経済発展と平和が実現されるという夢を抱いた。ジョンソンは海水淡水化にとくに興味を寄せ、さらなる研究開発への協力を申し出る。ふだんは話好きなジョンソンだが、1968年、エシュコルがジョンソンの私宅LBJ牧場を訪ねた際には、相手の話に熱心に耳を傾けていた。(Yoichi Okamoto/ LBJ Library)

ソレクの海水淡水化プラントは世界最大の施設で、地中海から約1マイル（1.6キロ）の内陸に位置している。日産1億6500万ガロン（62万立方メートル）の淡水、すなわち1時間当たり700万ガロン（2万6000立方メートル）の淡水を生産している。電力価格が低下した時間帯に合わせてアクセスする独自のアルゴリズムを採用、1ガロン当たり1ペニーの範囲ながら、どこよりも低価格な脱塩水を提供している。現在、地中海沿岸に建つイスラエルの淡水化プラントで、国の日常用水の80パーセントに相当する真水が提供されている。(IDE)

イスラエルでは1950年代以降、アフリカの水の供給改善を支援する事業が大きな関心となり、これまでにサハラ砂漠以南のほぼすべての国に水利開発の専門家が派遣されてきた。イノベーション：アフリカもその系統を継ぐNGOにほかならない。創設者のシヴァン・ヤーリは、遠隔操作によってテル・アヴィヴの本部から太陽光発電で可動するポンプを監視して、アフリカの村民にきれいな飲み水を提供する活動を支援している。
(Innovation: Africa)

イランの水利開発事業で、イスラエルの開発団を率いたアリエ・イサール教授（写真右）。教授はイランの首脳部にもよく知られ、中央政府の高官と一行が活動のため訪れる国内各地の水道行政官らからも感謝されていた。1960年代後半には、イラン国王（写真左）が地方で井戸の開削事業を進める一行をねぎらうために訪問している。(Arie Issar)

カリフォルニア州とイスラエルとでは急速な人口増加と経済発展に加え、気候の面でも共通している。長期にわたる干ばつの結果、カリフォルニア州では水源の涸渇が問題化していた。さまざまな対策を検討した末、イスラエルの対策に学ぶ点が多いという結論にいたる。2014年３月、州知事ジェリー・ブラウン（写真左）とイスラエル首相ベンヤミン・ネタニヤフは協力協定に調印、水資源の合理的な運用に関し、政治、経済、学術における両者の協力をうながしていくことに同意した。(Leah Mills/ Polaris Images)

イスラエルは他国の利益を図るとともに、相手国との政治および経済的な関係強化を目的に水のテクノロジーを分かちあってきた。こうした理由から、中国は1992年にイスラエルとの外交関係の樹立を決定、イスラエルは拡大する中国の水問題解決に向けて支援策を提供するようになる。写真は2013年５月、訪中したネタニヤフ首相を出迎える李克強首相（写真左）、この会談によって寿光市の水道システム刷新事業が実現する。
(Israel Government Press Office)

の水から始まった構想は変化を遂げていった。ブラス本人の手、あるいは数多いブラスの後継者たちの手になろうが、それ以降、開発計画と水の用途をめぐる構想は、どこから見ても国全体で取り組む事業になっていた。だからこそ、国民意識も育まれていったのである。

国営水輸送網は単なるインフラ計画以上のものだった。国の利益は個々の利益よりも優先される考えをこのプロジェクトは体現していたのだ。誰もが一丸となって立ちあがらなくてはならない。このようなイデオロギーがどのような場合にも当てはまるわけではないにせよ、この国の水問題に関しては、これが政策方針となり、いまでも変わらずにあるのはたしかである。

国営水輸送網は一九六四年六月十日に開通した。機密への配慮を踏まえ、約一〇年前に開通したヤルコン＝ネゲヴ間の竣工を祝したときのような手の込んだ式典はいっさいおこなわれていない[63]。訪問したゲストは一連の小規模な催しに招待されたり、区間の始動スイッチを入れたりするなどの名誉に浴している。ブラスの後継者として設計を担当したアーロン・ウィーナーもそうした招待客の一人だった[64]。ウォルター・クレー・ローダーミルクはイスラエルを特別訪問した際に施設の一部を見学している[65]。シムハ・ブラスが式典に招待されたとか、あるいは列席したという記録は残っていない。

第3章

給水システムを経営する

水がどのように管理されているのかを見れば、その国のことがよくわかる。

――――シモン・タール(イスラエル水委員会元委員長)

一九五九年、水の所有権と管理を国に集中した包括的水管理法が国会で成立、さらに国営水輸送網が完成すると、問題の焦点はその後、国の水道施設の運営をどのように実現させていくのかという点に向けられていった。法的な規制や国家的なインフラ整備も重要だが、一般のイスラエル人と国の水道システムの接点は、日々の具体的な水管理のもとにおいてなのだ。

イスラエルの水道システムにはスタート時からよくできた規制機関が備わっていた。水の管理体制には、利害関係のある大勢の出資者がいたこと、さらに割り当ての問題があった。その点を踏まえれば、水管理法の可決から何十年にもわたって汚職問題が事実上発生しておらず、規制機関もまたとくにこれという政治家の名前をいつもとりざたしてきたわけではないが、それでも国民は心から満足していたのはやはり異例のことだろう。

一九五九年の水管理法で水コミッショナーが任命されると、イスラエル水会議のもとで国の水政策の立案と施行に関して強権が授けられた。水コミッショナーは強い権限を有し、政治的には中立の立場にあったものの、それでも政府の目が届かない、有力な政治家の働きかけが存在していた。そのために水会議は農業省の監督と管轄のもとに置かれていた[1]。

いずこでも同じように、イスラエルでも水を一番消費するのが農家であるのは変わらない。そのため、当初のあいだ水の管理が農業省の管轄に置かれていたのは筋が通っていた。しかし、この国が先進経済国へと成長していくと、農業政策を基礎にした水政策をもとに分配が決まる方針はその根拠もだんだん乏しくなっていく。農業に水はもちろん欠かせないが、とはいえ水が必要なのは農業だけではないはずだ。

水の公平な配分に多くの省庁が声をあげはじめる。水会議（のちの水委員会）は国土基盤省の管轄に移っていたものの、閣僚の多くが要求を突きつけるようになっていた。要求にはもっともな政治的理由に基づくものもあったが、しかし、お役所仕事の手詰まりに陥ると、政策や紛糾した政治目標をめぐって激しい縄張り争いが始まる。一九五九年の水管理法が意図した政策目的は唯一イスラエルの民の利益にあったが、この目的は政治家が利益を図るための道具として使われる場合も少なくなかったのである。

水の管理に声をあげた関連省庁を数え上げてみれば、この問題が行政上、どれほどの広がりをもつものかがわかるだろう。農家以外の水の料金は財務省が決定して、農家の料金は農業省が決めている（一般家庭の水道料金は内務省の管轄）。下水道に関しては、国土基盤省と環境省の双方が管理する。水の品質基準と安全基準については、保健省と環境省が策定していた。内務省は一般家庭の水道料金を決めていたほか、基礎自治体への配水量を管理している。水に関連した採決の場合、司法省が関係してくる。国防省もヨルダン川西岸地区にある水源の安全保障について監視していたし、隣国のヨルダン王国と水源の取水量を交渉する際には外務省が出てきていた。国会の予算委員会もまた水の管理にかかわっていた。[2]

こうした状況について、ダヴィド・パーガメントの観察は鋭い。「この決定は樹木にたとえて考えてみるといいでしょうね。政府のある省が木の葉を管理しているとするなら、ほかの省はその枝、別の省は樹皮、さらに別の省は木の幹を管理して、根を管理する省もある。さらに言うなら、その木の木陰さえ管理している省庁も存在するという具合です。そんな状態に国は陥っていました[3]」。

二〇〇〇年代はじめ、全省庁と全閣僚を巻き込んで、もつれにもつれた糸を解きほぐそうという気運が高まる。特定の利益とは無縁の立場から、数名の政治的リーダーらによって、既得権益を得ていた政治家や省庁の利益ではなく、明らかに国民の利益を図る方向へと変えようとする判断がくだされたのだ。

二〇〇六年には、国会で一目置かれている調査委員会から制度的な刷新を求める答申が出され、一九五九年の水管理法が修正されることになった。[4] 水委員会はイスラエル水管理公社と名称を変え、ゆるぎない権限が授けられた。権力は政治レベルから技術官僚の手に移行する。[5] 政策決定のプロセスから政治が除外され、新たに権限を得た組織は、選挙民への点数稼ぎや、あるいは単に権勢欲にかられた政治家の顔色をうかがうことなく決定をくだせるようになった。

価格メカニズムが「節水」をもたらす

建国当初から節水は、イスラエルの国民生活における基本原則だった。家庭、農場の別なく、国民は自分たちの節水意識、高い技術力——たとえば点滴灌漑——にこのうえない関心をもって利用することに誇りを覚えていた。何年かごとに干ばつに見舞われても、そのたびに水の保全をさらに高める努力が必要だという考えを受け入れてきた。しかし、やれるところまでやったという考えは、間もなくリアルな世界でもう一度採まれることになる。二〇〇八年、イスラエル水管理公社は全国民に対して、今後、水道料金は使用量に応じた実質料金で徴収すると発表した。

料金の改定は水の保全だけを念頭に置いてなされたものではない。水管理公社にすれば、水道設備は既存や新設の別なく、いずれも最大限の使用をむしろ望んでいる。水管理公社が国民に約束したのは、今後徴収する水道料金は国の水需要を満たすためだけに使われ、基礎自治体の予算あるいは国家予算といった歳入の帳尻を合わせる資金として転用されることはないというものだった。

どこの国の納税者であれ、税金の上昇は歓迎できるものではないだろう。「イスラエルの国民は水が貴重なのは納得していますが、それでもなぜ料金を払うのかよく理解はしていないようです」。水管理公社の上級職員は言う。「雨を見上げてはこの雨はただだと思っています。たしかにその通りです。それなら水道もただのはずではないか。しかし、安全で信頼でき、必要に応じて利用できる水は無料ではないし、無料にできるものでもない。インフラを整備してきれいな水を各家庭にまで給水するのもただではできません。汚水を処理して、病気の蔓延を防ぐのもただではない。淡水化装置を開発して干ばつ時に水を供給するのもただではできないのです」[6]。

料金の値上げ以前、請求金額をもっぱら占めていたのは各家庭に水を供給する送水費だった。農家の場合、送水費の全額を払っていたわけではない。例外として支払いが免除されているのが普通で、政治家は主要な選挙区や関心がある事業に対しては、お決まりのように助成金を支給していた。

水管理公社の初代理事長であるユーリ・シャニ教授は、大臣たちにこんなふうに言っていた。「農家や障害者に助成金を出したり、周辺諸国の隣人に水を融通したりしても、まったく問題はないでしょう。ご希望通りに値引きしてもいいでしょうし、ただで提供してもいいでしょう。しかし、あなたたちがどれだけ使ったり、融通したりしようと、政府は使用したぶんを水道事業体に補填しなくてはならないのですよ」。この世には無料の水、安価な水、助成金を受けた水などまったく存在しないと教授は大臣らに言って聞かせた。「ルールを免れる人間はいません。料金を払うのは誰もが同じなのです」[7]。

一般家庭の水道料金は結局、四〇パーセント引き上げられた[8]。国民が非難の声をあげるのも無理はなかった。自宅の蛇口から出てくる水に変わったところはまったくなかったからである。以前と同じにしか見えないサービスに対して、これまで以上の料金を払っているのだ。たとえば、道路整備には常に政府が予算をつけている。では、なぜ同じインフラである水道はそうではないのか。その明確な理由が見えてこない。

料金値上げから時を置かず、イスラエル水管理公社は基礎自治体から上下水道の管理業務を残らず引き上げると、かわりに各自治体向けに政治色とは無縁の水道事業体を設立した[9]。市長たちがこれに対してかんかんになったのは、上下水道の料金がこの新会社に残らず移行したからである。これまでなんの疑いも抱かず、長いあいだ思い通りに使ってきた歳入を市長たちは失ってしまったのだ。市の予算に不足が生じるようなことがあれば、補填の財源として水道料金は使い勝手がよかった[10]。水道管のメンテナンスならぐずぐず先延ばしできる。市民や選挙民の関心を買うには、もっと優先度の高い事案のほうが先だったのである[11]。

水管理公社は地方に新設した五五の水道事業体に対し、漏水の修理、サービスの改善、新技術の育成に集中的に取り組み、水と経費の節減方法についてさらに知恵を絞ることを期待していた。料金収入は、国の水道インフラを増築する基金とするとともに、こうした目標を実現するために残らず投じられることになった。

市長らは水道の修繕費をできるだけ抑え、手つかずの水道収入を自治体の別の事案にまわすなどその動機はいびつだったが、新しい水道事業体のもとでは、収入のすべては水道事業に投じられるか、それとも水管理公社から事業体に課された制裁金の支払いに当てなくてはならなかった。漏水は世界中で起きている問題だが、以前であればよほどの緊急事態に陥らないかぎり、放置されたままという場合も少なくなかった。道路が破損したままでは市長の人気は落ちてしまうが、水道が漏れていても誰かに請求書が届くわけではない。事業体では、漏水件数の削減目標が未達の場合、水管理公社によって制裁金が徴収される。(12)もしも、夜ごと水の流れる公園をわが町にもほしいと市長が願えば、そうした公園はつくることもできるだろう。ただし、工事費や水道料金は市の予算から捻出しなくてはならない。公共の公園だからといっても、〝ただ〟の水はもうどこにも存在はしていない。(13)

新体制のもとで高い料金を払うのは個人世帯だけではない。農家にも料金があがるという通達が届いた。作物の切り替えや突然の料金上昇の負担を考え、リードタイムが長くとられていたが、日程については段階的にどう引き上げていくのかが農家とのあいだで話し合われた。農家にとっては浮かない話だが、しかし、水管理公社からの確約を得て納得することができた。今後は実質料金を支払うことで、豊富な水を手に入れることができるようになるのだ。これまで農家は水不足のたびに割り当てがカットされてきたが、ゆくゆくは望んだだけの量の水を購入できるようになる。(14)

一般世帯や農家に実質料金を導入した結果は使用量の変化となってただちに現れた。配給や給水制限などしなくとも、実質料金になったことで、消費者は世帯当たりの水の使用量を一六パーセントも減らしていたのだ。農家も新しい作物に転換するため、段階的料金による複数年引き上げという設定にする必要はなくなっていた。水の使い方の見直しが、農家でも値上げが公表された直後の最初の栽培シーズンで始まっていたのだ[15]。

「こうした価格メカニズムが導入される以前の数年間、地方では激しい干ばつに見舞われていました」と水委員会の元委員長シモン・タールは言う。「水委員会は、利用者に向け、節水の必要に関する啓蒙キャンペーンを積極的に継続していました。結果は上々でした。八パーセントも使用率がさがったのですからね。そこで今度は料金をインセンティブに使ったわけです。ほぼ一夜にして利用者は、長年の啓蒙教育のほぼ倍に相当する水の節水方法を見つけました。価格にまさるほどのインセンティブなどありません[16]」。

町はイノベーションの実験場

イスラエルの都市や町にとって、自治体で設立された水道事業体は、市長よりもはるかに有能な管理者だった。上下水道の管理を市長からとりあげたことで、さらに高い達成目的が掲げられた。市町村で発生する漏水や無収水（訳註：浄水場から配水されたにもかかわらず、盗水や漏水などが原因で料金が徴収できない水）の削減である。水管理公社としては、水道管から漏水をなくすには給水インフラそのものに予算をかけ、新技術をうながすためにさらに知恵を絞る必要があるとわかっていた。世界有数の都市には四〇パーセントを超える水を漏水で失っているところがあり[17]、これに比べれば二〇〇六年で一六パーセントの漏水はとるにたりないだろうが[18]、しかし、公社にしてみればそれは受け入れがたいほどの高レベルだった。

「こんなふうに考えてください。新規の海水淡水化プラントの建造資金は四億ドル以上。わずか数パーセントであれ、漏水による国全体の損失が削減できるなら、新造するプラントが生産する量に等しい水が得られるのです」[19]と公社で脱塩部門を担当するエイブラハム・テンネは言う。節水を心がけていても、用意されたインセンティブに利用者は反応した。消費者は常に正しい行動を選べるのだ。

市町村の漏水は二〇一三年までに一一パーセントを切った。それまで例年損失していた九〇億ガロン（三四〇〇万立方メートル）に近い水量を保全できたのである。この成功に公社は勢いづき、さらに七パーセントの漏水率という目標が新たに設定された。[20]この成功は多くの水道事業体を鼓舞することにもなり、起業家精神にのっとった試みがいくつも採用されるようになったが、これこそ公社が各事業体に望んだものにほかならない。

公益事業とは、リスクを負った最先端の技術革新であることはほとんど知られていない。公社はこうした業界風土を変え、イスラエルの都市を実験地として提供、ここで水道事業に関した新たなアイデアを試してもらいたいと考えた。発明者はイスラエルに招聘されて水技術に関するコンセプトを事業体にプレゼンしており、水道事業体はまるでハイテク企業のようである。

ニア・バーレヴは最近までラーナナ・ウォーター・コーポレーションのトップを務めていた。この会社も最近自治体にできた水道事業体の一社だ。バーレヴの低くて豊かな声は本人の最初のキャリアであるオペラの賜物である。バーレヴはその後、環境科学を学ぶと、舞台《ステージ》から廃水《スイージ》へと活躍の場を転じて、ここで頭角を現すと数ある自治体の水道事業体のなかでもっとも尊敬を集めたトップとなった。会社の仕事で本人が一番気に入っていた業務が、ラーナナの市民の水道量の削減に力を貸すことだった。ラーナナはテル・アヴィヴからさほど遠くないベッドタウンである。

「地元の公園への給水に関して責任があったわけではありません。その業務はラーナナではまだ市が担当しています。しかし、どこかの公園でスプリンクラーの水が通路にあふれていると、通報が市民から——それも大勢の市民から殺到してくるわけです。町のなかで漏水が見つかろうものなら、水たまりになる前に何千という電話がかかってきたものです[21]」

七万五〇〇〇人をわずかに超える町で「何千」は言葉の綾だろうが、漏水をいかに阻止するか、それに対する市民のなみなみならぬ関心の高さがうかがえる。ラーナナでは自宅の庭での水やりが減り、かわって撒水量の少ない庭か、あるいはその必要がない庭が増加している。以前の制度のもとでは、自治体の公共施設や市の公園で使用された水道料金を支払う必要はなかった。しかし、現在はちがう。驚くようなことではないのだろうが、官民いずれの水道使用量も劇的に減り、ラーナナ全体で三〇パーセント近くに達している。

市民の積極的なかかわりはともかく、バーレヴが絶賛するのが政府のプログラムのもとで導入されたテクノロジーの活用だ。助成金の七〇パーセントが地域の水道事業体に当てられているのは、事業体が新たなテクノロジーがもつ高い効果を踏まえて使っているからである。「世界の水危機はいまある水をどう賢く使うのかによってしか解決できません。イスラエルのハイテク企業はコンピューターやモバイルフォン、ヘルスケアなど各種の分野で世界に変化をもたらしました。水が例外であるはずはありません[22]」とバーレヴは言う。

遠隔検針装置（DMR）という技術は、在職中のバーレヴが採用した主要な新基軸のひとつで、ラーナナでは当たり前のように使われている。本人の説明では、この装置は携帯電話と家庭に置かれている検針メーターが結婚したようなもので、四時間ごとに対象世帯の水道使用量を連絡してくれる。「もちろん、全世帯への検針メーターの設置が節約できただけではありません。この装置はデータを送信できる点に真価があります」。運営はIBMとイスラエルのハイテク企業ミルテル（Miltel）との共同企業体（JV）で、DMRはラーナナ地区の水道メーター二万七〇〇〇台をそれぞれ「消費情報の指紋」として利用している。このシステムで使われているのは、クレジットカード会社がカードの不正使用を調査するときに用いるのと同様の分析方法だ。一般家庭や企業、公共施設や農場などでデータ値が突然異常値を示した場合、水道事業体の装置は漏水の可能性があると判断する。「例年、一般家庭や企業のほぼ五件に一件が水道の異常値を示しています。もっとも、たいていの場合は異常が認められず、誰かがボイラーに水を汲み入れていたからというものでした。しかし、本当に漏水していた場合、ほぼかならずと言っていいほど、警告を伝える相手より先にこちらで事態を把握していました」。

すばやい反応を示しつづけるこの装置を導入したことで、漏水に気がつかないまま何カ月も水が漏れ、支払えそうにもない金額にまで水道料金が達することはなくなった。漏水したとしてもほんの数時間でしかない。「法外な料金や家財の被害も免れるので利用者からは感謝されています。市としても漏水で失う水を大幅に減らしています」。漏水で損失している国の総水量はすでに一一パーセントを切ったが、ラーナナ地区ではわずか六パーセントにすぎない。

五五ある基礎自治体の水道事業体のなかで、真っ先にDMRの導入を図ったのがラーナナ地区の事業体だが、現在ではほか数カ所の事業体でもDMRの活用が始まった。「今後一〇年のうちにイスラエルのほぼ全戸、そして二〇年以内には世界中でごく普通にDMRが使われていると、はっきりとそう断言できます」[23]とバーレヴは語った。

ラーナナが水道管もまだ新品の真新しいできたての町なら、エルサレムの町の水道施設は何百年前という歴史の夜明け時代にまでさかのぼる。この地区の水道事業体の「ハギホン」という名称は、二九〇〇年前にエルサレムの町が敵に包囲された故事に由来していて、このときエルサレムの住民は城外の「ギホンの泉」までトンネルを掘って水源を確保していた。

ハギホンは試験プロジェクトとして一九九六年に事業を開始。ここが高いサービス水準で運営されているのは、ほかの基礎自治体の事業体よりも一歩先んじてスタートしたことも関係しているのだろう。イスラエルでもとくに大都市とその周辺に配置されている巨大な水道施設の場合、導管すべてにそれぞれの履歴と漏水歴を記したＩＤカードが用意されている。また、エルサレム市内の下水道はひびがあると未処理の汚水が地中に漏れ出していくので、ロボットカメラを使って管内の裂傷の有無が確認されている。問題が生じるはるか以前に水道管、下水道管が置き換えられる。こうした対応こそまさに実績を積んだ水道事業体の活動として水管理公社が望んでいたことにほかならない。イスラエルの首都（訳註：同国の首都について、イスラエルはエルサレムを主張、国連はテル・アヴィヴとしている）では、近代化が図られた区域の多くで漏水は六パーセント、ただ、エルサレムの水道施設の多くはイスラエルの建国以前――なかにはオスマン帝国時代のものが何カ所か存在しているにもかかわらず、市の漏水はわずか一三パーセントにとどまっている[24]。

ハギホンのＣＥＯ（最高経営責任者）であるゾハー・イノンはエルサレムをうわまわる地区を担当する準備ができており、すでにエルサレム郊外で数地区を扱っている。本人が希望しているのは地理的にさらに広域な担当範囲だ。公社が期待するように、イノンもまた自身の事業体がイノベーションのための格好の実験地となることを望んでいる。

「この地区であらゆるイノベーションの実験が試みられるだけでなく、技術開発者には、われわれを実験台にしてアイデアのベータテストをやってほしいのです。砂漠から山岳地、土地も高いところでは二六〇〇フィート（八〇〇メートル）はあります。現在の水道システムと並んで古代の水道施設も使われています。ここは宗教が色濃い社会で、古い昔の墓地かもしれない場所は掘り返すことはできませんし、考古学の研究者も将来の調査のために水道管の埋設ルートを迂回して、その場所は保存するように求めてきます。しかし、私たちはこの町の全住民の需要に応じ、高品質の水を提供していかなくてはなりません。水道に関して新しいアイデアを生み出せる企業に協力できるなら、それは私たちにもいいことであるばかりか、当の企業にも好都合であり、イスラエルのためにもなるのです。そのイノベーションがほかの国にもたらされれば、それは世界のためにもなるのです[25]」。

第2部

水を生産する

第4章 したたる水で作物を育てる

三十代なかばのころ、ある日、たまたまエイブラハム・ロブゾスキーの家のフェンスの近くを通りかかると、そこに植えられていた一本の木に目がとまった。数十メートルもある木で、フェンス沿いに植えられた木のなかでもこの一本だけがずば抜けて高かった。

――シムハ・ブラス

五十九歳で人生を立て直し、一度目のキャリアに劣らない業績を残せる者などそういるものではない。だが、「水の賢者《ウオーターマン》」シムハ・ブラスは、まさにそうした人物の一人にほかならなかった。

成否はともかくとして、ブラスはみずからの信念に従い、国営水輸送網の設計・建設プロジェクトから退いた。以後ブラスは、二〇年以上に及んだこの国の水利事業の第一人者としてではなく、一市民として朝刊に書かれた国の水利事業の記事を追うことになった。進んで選んだ半引退生活の日々を数年過ごした一九五九年、ブラスはあるアイデアにふたたび立ち返る。ブラスの頭にそのアイデアがはじめて浮かんだのは、このときから二五年以上も前のことだった。

当時、若き水のエンジニアだったブラスは、井戸の掘削の指揮をするためにある村を訪問していた。あるときフェンス沿いに植え付けられている木々の列に目をとめると、奇妙なことに気づいた。ほかの木に比べて一本の木だけが隆々とそびえ立っている。どの木も同じ樹種で、植えられた時期もどうやら同じようである。土壌も同じ、日差しも天候も降雨などの条件にもちがいはない。どうしてなのだろう——ブラスはいぶかしんだ。連なって生えている木のうち、なぜ一本だけがあれほど立派に成長しているのだろうか。

その木の周囲を歩いてみた。根元のほうに金属製の灌漑用パイプが置かれ、そこからわずかに水がしたたっていた。少量だが水は安定しており、水滴は確実に木の根に達してほかの木を圧倒するほど生育することができたようである。この木のイメージがブラスの頭に残った。はるか後年、本人は次のように書き残している。「ほかの計画で多忙をきわめていたが、巨木を育んだ水滴は忘れようにも忘れられない印象を残した。この印象はそこにとどまり、私の心のなかで眠りについていた」。それから何十年の年月を経て、人生に波風が立つようになり、新たな事業を求めていたとき、ブラスは改めてあの木について調べてみようと思い立つ。一本だけ高々と成長していたあの木はただの風変わりな木だったのか、それとも木々や農作物の灌漑に関して、まったく未知の方法を兆していたものだったのだろうか[1]。

耕作地でも果樹園でも、灌漑とは無縁に栽培できればそれに越したことはない。季節の雨が見込んだ通りに過不足なく降るなら、わざわざ人の手で灌漑などする必要もない。だが、作物のあるところに肝心の雨が降らない場合が大半なのだ。適度の雨が降ったとしても、時期をはずしていることもあれば、常に十分な雨量というわけでもない。雨が足りないたびに作物はだめになるので、農家は灌漑によって雨水のほかに水を供給する必要が生じる。湖や河川、貯水池、帯水層が灌漑用水として使われ、作物に供給されている。

ブラスが研究にとりかかった当時、もっとも一般的な灌漑方式は湛水灌漑だった。耕地全体、あるいは畝と畝のあいだに水が満たされていた。また、果樹の場合は、木の周囲に溝を掘って浸水させていた。

湛水灌漑は中東で歴史の夜明けとともに始まった。エジプトのナイル川流域、古代イラクのチグリス・ユーフラテス川流域では、落差を利用した用水路で水を引き込んで広々とした耕地にそそいだ。(2) 湛水灌漑は今日でも世界中で広く利用され、豊富な水に恵まれていない地域の農場でさえこの方法に頼っている。(3) 効率の悪さという点では、水源から遠く離れた湛水灌漑は際立っていて、作物のある地点に水を運んでくるまでに膨大な手間と費用がかかりながら、水は作物の根に吸収される以前に大半がいたずらに蒸発してしまうか、土壌に染み込んでいる。湛水灌漑では五〇パーセント以上の水が無駄になっているのが常態だ。(4)

ブラスが研究を始めた一九五〇年代後半、半乾燥地帯であるにもかかわらず、イスラエルでは湛水灌漑が当たり前の方式だった。(5) 当時、イスラエル全体の水使用量のうち、七〇パーセント超が農業で使われており、(6) ほとんどの国では今日においてもこれは変わっていない。(7) ブラスが考えたように、もう少し優れた灌漑方式で用水の使用量が数パーセントでも減少できれば、食糧生産を向上させることが可能になるか、あるいは人口が急増している国勢に合わせ、日常用水に振り向けることもできるかもしれない。

当時、湛水灌漑の代替方式がスプリンクラー灌漑のバリエーションで、やはり似たような問題を抱えていた。芝生に撒水するスプリンクラーを見たことがあるならわかるように、風がわずかに吹いていたり、ノズルの向きが定まっていなかったりすると、水の大半は通路や狙った場所からほど遠いところに落ちてしまう。水浸しの部分があれば、別の部分では十分に届いていない。これと同じことが耕作地でも起きていた。さらにスプリンクラー灌漑の場合、吐出された水の大半が地面に落ちる以前に空中で蒸発している。この方式では約三分の一の水が無駄になっていると専門家は見積もる(8)。だが、一滴ずつ灌漑すれば蒸発は抑えられ、作物が必要とする水を直接その根に届けてやることができるだろう。節水効果はばつぐんで、蒸発や不必要な土壌への浸潤で減少する水はわずか四パーセントにすぎない。

点滴灌漑の発想はいたって単純に見えるが、日常的な例で考えれば、この方式が技術上の課題としてひと筋縄でいくようなものではないことがわかる。窓辺に置かれた鉢植えの水やりは、湛水灌漑あるいはスプリンクラー灌漑と同じ原理でおこなわれている。水を汲んで鉢にたっぷりそそぐのは湛水灌漑と同じ要領だ。水の大半は蒸発するとともに鉢の底から抜けていく。霧吹きを使って葉や根を狙って吹きつけるのはスプリンクラー灌漑であり、こちらのほうは水の損失が少ないものの、それでも多くの水はまだ無駄に使われている。

窓辺の鉢植えで点滴灌漑を再現する場合、点眼容器を鉢の上からかざし、花の根に向けて水を一滴ずつしたたらせていかなければならない。しかし、この方法では点滴灌漑の複雑さを説明したことにはならない。点滴灌漑では大半の水は土壌の表面下に供給されていて、点滴装置は根の近くの土中に置かれている。つまり、この場合、点滴容器は鉢植えの表土から数センチ下に埋め込まれている必要があるのだ。しかし、それでは容器の出口に土や植物の根が入り込んでしまい、水をそそぐことが不可能になってしまう。シムハ・ブラスが実地試験を始めたころに起きていた問題のひとつがこれだった。この事業にははじめから難題が山積していた。

ブラスが直面した難題を想像するには、窓辺に置かれた鉢植えを何倍もの数に増やし、畑で何本もの長い列をつくっている様子を想像してみるといい。各列には何百本もの作物が植え付けられ、ひと苗ひと苗に同じタイミング、同じ量の水を供給しなくてはならない。しかも、用水は幅広い温度域や気象条件に対応して供給する必要がある。また、水圧は畝の末端では落ちてくるので――高地にある耕作地の場合はよくある現象のひとつ――ブラスやいっしょに研究していた者は、水圧が畝全体で均等になるように整え、さらに重力の影響を克服する手段を工夫しなくてはならなかった。

フェンス沿いに植えられた木の列を観察した一九三三年のあの日の時点で、かりにブラスが点滴灌漑の事業化を急いだとすれば、安定して水を供給する装置は開発されていなかったのかもしれない。一九五九年の時点でも、当初のブラスの心積もりでは金属製のパイプを使う予定で、本人の念頭にはあの大木の根元で水を漏らしていたパイプと同じものという考えがあった。しかし、この間の年月の隔たりが功を奏した。

第二次世界大戦中、素材研究の分野で革命が起こり、金属やガラスといったそれまでの素材のかわりにプラスチックが使われるようになっていたのだ。金属製に比べ、プラスチック製のパイプは安価に製造できたばかりか、ミリメートルの単位できわめて正確に製造することが可能だった。

素材のちがい、給水装置、苗や苗木の種類、さらにさまざまな水質をめぐって、本人が言う数年に及ぶ「試行錯誤」(9)を経たのち、ブラスは二つの発見をした。最初の発見は、実験を重ねた国内の地域や樹木や作物の種類にかかわりなく、ブラスが見込んだように点滴灌漑の用水量は少なかった。隣接する実験エリアでおこなわれた湛水灌漑やスプリンクラー灌漑との差は歴然としていた。平均すると点滴灌漑では、通常の灌漑方式の五〇～六〇パーセントの水を節約することができたのである。

しかし、二番目の発見――これはまさに僥倖だった――この発見は節水総量よりもさらに大きな意味をもっていた。ブラスが実施したいずれの実験においても、点滴灌漑で得られた作物の場合、それ以外の灌漑法で育てた作物よりも生産量がうわまわっていたのだ。作付面積を増やすことなく収穫量が高まれば、それは余分な水をまったく使わずに作物をただで手に入れられるようなものである。用水に恵まれた農場においても、点滴灌漑によって作物の恩恵を得ることができた。点滴灌漑は世界の農業を変える可能性を秘めた発明だったのである。

革命的な灌漑方法

ブレイクスルーとなるアイデアの常として、前例のない発想に異を唱える一派がつきものだ。もっとも、当のアイデアの主が気難し屋で知られるブラスではなく、人当たりがよくて、押しの強さでは評判の人物でさえなければ、点滴灌漑についてはもっと耳を傾けてもらえたのかもしれない。灌漑は何千年ものあいだほぼ変わらない方法で続けられてきた。もしかしたら、点滴灌漑の信憑性がどの程度ぐらいかは検討されていたのかもしれない。それどころか現実には、点滴灌漑がもつ革命的な意義は歓迎どころか評判になることすらなかった。ブラスは学会、政府、農業、実業の各界に発明の支援者を得ようと奔走したが、本人の試みはほとんど失敗に終わった。

一九六〇年代はじめ、ブラスはヘブライ大学農学部の研究者や実践家、時にはイスラエルでも有数の研究所の土壌や灌漑、農学の権威筋に自分の発見を提案していた。だが、その考えは鼻先であしらわれるばかりだった。不運はそれだけではない。点滴灌漑の節水効果について、とくに生産物の向上について立証すべく実験を進めていた若手研究者が一人いた。だが、その研究が教授陣に一蹴されている。この研究者の場合、学者としても高度な信任を欠いており、論述形式も科学的な要件を満たしていないというのが理由だった[10]。

ブラスは政府とのパイプを使い、今度は農業省を相手に支援事業として、アーモンド畑で点滴灌漑を使った一連の実験を申請した。だが、点滴孔から木の根が入り込み、水流が阻まれてアーモンドの木が一本残らず枯死、実験はただちに終了する。アーモンドの木のように点滴灌漑もあやうく死にかけていた。

しかし、点滴灌漑の将来にとって幸いしたのは、農業省の支援事業担当技官イェフダ・ゾハーがもう一度、この農法を試してみることを進めてくれたことだ。ただし、滴下装置は地中ではなく木の根元にセットされた。二度目の実験で用いたアーモンドの木はどんどん生い茂っていく。節水効果とともに高い生産量を得ることができたのだ。ブラスはこの実験の成功でふたたび自信を得（長くは続かなかったが）、点滴灌漑の事業化を進めようとビジネスパートナーを探しはじめた。一〇回に及んだ提案は、結局、そのたびにはねつけられていた[11]。

パテントのゆくえ

だが、ここでふたたび幸運がブラスと点滴灌漑に手を差し伸ばす。

これというパートナー候補やメーカーがブラスの提案を断ってくる一方で、この国の社会主義的集産農場の何カ所かが、農業活動と製造業の両立が必要だと考えはじめていた。そのひとつがキブツ・ハッツェリムだった。このキブツは、建国以前の一九四六年の贖罪の日《ヨム・キプル》を終えた夜、ネゲヴ砂漠の所有を確固たるものにするため築いた一一の入植地のひとつにほかならなかった[12]。皮肉にもこのキブツに通じる導水管をつないだのがブラスその人で、このころキブツ・ハッツェリムでは一部で水の供給が滞り、それが原因で農業以外の事業を模索していた。

自分の発明に関心を寄せるキブツにブラスは素っ気なかった。ひとつには、発明を誰かに売却することをあきらめかけていたからであり、こんなものに興味を示すのは「救いようのない馬鹿者」だけと考えていた。他方では、経験もないキブツの連中にちゃんと製造できるわけはないと考えていた。しかし、キブツ側の製造業務の選定担当者ユーリ・ウエルベルは、ブラスが時として見せるいらついた対応や、みずからの発明に対する疑心暗鬼が原因で動揺する様子に臆しはしなかった。(13)

農業省の技官イェフダ・ゾハーはユーリ・ウエルベルとは以前からの友人で、ブラスの疑心暗鬼にかかわらず、点滴灌漑の将来はきわめて有望だと太鼓判を押していた。ウエルベルの粘り強さは数カ月ののち、キブツ・ハッツェリムに点滴灌漑の権利を売却することで報われる。ブラスはこの権利を新会社の株式二〇パーセントに加え、売却時に自分と自分の息子に支払われる少額のロイヤルティーで手放していた。息子はブラスの共同経営者だったのである。(14)

ウエルベルはキブツの同僚の一人に新会社の社名を考えるように頼んだ。そして決定した社名がヘブライ語で「したたる」を意味する「ネタフィム」である。一九六六年一月、ネタフィムは操業を開始した。

ネタフィムの点滴灌漑装置は、もともとイスラエル国内のほかの農場を対象にしていたが、ほぼ一夜にして製品は大成功を収めていた。間もなく海外にも輸出されはじめる。海外での売れ行きは当初から勢いに乗っていた。だが、この成功によってある問題が生じる。キブツ・ハッツェリムのメンバーは、社会主義者として自分たちのイデオロギーに忠実であろうとして、労働者を雇い入れるのをかたくなに拒み、製造や販売は自分の手でやり遂げることにこだわった。そのため製造数の限界という問題をネタフィムは抱えてしまう。
一九七四年になると、ネタフィムで働くキブツのメンバーだけでは、海外向けはもちろんイスラエル国内の注文すべてに応じることはもはやできなかった。そこで、他のキブツに対しても、国内と海外の主要国における独占販売権を共有、つまり別のキブツもまた自由に販売できるようにした。一九七九年、なおも灌漑装置の圧倒的な成長は続き、このビジネスに携わるハッツェリムの人びとと、最初のビジネスパートナーとなったキブツ・マガールの人びとは、ビジネスチャンスをさらにキブツ・イフタクと共有することにした。このときも無償だった。こうしてネタフィムは三つのキブツによって共同所有されることになる。[15]
収益率が高く、しかも成長著しい企業の所有権の大半を譲りわたし、同時に経営に関する影響力を弱体化させるような判断は常識に反しているようにしか見えない。しかし、キブツ・ハッツェリムの古参入植者ルース・ケレンには、所有権の変更はまったく筋が通った選択だった。ケレンは現在、キブツに残された豊かな歴史的遺産を守るアーキビストのリーダーとして働いている。ネタフィムという社名はケレンの亡くなった夫が考えたものだった。「私たちは厳密に定められた方針に従って生活しています。そのひとつが、自分たちでできることだけをおこなえというものです。私たちは人を雇いたくなどありません。自分たちでできなければ、手放すことを選んできました[16]」。
共同経営先は二カ所に広がったものの、それでもネタフィムは全需要に応じることはできなかった。一九七〇年代になると三カ所のキブツがそれぞれ点滴灌漑の製造会社を設立、ネタフィムと競合するようになる。[17] 点滴灌漑に関して独自の方法を考案したあるイスラエル人はカリフォルニアで起業すると、ギリシア企業のユーロドリップとビジネス協定を結んだ。イスラエルへの経済制裁「アラブ・ボイコット」を支持するイスラム教国の多くは点滴灌漑装置の有望市場だが、当時、これらの国々はネタフィムやその競合企業のようなイスラエルの会社からおおっぴらに購入することはなかった。このような事情を踏まえ、製品設計をした会社の国籍を秘匿することで、ユーロドリップは販売機会を勝ちとることができたのである。(18)

こうしたイスラエル企業、あるいはイスラエルに関連する企業は現在もなおさまざまな形で変わらずに事業を継続しているが、いずれの企業も結局は資本主義の誘惑の前に抗しきれるものではなかった。ネタフィムの競業二社は自社の点滴灌漑ビジネスを巨大な多国籍企業に売却した。(19) 同じようにハッツェリムのパートナーとなった二カ所のキブツも授かった好機をものにして豊かになっていた。結局、共同経営をしていた三カ所のキブツは所有する大半の株式を民間の投資会社に売却している。現在は、ヨーロッパの投資会社ペルミラがネタフィムの六〇パーセントを超える株式を保有、残る株式の大半はキブツ・ハッツェリムが所有している。(20) イスラエル国籍の点滴灌漑の企業数社は、現在でも年間売上高二五億ドルの世界規模の産業分野を支配していて、最大手のネタフィムでそのうちの八億ドルを売り上げている。(21)

ネタフィムの持ち株のおかげで、ブラスと息子の暮らし向きは本当に豊かになっていた。親子二人でネタフィムの三カ所のキブツすべてから利益の配当とロイヤルティーを受け取っていたのだ。晩年のブラスは、イスラエル政府の年金では決して送ることができない快適な生活を過ごしていた。(22)

キブツ・ハッツェリムも点滴灌漑の製造で豊かになった。社会主義者たちによってここで農場が設立されて数日後に撮影された写真を見ると、たった一本の木が岩と砂だらけの地平線を断ち切り、月面の砂漠にも似た光景がまざまざと広がっている。今日、この場所にはキブツとネタフィムのキャンパスがあたりの光景を形づくり、低層の建物や歩道が交差する芝生とたくさんの木々が生い茂っている。ここは小さな村なのだと、このキブツを訪れたある者はそう記した[23]。そして、ここに暮らす一〇〇〇名の人間はどうやら快適な中流階級の生活を満喫しているようである[24]。キブツから数歩離れたところには滴下装置を製造するネタフィムの工場があり、大勢の労働者を使い、毎日何回かの交替で操業を続けている。労働者たちは――ネゲヴ地区の遊牧民、ロシア人、エチオピアからの移民がいれば当地生まれのイスラエル人もいる――ネゲヴ地区から毎日ここに通勤している。

節水しながら作物の生産量をあげる

点滴灌漑の産みの親がシムハ・ブラスであるなら、この農法に関連した発明を多産したのがラフィ・メイハダールである。メイハダールはエルサレムで十二代続く家に生まれ、理工系ではイスラエルきってのエリート校、テクニオン－イスラエル工科大学に進んだ。学部生だったころから発明を手がけ、スプリンクラー灌漑の改良に関する装置でコンペを制していた。

一九七二年、兵役を終えて大学を卒業すると、直後にネタフィムが連絡を寄こした。研究開発部門で働かないかという誘いである[25]。生まれてこのかた都会暮らししか知らず、ネタフィムという名前は聞いたこともなかったが、このころネタフィムはイスラエルの農家にはなくてはならない存在になっていた。メイハダールには人に雇われる考えはなかったが、結局、ネタフィムに入社することに応じたのはロイヤルティーを支払うという条件のせいだった。だが、その後を考えるとこれは本人にとっても賢い選択だった。以来数十年というもの、メイハダールは多数の革新的な技術を生み出すとともに、点滴灌漑に関しても全面的な改良を加えてきた。そのなかには、山腹などの実際の耕作地に合わせ、装置の滴下レベルの調整を維持する技術や、プラスが開発した装置をさらに効率的で正確に成型された部品を用いて再設計したものなどがあった[26]。

メイハダールが点滴灌漑に携わるようになるまでには、この灌漑法についてすでに二点の原理が確立していた。原理のひとつは、点滴灌漑で本来なら作物にそそがれる水のうち、その七〇パーセントが節水できるという点である。かならずしも七〇パーセントという高い数字ではないにしても、現在では四〇パーセントの節水が当たり前だ[27]。

第二に、点滴灌漑によって作物の収穫規模が増し、しかも通常は品質の点でも向上している。生育条件や用水の塩分量にかかわりなく、比較対照できる栽培環境であれば、この農法の場合、湛水灌漑やスプリンクラー灌漑をうわまわる収穫をかならずと言っていいほど達成できる。現在では二倍もしくはそれを超える収穫が標準だ。近年オランダでおこなわれた対照実験では、最先端の点滴灌漑の装置を用いた場合、四〇パーセントの用水を節約しながら、湛水灌漑に対して五五〇パーセントの生産量をあげていた[28]。

オランダのように水不足と無縁の国においては、少なくともいまのところ節水はあまり重要ではないが、農家にとって、耕作地に送水するエネルギー代の節約は、化石燃料と操業コストの両面で利益となる。しかし、地方の農家にとって最大の恩恵は、点滴灌漑の導入によって、栽培量を増加させる格好の機会が提供される点であり、とくに温室栽培に著しい。農業のように利益が薄くてリスクが高い産業では、わずかな投資でより多くの生産量を得ようとする姿勢こそ、栽培者が直面する避けようのない逆境に対する一番の予防策なのだ[29]。

点滴灌漑で育成した作物はなぜこれほど優れているのか、メイハダールは次のように推論する。

「水を過剰に供給すると植物の根は水浸しになって酸素が奪われます。これが湛水灌漑であり、スプリンクラー灌漑です。作物にはストレスにほかなりません。今度はある期間にわたって、まったく水を与えないようにします。これもまた別の形で作物にはストレスですが、作物が生育期にあるあいだ、これが何度もくり返されています。一方、定期的に水を滴下した場合、そのままにしておくと植物の生産力はもっとも高まります[30]」。

湛水灌漑がある意味で降雨と旱天とを再現したものなら、点滴灌漑の場合、単に技術的に優れた灌漑法であるばかりか、天然の降雨そのものよりも作物には効果的で、安定した給水の点でもまさっている[31]。もちろん、点滴灌漑の装置は降雨に比べればはるかに高額だ。雨はいつ降るのかわからなくて当たり前、雨水ならこの程度の収穫なのだと考える人たちには、受け入れられる農法ではないだろう。

藻類の大量繁殖から世界を救う

節水と収穫量の増大のほか、点滴灌漑でイスラエルがもたらしたもうひとつのイノベーションは、藻類の異常繁殖から湖沼や河川を保護できる点にある。藻類の進入は無視できない環境破壊だ。過剰に施肥された耕作地に雨が降ると、雨水といっしょに大量の化学肥料が排水路から湖沼をはじめとする淡水の水源に流れ込んでいく。世界では例年何百万トンという膨大な量の肥料が使われている。化学肥料に含まれている燐と窒素が過剰な栄養素となって、藻類の発生をおのずと招いてしまうのだ。気温の高い日が数日続いてしまえば、藻類は爆発的に増殖していく。湖沼でよく見かける藍藻や緑藻などの水の華（藻類ブルーム）によって、水中は酸欠状態に陥り、植物や魚はたちまち死に絶える。水は腐敗臭を放ちはじめ、この水を飲用や洗濯、農業用水やレクリエーション施設に使うには、大金をかけて浄化してからでないと利用できたものではない。

二〇一四年夏、アメリカのオハイオ州トレドでは周辺都市圏に住んでいる五〇万もの住民が巨大な水の華の被害を経験した。トレドが接しているのは五大湖のひとつエリー湖で、ここは世界でも屈指の水源地に囲まれている。そのトレドの住民に対し、腸疾患を引き起こす危険性があるので水道水は飲まず、発疹を引き起こすかもしれないので入浴も控えるようにと通達が届く。水の華がはき出す毒素が原因だ。エリー湖に隣接していながら、五〇万の市民はペットボトルの水に頼らざるをえず、藻類の毒素に始まった危機が解決するまで、水道を実際に使うことはできなかった。[32] ここ数年、世界中（イスラエルも例外ではない）の水道水から緑藻の水の華が見つかったという例が何千件と報告されているが、これらは農業用の排水路を経由して流れ出た化学肥料や家畜のし尿が原因だ。

点滴灌漑は化学肥料で異常発生した藻のコロニーの解決策にもなる。無作為に化学肥料を施肥するかわり、この灌漑法では灌水と溶解性の肥料の混合液が作物にたびたび投与され、「施肥」と「灌漑」の組み合わせたものであることから、一連のプロセスは「施肥灌漑《ファーティゲーション》」と改めて呼ばれるようになった。大量の節水にとどまらず、化学肥料も大幅に減らすことも可能だ。農家は施肥灌漑によって化学肥料に費やしていた経費を全面的にうかせるばかりか、社会は社会でこうした化学肥料がもたらす破壊的な影響はもとより、環境災害のあとしまつにかかる手間からも免れられる。そして、エリー湖のような水源が水量を減らし、さらに貴重なものになったときであっても飲用として利用しつづけることができるのだ。施肥灌漑の水は作物の根だけに滴下され、作物に吸収される。施肥の残留物はほとんどないので、次に大雨が降ったとき、雨水とともに排水路に洗い流されたりはしない。また、土壌に浸潤していかないので、次世代が使うことになる地下水も汚染を免れる。

施肥灌漑の発想を推し進めたのが養液点滴灌漑《ニュートリゲーション》である。世界人口は増加を続ける一方、良質な耕作地の不足が各国で懸念されつつある。養わなくてはならない新たな口は何十億と存在するにもかかわらず、食糧生産に向いた土地はどんどん減少している。養液点滴灌漑はこの問題に対し、肥沃な土壌に含まれているはずの栄養分に乏しい標準以下の耕作地――あるいは砂漠であろうと――でも作物の栽培ができるようにした。施肥灌漑が作物に肥料を施すだけであるのに比べ、養液点滴灌漑の場合、点滴灌漑による灌水とともに、従来からの作物が土壌から得てきた栄養素を残らず供給できる。

発展途上国で農業支援に従事するダニー・アリエルは次のように語る。「アジアの発展途上国では、コメは西側世界の小麦に相当します。稲は川岸や氾濫原に植えられていますが、こうした国でも人口が増えており、そのためコメの増収を図りたいのですが、耕作しようにも耕作できる十分な氾濫原がありません。しかし、点滴灌漑なら低地でなくとも栽培が可能です。稲作農家は氾濫原で従来からの方法で稲を育てることもできますが、それと並行していまの水田に隣接して、二期作を始められるようになりました[33]」。

「養液点滴灌漑の出現で、作物は場所を選ばずに育てられるようになりました」と、点滴灌漑に関する数多くの発明をしてきた前出のラフィ・メイハダールは言う。「砂地だらけの砂漠であっても作物の根を支えていられるなら、あとは養液が全部の面倒をみます。土壌の役割は栄養を供給することではなくなったのです。いまでは栄養素の供給を待っている作物の根をしっかりと固定することだけになりました[34]」。

点滴灌漑をめぐる節水のイノベーションは現在も続いている。「点滴灌漑の節水効果が優れたものであるかぎり――実際たしかに優れた方法なのですが――大きなチャンスはこれからも存在します」

と、ユーリ・シャニ教授は言っている。シャニはヘブライ大学の土壌学教授として水に関連するキャリアをスタートさせ、イスラエル水管理公社の初代理事長を務めた。その後「紅海－死海パイプライン事業」の策定でもシャニは重要な役割を果たした。この計画は、ヨルダン王国南部で汲み上げた紅海の海水を淡水化したのち、イスラエル、ヨルダン、パレスチナ自治政府の三者で分配しようというものだ。教授は現在、農業を領域に発明とビジネスに取り組んでいる。最近、ネタフィムと共同で点滴灌漑の次なるステップとなる装置を開発した。作物の根元に隣接して装置を埋め、水や栄養が必要になったときに合わせて信号を発信する。価格は高いものではない。

「現在の点滴灌漑では、必要だと思うころに合わせて周期的に根に水が滴下されていますが、そのタイミングは一概に正確だとは言えません。作物は水を取り込みますが、大半は作物から蒸発してしまいます[35]」。「オンデマンド灌水」と教授が呼んでいるこのシステムは、「相手の声に耳を傾けた点滴灌漑」で、ここで教授が言う〝相手《カスタマー》〟とは何十億とある作物の根にほかならない[36]。

茎を短くした新種の開発

建国前のイスラエルは、畑にまく野菜や穀物の種子の手配は地元のアラブ商人を頼りにしていた。一九三九年、アラブ人とユダヤ人の関係が悪化すると、アラブの指導部は、種子をはじめとする農作物について、ユダヤ人の農家に売ることを禁じると宣言する。そのため、ユダヤ側ではキブツと他のユダヤ人農家が結束して共同組合を立ち上げ、品質が一定した種子を地元の農家に提供していた。こうしてできた生活共同組合がハゼラで、ヘブライ語で「種子」を意味する[37]。

当時、種苗会社はすでに世界中に存在したが、扱うのはもっぱら地元の天候や土壌で生育する種子だった。フランスで世界最初の種苗会社ヴィルモランが設立されたのが一七四二年。種苗では現在でも世界有数の企業だが、ヴィルモランの歴史の大半は自国フランスの風土に即した種子の改良である。同じようにハゼラも創立間もないころから改良に取り組んだ新たな種子の系統は、地元特有の害虫や疫病といった具体的な問題に応じた品種だった。とりわけ熱心に取り組んだのが、水が不足する環境のもとでも高い収穫が見込める種子の研究で、ハゼラの顧客であるイスラエルの農民ならではの関心に応じたものにほかならなかった。従来よりも少量の水でじょうぶに生育する作物なら、定期的に見舞われる干ばつに耐えられるだけでなく、必要な用水量さえ減らすことができた(38)。

一九四八年の独立以降、イスラエルでは農場の設立が急増、何百万という数の移民が到着すると、ハゼラは懸命になって種子を求める声に応じ、一九五九年にはイスラエルに似た気候条件にある国向けに余剰品目を輸出するまでになっていた。以来、日を置かずしてハゼラは国際的な企業へと成長を遂げ、世界各国に支店をかまえるようになる。進出先の顧客の要求に応じるため、その地方の生育に合わせた品種に特化し、研究施設の数も徐々に増やしていった。

ハイテク、半導体、バイオテクノロジー、サイバーセキュリティに見られるイスラエルの研究開発は、他国のグローバル企業の目には主要な経営資源として映るように、現在、植物の研究においてもイスラエルは主導的な地位についている。こうした研究所では、多くの国々の農家に向けたソリューションが考案される一方で、同時に国内農家への需要に高い関心が向けられている。イスラエルの大学を卒業した者にとって——とくにヘブライ大学、テクニオン－イスラエル工科大学、ネゲヴ・ベン・グリオン大学の学生にはハゼラの研究所は人気の就職先で、同じように植物遺伝学を主軸にするイスラエルの新興企業エボジーンも学生の人気は高い。モンサント（米）、デュポン（米）、シンジェンタ（スイス）、バイエル（独）など、世界的な種苗会社はいずれもイスラエルに研究開発の拠点を構え、この国の種苗会社とのあいだで合併や合弁事業を展開している[39]。

イスラエルの種苗会社は、海外の多数の顧客向けに従来通りの種苗と遺伝子組み換え（ＧＭＯ）の両方の種苗を生産しているが、イスラエル国内でＧＭＯを使う農家は皆無だ。遺伝子組み換えに対する拒絶というより、むしろ市場感応度を考慮した判断である。ヨーロッパでは大多数の消費者が遺伝子組み換え作物を信用しておらず、そしてヨーロッパの大勢の消費者がイスラエル産の作物を求めているのであれば、使用するのはおのずと従来法の種苗にかぎられる[40]。

イスラエルの種苗業者は、国内市場向けに、栽培上必要とされる水を大幅に減らすには二通りの重要な手段があることを発見した。ひとつは、可能なかぎり効率的に水を使って作物を育成できる点である。「植物に目を凝らしながら、なにが本質的な部分で、なにがそうでないか、その点を考えぬいています」と、イスラエルの種苗研究家モーシェ・バー博士は言う。「作物をすみずみまで育てるには水が不可欠ですから、必要以上に蒸発散――蒸発散を経て植物の水分は大気中に蒸発する――を促進させることに意味はありません[41]」。

一例として、イスラエルの種苗業者は、国内の小麦生産者向け――現在では他国の生産者も含め――に茎を短くした新種を開発した。「茎は小麦にとくになにかを付加するわけではありません。それならなぜ、水を使ってまで茎を生育させなくてはならないのでしょうか」。そう問い返すのはショーシャン・ヘイラン博士だ。博士はかつてハゼラで上級植物研究者兼研究管理者として働き、現在は自身が設立したイスラエルのＮＧＯ（非政府組織）、フェア・プラネットのトップとして育苗技術を活用している。フェア・プラネットでは、アフリカの貧しい農民が直面する条件下でも栽培できる、地元に根差した独自の種子の開発を進めている。

イスラエルの植物遺伝学者も同様な試みに取り組み、国内農家向けに葉の枚数は数葉で密植が可能なトマトの新種を考案した。「フェア・プラネットでは、日差しを避けるためにトマトの葉は十分に残し、密植できるよう、苗の大きさはできるだけコンパクトにして栽培しました。水を大量に節約できるのは、葉やツルのために水を供給する必要がないからです。研究の焦点は収穫高、つまりトマトの実の総数と重さで、苗のほかの部分については最小化を模索してきました」と博士は言う。

イスラエルで働く種苗家は、数種の作物について、その根のつくりもカスタマイズしてきたが、狙いは長い根は必要ないと判断して節約するためだった。湛水灌漑の場合――水がはられていない時期も含め――地中に浸透する水を求めて作物は根を伸ばしていく。しかし、点滴灌漑で水が一定して滴下されている場合、生産物の品質は損なわれず、節水の面でも有益であるとともに、同種の作物であっても、湛水灌漑で育成された場合に比べると、根は三分の一程度の長さで生育できるのだ。

塩水でも生育する果物と野菜

そして、二つめの方法として、イスラエルの種苗家は、植物を部位から再考するのではなく、半塩水でも生い茂る作物の開発という、常識では思いつきような、のない革命的なアイデアを検討してきた。

半塩水はネゲヴ砂漠を掘削したときにも出てきた無用な塩水で、中東地域にはこうした半塩水が遍在している。

飲用できない水を使い、国全体でかなりまとまった量の果物や野菜を栽培――こうした農産物で何十億ドル規模の輸出産業を育成――したことで、水資源にまったくの負荷をかけることなく、国民の食事を改善するとともに、国の経済まで向上させてきたのである。

98

シムハ・ブラスが点滴灌漑のひな型をヘブライ大学で最初に提案した際、かりに技術的な問題がクリアできても、この装置が「唯一成功するのは、完全に脱塩された水、すなわち蒸留水で灌漑した場合で、塩化物がいくらかでも残留していると土壌は塩性を帯び」てだめになると教授たちは語っていた[44]。もっとも、教授らは技術的な問題がブラスに克服できるとは思ってもいなかった。イスラエルに天然状態で存在する水は、いずれもかなり高い塩分を含んでいて、教授らはそんな言い方をすることで、アイデアが成功する見込みがないとブラスに伝えようとしていたのかもしれない。

言うまでもなく、点滴灌漑に対する教授らの判断は誤っていたが、同様に教授らは、そもそも塩分を含むイスラエルの飲料水を灌漑に使用できるのかという点についても誤りを犯していた。一方、イスラエル国内の植物遺伝学者のほうは一歩踏み出し、希釈した半塩水でも元気よく生育するメロンやトウガラシ、トマト、ナスなどのほかにも、さまざまな果物や野菜を栽培していた。現在、ベン・グリオン大学とハゼラが開発しているメロンは、さらに濃度の高い塩水でも育成が可能で、これによって灌漑の際、半塩水を薄めるときに必要な真水の総量をさらに抑制できる。この開発が成功したなら、塩分を吸収できるほかの果物や野菜の開発にも弾みがつくはずだ[45]。

塩分を含む水を植物が吸収すると、植物の細胞のしくみにも変化が生じる。細胞内の水分は減少するが、天然由来の糖分はむしろ増加している。これによって質感にも優れ、甘味がさらに増した果物や野菜を栽培することができる。「いまのところ、唯一問題があるとすれば――もっともそれが問題だとすればですが、いささか小ぶりだという点です。どれも味に優れていて、市場にも知られていますす」と種苗研究のモーシェ・バー博士は言う。希釈した半塩水やわずかに脱塩した水で点滴灌漑をおこない、そうしてできた作物は現在イスラエル国内で広く出まわっているほか、ヨーロッパやアジアの各市場にも輸出されている[46]。

到来しつつあるウォーター・ストレスの世界に向けて、イスラエルはソリューションモデルになるのではないかとショーシャン・ヘイラン博士は見ている。「この国の農家や種苗家の関心の先は、ずっと昔から水と水不足に向けられてきたからです。この点で私たちより苦労してきた国はほかにないでしょう」。そして「世界中の農家で、かぎられた雨量や干ばつのもとでも収穫できる作物を必要とする日が訪れるのも遠くはありません。長い経験を通じ、イスラエルの農家はこうした条件のもとでも作物を育成できる方法を知っているのです」。

今日、この国で作物の栽培に最適の場所は砂漠にほかならない――ヘイラン博士はそう言う。「おかしな話であるのは承知のうえです。しかし、この国が活用しているかずかずの種子や灌漑を踏まえれば、誤ってはいないでしょう。気候変動はむしろイスラエルにとって好機かもしれません。こうした新種の種子やこの国がもつノウハウについて、世界のほかの国と共有できるからです。現在、点滴灌漑や特殊な種子はイスラエルには重要なものですが、それが世界の国々にとっても不可欠のものになるのはもはや時間の問題です[47]」。

砂漠に眠る無尽の水

イスラエルでは、砂漠地帯で農業の促進に必要な半塩水を確保しようと、水の埋蔵地、埋蔵量、そして最適な採取法などの各分野で、地質学と水文学に精通した専門家がこれまで育成されつづけてきていた。

イスラエル南部のアラバ砂漠で発見された半塩水は、いずれも帯水層を形成しており、この帯水層に新たな水を補給することはできない。厚い岩盤層があるせいで、雨が降っても地下まで浸潤せず、帯水層が涵養されることはない。ここで発見された半塩水は現在に先立つ地質年代にできたものであり、再生不能な資源であることから「化石水」とも呼ばれるのは言い得て妙だろう。無機質の含有量がきわめて高いこの水がひとたび汲み上げられてしまえば、石油の採掘同様、せっかくの資源もそれで尽きてしまう。化石水をまんまんと湛えた地下の貯水池はとてつもなく巨大で、ポンプでコントロールしながら採水しても、数十年間は汲み上げることができる。だが、汲み尽くしてしまえばそれで永久に終わりだ。

アミ・シャハムは、イスラエルの砂漠地帯の農業に当初からかかわり、化石水の調査に携わってきた。ネゲヴ砂漠の一角、アラバの中央部にやってきたのは一九五九年でまだ青年のころである。「エアコンがこの世に登場する以前の時代で、ほんとうに厳しい毎日が続き、家が建つまでテント暮らしです。こんなところまでついて来てくれて、家族をもちたい女性がいるとは思えなかった」。だが、そうした女性となんとか知り合い、家族を養い、夫婦の二人の子供と五人の孫たちは、人影もまばらなこの砂漠地帯でいまも生活を続けている。

シャハムは、アラバ地区における水資源の管理責任者としてキャリアを長く重ね、これまで五五本の井戸の掘削を監督してきた。井戸一本の深さはおおよそ一マイル（一六〇〇メートル）もある。また複雑な貯水池システムは、冬季になると突然奔流となって砂漠をほとばしる降雨をとらえるためのものだ。シャハム自身、これまで何十億ガロンもの水を多数の井戸から汲み上げてきたものの、こうした水はいずれも塩分濃度がきわめて高く、希釈か脱塩かという国営水道会社メコロットが専門とするいずれかの処理を必要とした。シャハムの在任中、四〇〇という数の民間農場がこの地区で設立され、現在では生育した作物の七五パーセントは海外に輸出されている[48]。

ネゲヴ・ベン・グリオン大学を退官したアリエ・イサール教授は、一九五〇年代というたって早い時期から、アラバは水のうえに乗る砂の荒涼地で、この水こそ農業とこの地区の開発に活用できると提言していた。「ここで掘りはじめたときには大笑いされました」と教授は言う。「しかし、中央アラバがいまではどうなったのか目を凝らしてほしい。養魚場はあるし、作物をつくる耕作地もある。イスラエルの地下には海が広がっている。この国からサハラ砂漠にかけて（何兆ガロンという）水が存在している。石油のために何千メートルも掘れるなら、それよりも浅い場所から出てくる水を汲み上げ、農業に利用しない手はないはずです[49]」。

中東の砂漠の地下に満ちている何兆ガロンという水は、飲用不能の半塩水のため、使い道などないとこれまでずっと考えられてきた。だが、アミ・シャハムや農場経営を営む企業は半塩水を利用してさまざまな食材を増やしてきた一方で、その活動は砂漠のしたに眠る半塩水を使えば、イスラエルの同胞は農業に基盤を置いた経済を拡大していけるばかりか、農業の形態さえ変えられるかもしれないことを実証している。

点滴灌漑を導入する中国とインド

点滴灌漑の恩恵は技術的な面と社会的な面の双方に及ぶ。他の灌漑法に比べ、点滴灌漑では、節水に優れ、生産量は高まるうえに、必要とされる炭素燃料の使用が少ないからである。作付け可能な耕作地の供給が増す一方で、帯水層の水位の低下が減り、さらに藻類の水の華の発生を抑えたり、あるいは食い止めたりすることができる。砂漠化の拡大を押し返すことさえ可能だ。さらに言えば、世界にはびこる飢餓、それにともない多発する政情不安に取り組むうえでも有効な手段である。点滴灌漑が社会的にも寄与するのは、生産量の高まりとともに貧困が撲滅されていくからで、終日を水汲みに追われている女性労働を軽減し、地位の改善が図られていく。「これらの問題がすべて交錯する地点に対し、点滴灌漑は全面的に対処できます」と、ネタフィムのＣＳＯ（最高サステナビリティ責任者）のナティ・バラクは語る[50]。

今日、「なんらかの人工的な水の供給」がおこなわれている世界の耕作地で、点滴灌漑もしくは局所灌漑が実施されているのはわずか五パーセントほどでしかない[51]。これがどういうことかと言えば、現存する世界の耕作地のうち、二〇パーセントに満たない耕作地でなんらかの灌漑が実施され、それ以外の耕作地では降雨に頼っているのが少なくとも現状だということだ[52]。降雨量の減少がいよいよ現実のものとなる一方で、ますます食糧を求める人間の数が増えていく現実を踏まえると、高度な灌漑が世界的に普及していくのはまずまちがいないだろう。しかし、灌漑がおこなわれている世界の耕作地の約八〇パーセント[53]――アメリカ合衆国の多くの耕作地もここに含まれている――は、いにしえの時代さながらの水の供給法であり、用水の無駄が多い湛水灌漑なのである[54]。

それに比べ、イスラエルでは点滴灌漑が標準農法で、灌漑されている耕作地の七五パーセントの地下もしくは地上部分に滴下装置を認めることができ、残る二五パーセントではスプリンクラー灌漑が使われている。ここ数十年というもの、イスラエルでは湛水灌漑をおこなう農家は一軒たりとも存在しない[55]。点滴灌漑がこの国にこれだけ普及しているのは、自国で開発された農法であるから当然と言えば当然なのだが、その存在が世界の大半の国で認められるようになる以前から、イスラエルの農場では広範に設置されてきていた。現在、程度の差こそあれ、世界一一〇の国で点滴灌漑の装置を目にできるようになったが、イスラエルほど徹底してこの農法を導入している国はない[56]。

いまのところ世界規模の採用レベルはまだ低いものの、この農法を導入する農家や耕作地が今後数十年のうちに増えていくこと、それも急増していくことに疑問の余地はないだろう。水不足はそれほど急速に進行しているのだ。さらに作物の生産に対する必要性も劇的に高まっている。化学肥料は高価であるし、いずれにせよ使用は控えていかなくてはならない。しかも、世界に存在している肥沃な耕作地は、すべてとは言わないまでも大半はすでに耕されていて、今後耕地となる何百万エーカーの土地は土壌の質の点で劣っている。イスラエルの場合と同様、砂漠さえ耕地化していかなくてはならない。

点滴灌漑の導入がもっとも劇的に増加したのが中国とインドであることに異論はあるまい。インドの場合、この農法で五〇〇万エーカー（二万平方キロメートル）以上の耕地を灌漑することで世界をリードしている[57]。インド最大の点滴灌漑企業がジェイン灌漑システム社で、農業関連のコングロマリットとしてイスラエルのナーン・ダン社を買収したこの国でも屈指の企業だ[58]。インドではネタフィムが二番手メーカーとして続く[59]。

現在では富める国も貧しい国も大半の国の政府が水道料金に多額の助成金を支出し、その額は料金が無料と思えるような水準に達している[60]。こうした助成金は政府の一般財源だけを原資としているわけではない。農家や一般世帯向けの水道供給に費やせる政府の予算には限界があり、供給関連の助成金のために他の支出項目、たとえば水質保証検査、設備および技術の更新のために必要な財源が締め出されている。最後のツケは納税者というのがよくあることにしても、事実上ただの水のために支払われる財源は、常に納税者のポケットとはかぎらない。水のよき未来を代償にしていることが少なくないのだ。

水資源の減少にともない、水道料金は一般世帯の水需要を調整するうえで効果てきめんの手段だが、さらに重要なのは、市場圧力を用いることで、農業用水についても事実上配給制にできるという点だ。イスラエルの場合がそうだったように、農家に対して使用した水量に応じて支払いが発生するようになると、農家にはインセンティブが発生し、農場の近代化を図ろうとして、水の保全や灌漑にあまり適さない《マージナルウォーター》水の浄化にあらゆるタイプのテクノロジーを試みるようになる。もろもろの変化のなかでもこの変化が触媒となって、湛水灌漑から点滴灌漑への世界規模の移行を引き起こす可能性はとくに大きい。

「農業で起きたいくつもの革命に対して、イスラエルはなんらかの役割を担ってきました」と言うのはテクニオン－イスラエル工科大学の名誉教授で、水資源の開発を専門としているユーリ・シャミールだ。「イスラエルの農業は真水の使用量を削減して、現在ではかつての六〇パーセントしか水を使っていません。この節水は、栽培する作物に起きた変化、採用した灌漑技術、テクノロジーの興隆によってなし遂げられました」[61]。用水の料金を考慮しても、点滴灌漑装置を購入するほうが、無駄の多い湛水灌漑や合理的ではない作物を選定するよりもはるかに筋が通っている。

水が市場原理にさらされる点はともかく、点滴灌漑が世界でも最貧の社会で導入されるべきであるのは、農業技術の点でも最低水準にある窮乏を克服するにはこれが最善の農法だからだ——つまり、これは豊かな世界に対する人道上の挑戦なのである。小規模な農場が点滴灌漑で農業を改善させ、それによって生産量が高まれば、悲惨な貧困から脱出するために必要な経済的発展がもたらされる。援助国や各種基金が一人でも多くの〝最貧困層の一〇億〟の現状を改善しようと取り組んでいるが、この農法を積極的に取り入れることで、世界が直面している多くの難題に対処しながら、多くの人たちの生活を向上させていくことができるだろう。

政府が助成金を出すと往々にして市場は正常に機能しなくなるものである。政府がもつ資源の使い方としては、貧しい農民に対して新しい技術を導入させたほうが、水道料金に助成金を出すよりもおそらく賢明な利用法だろう。[62] インドの農家が点滴灌漑を全面的に採用できたのは、州政府がこの技術に助成金を出したからである。さらに農民も食糧生産や所得の向上などの点で例外なく結果を出していた。そして、水資源の配分においても公平が図られるようになっていた。たとえば、インド南西部のカルナータカ州の二万九〇〇〇エーカー（一一七平方キロメートル）の耕作地では、点滴灌漑の配水管を流れる水について、装置を利用するいずれの農民にも同量の水が同時にいきわたるように確認されたうえで使われている。[63]

点滴灌漑の需要が高まるにつれ、使用する水にもさまざまな由来の水（脱塩して淡水化した水、各種の廃水をもとにした再生水、半塩水の化石水、以上の三種類を混合した水）が使われるようになるが、点滴灌漑はどんな由来の水であれ問題なく機能する。水の浄化レベルのちがいに合わせ、さまざまなタイプの滴下装置が開発されてきた。どのような種類の水であれ、この灌漑法に使うことができるのだ。

援助する側に対しては、点滴灌漑の導入で、世界でも最貧の生活を送る人たちの現状を改善する貴重な機会が得られる。点滴灌漑装置は安くないので、西側のベンチャー・フィランソロピーにかかわる慈善事業家や新設された多数の慈善団体にとって、インドやアフリカの農業事業を対象にしたマイクロローンは、きわめて理にかなったプロジェクトになるだろう。途上国の貧農の場合、灌漑装置を稼働させようにも動力源にも事欠いている場合が多い点を踏まえ、重力で灌水するタイプの装置も開発された。ローンの貸し手側は、世界に何億人といる最貧の農民がこのローンを切望していること、そして増えた収穫から利子とともにローンを返済し、さらに点滴灌漑によって農民の生活が改善されたことを学んだ。中国のことわざにあるように、「魚を与えるのではなく釣り方を教えたほうが、人は末永くうまくやっていける」という自明の理屈を地でいくことになった。

世界を好転させていくうえで点滴灌漑にまさる手段はない――ネタフィムの最高サステナビリティ責任者であるナティ・バラクはそう自負する。「水を入手できるのは人間としての権利であって、言論の自由、迫害からの自由をはじめとするさまざまな人権と同様、非常に重要なものであると考えるべきなのです。もしかしたら、それにさえまさるものであるのは、水なくしては、数日と生きながらえていくことができないからです」。

「点滴灌漑自体は、飲料水や公衆衛生に必要な水をこれまで以上に供給するものではありません。世界全体で見るなら、水の約七〇パーセントは農業で使われています。私たちが口にしたり、料理したり、シャワーを浴びたりするために使っている水はたかだか一〇パーセントにすぎません。かりに、国によって農業用水の量を一五パーセントだけでも減らすことができれば、こうして得た水によって私たちが現在利用できる水の量は倍以上にもなります。点滴灌漑なら容易にこの目標を達成させることができるでしょう。イスラエルは点滴灌漑によって、この目標はもちろん、それをうわまわる成果を残してきました」。

バラクはさらに言う。「イスラエルは実験室なのだと世界は考えたほうがいいでしょう。そして、この国は同時にひらめきも授けてくれます。私たちにもできたのですから――それも砂漠のまっただなかでできたのですから、誰にでもできるはずです」[64]。

第5章 廃水をふたたび水にもどす

水は不足などしていません。世界は水で満たされています。ただ、その大半は汚水です。その水をどうやってきれいにするのか。難しいのはそこなのです。

——サンドラ・シャピラ（アアミッド社広報担当部長）

建国から二年たらずの一九五〇年、イスラエル政府当局は、当時としてはきわめて過激な構想を検討していた。構想とは国内で生産する数種の作物について、廃水を使って灌水をしてみてはどうかというものだった。[1] この考えは衛生上の不安と〝美的〟な懸念からしばらくして却下されたが、とにかく話だけはスタートしていた。[2]

新たな水資源の必要性に絶えず直面してきたイスラエル政府と農家は、当初の反対を乗り切ると、数十年の歳月をかけて農業経済を立ち上げ、国による廃水を活用したインフラを整備してきた。イスラエルのように廃水を国家財産として再使用している国はほかにはないだろう。いまでは国の汚水の八五パーセント以上が再使用されている。[3] 水資源が世界的に逼迫しつつあっても、アメリカをはじめ、現在多くの国にとっても廃水の再使用はとるにたりない量でしかないだろう。だが間もなく、高度に再処理された廃水こそ、農業や他の用途に不可欠の新たな資源として扱われるようになるのはおそらくまちがいない。

とはいえ、廃水もかつてはもっぱら遠ざけられ、環境汚染の原因でさえあった。しかし現在、イスラエルでは、廃水の価値は乾燥地域の給水施設に匹敵するものと見なされている。いまでは国家資源として大切に扱われ、それどころかイスラエルの農家からは、さらに大量の廃水が求められている。

台所から流れ出た水、シャワーやバスタブの水、トイレの水、廃水にはあらゆるものが混じっている。そのなかにはどの町の通りにもある側溝から雨水管に流れ込んだ雨水も含まれているかもしれない。理想的なのは、廃水と雨水を別々の水路に集め、並行して走る分流式の管路で流していくシステムだが、このとき汚水の管路と水道網は決して接触することはない。

集められた廃水は下水処理を経て河川に排出される。さらにいいのは水として再使用されることである。しかし、国によっては、廃水は発生源からそのまま流され、未処理のまま湖沼や河川に排出されているので、水域の住民の健康リスクや環境に対するリスクを高めるとともに、地下の帯水層にとっても脅威となっている。

人類の歴史を通して、人間はみずからのし尿が身近にある場所で暮らし、し尿を原因にしてたびたび病気にかかってきた。イギリスの麻酔医であるジョン・スノウが一八五四年にロンドンで大流行したコレラの発生源として、汚染された井戸を特定して以来、ようやく汚水と飲料水は隔離しなくてはならないという考えが根づいた。一八五八年、スノウの発見を受けてロンドンではテムズ川の下流に汚水が運ばれるようになる。こうして飲料や洗濯をはじめ、もろもろの日常用水にテムズ川上流のきれいな水を使って安全が図られるようになると、それとともに日常生活に支障をきたすほどの悪臭からも十分な距離が置かれた。

それから数十年のあいだ、ヨーロッパでは依然としてコレラが各都市で猖獗をきわめたが、こうした都市では飲み水と汚水が隔離されていなかった。スノウの仮説の正しさがこれによって明らかになる。汚水を遠ざけるだけで、質の高い生活が約束されるばかりか、大量の死者を防ぐことさえ可能になった。[4] 都市という都市で溝が掘られるようになり、内陸にある都市の水源から遠く離れた河川や海などの水系に未処理の汚水が流された。こうした試みはたしかに重要ではあったが、汚水の処理に関してはそれから一〇〇年近いあいだ、手つかずのままだった。

第二次世界大戦が終わると、直後からアメリカ、イギリスを中心に下水を廃棄する前に、それを処理するという動きが高まっていく。ただ、こうした考えは環境破壊に対する不安、あるいは環境保護主義の台頭などとは関係はなかった。そうではなく、これは大いなる誤解に反応した結果で、その誤解とはかつて汚水に感染してコレラが引き起こされたように、感染した河川の水によってポリオが発生するというものである。ポリオとの因果関係はまったく発見されなかったが、ただ、その水準は今日と比べるとまだ幼稚なものだったにせよ、一九五〇年代ごろまでには、下水処理は都市生活を送るうえで基盤をなすものと考えられるようになっていた。第二次世界大戦後の繁栄と歩みをひとつにして、下水処理は世界中でおこなわれるようになり、公共サービスとして各地で普及していく。今日では一〇万を超える処理設備が世界各地に存在している。[5]

当初、下水処理は二工程から成り立っていた。まず、中心処理にいたる入り口に設けられた一連のスクリーンで、ゴミや破片などの大きな固形物を取り除く予備処理が済むと、それから一次処理が始まる。[6] 悪臭をおびた褐色の水は巨大なタンクにそそがれ、重量のある固形や半固形の有機物はタンクの底にやがて沈殿していく。[7] この有機物が汚泥で、汚泥はタンクから取り除かれると袋詰めにされてたいていは埋め立てられた。残った水はまだ汚れていたが、専用の導管を経由して河川や海に排出された。

しかし、排水される下水のなかには、一次処理の過程で生き延びた有機物質が溶けこんでおり、この残留物質が原因で川や海の酸素を消費しつくしてしまうことから、間もなく新たな処置がさらに加えられた。一次処理を済ませた水に、良性のバクテリアと大量の酸素を精妙に配分したものが混合されるようになった。下水に残っている有機物質とは、し尿や食べ物の残りかす、シャワーで洗い流された人体のアカなどで、貪欲ではあるが、人間には友好的な微生物がこうした有機物質を食べつくしてくれる。ほどよい温度のもと、酸素にも恵まれた贅沢三昧のおかげで、バクテリアは太りに太って重さを増し、やがてタンクの底に下降沈殿する。あとは一次処理の手順通り、タンクの底から取り除かれる。

二番目の処理段階で大半の有機物質が排除されるが、しかし、水中にはウイルスや有毒な物質がまだ残っている可能性がある。さらに二次処理を経た時点でも、臭いが残っているのが普通だ。二次処理した水も安全でなく、まだ汚れているのは、この臭いをかぐだけでもそれと知ることができた。ただ、以前の段階よりは処理レベルはうわまわっていたので、一次処理だったときと同様、このまま川や海に排水されていた(8)。

一九七〇年代になって環境への関心が世界中で高まると、余裕のある国や自治体では三番目の処理、すなわち三次処理をおこなうところが出てきた。三次処理で塩素や紫外線などをはじめその他もろもろの手段で消毒されたのち、下水は安全な状態で水域に排出されていく(9)。処理水が現在のようにきれいになると、下水処理の問題は、ちょうどゴミの処理のように排除に必要な手間や社会的費用としてもっぱら考えられている。好機の到来だと見なされることはほとんどない。

世界のほかの国と同じように、当初はイスラエルでも未処理のままの汚水が排出されていた。テル・アヴィヴやほかの地中海沿岸の都市では、住民が出した下水を処分するために排水の導管が建設されていた。この導管は海岸から約半マイル（八〇〇メートル）沖合まで延び、海面下一〇〜一五フィート（三〜四・五メートル）で汚水を排出していたが、廃棄物は潮流が流してくれるか、海の底に沈んでくれるのを望んでいたはずだ。内陸部の都市では近くを流れる川に排出して、汚水はそのまま地中海へと流れ込んでいった。ただ、こうした設備を考案した技術者の願いもむなしく、波の勢いにのった汚水は帯となって岸に押し返されてくることがあり、イスラエルのビーチは悪臭にまみれただけではなく、産声をあげたばかりのイスラエルの観光産業にとってはなんとも不名誉な事態を引き起こしていた[10]。

一九五六年までには、テル・アヴィヴの都市圏——この都市圏はグッシュ・ダンと呼ばれる——の七つの基礎自治体は、国の全人口の三分の一を構成し、排出される下水はこれをうわまわる大きな比率を占めていた。そして、ある決定がくだされる。グッシュ・ダンから出る廃水を一滴残さず集積、巨大な導管を経由してテル・アヴィヴの南方約八マイル（一三キロ）のほぼ無人の地域に送られることになった。この地に建設されるシャフダンでグッシュ・ダンの下水が処理されることになる。「シャフダン」という名称は、「グッシュ・ダンの下水」を意味する言葉の頭文字に由来している。予算や技術上の問題が重なり、完成は当初の予定よりかなりの年月を要してしまい、施設が最終的に全自治体に向けてサービスを開始したのは、ようやく一九七三年になってからのことだった[11]。

やがて廃水処理施設の建設はひと筋縄でいかないことが明らかになる。だが、施設が完成したあかつきには、処理された廃水は灌漑に転用できるという希望——その確信はまったくなかった——が存在していた[12]。シャフダンによってイスラエルの水事情と農業、そしてネゲヴ砂漠の経済発展がどれほど一変するのか、それを見通せる者など誰一人としていなかったのだ。

「再生水」という新資源

シャフダンの南五マイル（八キロ）、地中海からわずかに内陸に入った場所に砂丘が広がっている。ここにある砂丘は地下およそ三〇〇フィート（九〇メートル）に広がる帯水層のうえにのっている。一九五〇年代後半、イスラエル政府の地質学者と水文学者は、廃水処理に関する新たな手法を模索し、当時、処理後は海に排水するのが普通だったころ、型破りな構想を計画していた。思いついたのが、帯水層のうえに広がる砂丘の細密な目を追加のフィルターとして使い、汚れがまだ残る二次処理水を浄化しようというものだった[13]。当時の汚水処理施設と同様、処理に関してはシャフダンでも第一次工程、第二次工程の両方で処理されていたが、しかし、この処理施設には第三次工程ほど高品質の処理や浄化レベルを達成する能力は備わっていなかった。

しかし、砂が濾過装置として機能するのかというリスクがあった。処理水は六カ月から一年の旅を経て、砂層を浸潤して帯水層へたどりつくが、もし部分的にウイルスや有害な微粒子が除去されないまま帯水層に達しでもすれば、地下の貯水が汚染され、そこから汲み上げた水は飲用や入浴に使用することができなくなる。しかし、砂層の濾過がうまく機能するなら、日々膨大な量の廃水を処理するうえで、化学薬品を使うことなく、大量に処置できるという解決策を砂丘はシャフダンに提供してくれる[14]。

イスラエルの技術者らは、砂層を濾過装置として活用することに複数のメリットを考えていた。第一に、廃水処理のために巨大な施設を新設する必要がなくなる。第二に、砂層を浄化装置として使うことで、修復された莫大な量の水を帯水層に貯蔵でき、必要に応じて汲み出せるので、貯水池を準備する必要を省くこともできたのだ。しかし、なんといっても重要なのは、処理水が灌漑に使える点にある。

いずれの工程においても大胆な発想が必要とされ、巨額の予算がともなう場合も少なくなかった。また、七つの自治体——のちに一八の市町が参加——に対し、それぞれの廃水を一カ所の地域センターに集めるという同意をとりつけ、超巨大な廃水処理施設を建設すること自体がすでに相当な難事業だった。[15] 砂層を使ったこの処理は土壌帯水層処理法（ＳＡＴ）と呼ばれ、三次処理を経たクオリティの高い再生水を得られるが、砂を使うという決断がそもそもこれまでの科学と工学上の見識に対する挑戦だった。とりわけ意表を突いたのは、真水の帯水層にわざわざ二次処理の廃水を浸透させるという決断である。発生率の高いリスクをともなうこのような判断は、政府や公益企業体がくだす判断としては、ほとんど前例のない種類のものだった。しかもそのリスクが、手持ちの水資源を一滴でも無駄にできない国によって選択されていた点を踏まえれば、この決断はさらに驚異的である。

処理水を含んだ帯水層の水は、その近辺で淡水を湛えて存在するどの帯水層に対しても一滴たりとも紛れ込ませてはならない——これがシャフダンで働く技術者全員に課された課題だった。指定の貯水地域の水量は常時モニターされつづけ、さらに周辺には処理水で満たされた帯水層を観察してモニターするための専用の井戸を掘っておく必要があった。肝心なのは失うにしてもひとつの帯水層だけという点だ。一帯に存在する帯水層まで失う余裕はこの国にはなかったのである。[16]

シャフダンで計画の策定とテストが進められていたころ、農業省の上級職員で実力者のダヴィド・ヨゲヴは、「農家はSATで処理された水などなくとも、シャフダンや国内のほかの場所にある処理施設から出る二次処理の水を利用できる」と主張しはじめていた。[17] 農業省以外の二省はこの意見に納得できず不安を表明した。

保健省は、完全性の点で劣る二次処理済みの廃水で灌水された場合、作物に取り込まれる毒性物質を心配した。毒性物質が作物に吸収されるようなら、保健省の研究員はその物質が人体に影響しないかどうかを確認しておきたかった。同様に、再生水を灌漑に使った穀物が家畜の飼料になった場合、卵やミルクや肉にまったく影響が現れないことも確かめておく必要があったのである。そして、広範なテストがおこなわれた結果、ある特定のタイプの作物――当初は綿のような食用作物以外の農産物を対象に、SATで処理されていない二次処理後の処理水を使うという話で意見の一致を見る。

環境省も別の不安を覚えていた。口にすることがない工芸作物の灌水にしか使われていなくとも、環境省の研究者は研究者で、国内の井戸や地下水に対し、処理水はまったく影響がないという裏づけをとっておきたかった。潜在的に有害な微生物を含んでいるかもしれない水で灌漑された場合、目には見えない毒素が土壌に浸透して、作物のしたに広がっているかもしれない帯水層が汚染されてしまうかどうか、その点を知っておきたかったのだ。警戒を怠り、こうした処理水が不用意に使用されてしまえば、イスラエルの地下水が全滅してしまうかもしれない。そこで環境省は詳細な地図を作成、この地図にはシャフダンの処理水を使用できる地区が正確に示されていた。さらに、汚染の可能性にさらされる帯水層が存在する全地区に対して、運用を厳密に定めたガイドラインが策定された。[18] 処理水の種類にかかわらず、農家には使用に先立って特別な許可が求められていたものの、過剰に定めたガイドラインにはたして農家がきちんと従ってくれるかどうか、環境省の役人の多くは長い期間にわたって不安を表明していた[19]。

それだけに、三次処理法としてSATが完璧だと判明すると、関係者という関係者は心底ほっとしていた。処理水を砂層に注入し、六カ月から一年かけて不純物を残らず濾過した水は高い品質の水に変わっていた。農業用水として新たな水源を求めていた農業省の願いは遂げられ、他の省庁が不安視していた汚染物質も検出されることはなかった。農家もまた、啓蒙活動や金銭的なインセンティブ、さらに慣れを通じ、新たな水源に対する理解を時間とともに深めていき、最終的にはこの水を大いに頼りにするようになっていった。

その後、シャフダンの貯水池からネゲヴ砂漠まで専用の導水管――直径六フィート（一・八メートル）、総延長五〇マイル（八〇キロ）――が敷設され、現地の農家に向けて新たな灌漑用水の供給が始まった[20]。当初、シャフダンからの給水に関しては、灌水する作物について制限が設けられていたが、しかし、数年に及んだ検査を経て、シャフダンの再生水は通常の真水と同じく、自由な用途で使用できるように許可される。今日では、飲用以外であれば、どのような用途にも使うことができる[21]。

当初から現在にいたるまで、シャフダンは二つの施設がひとつとなって構成されている。ここは規模にして中東最大で技術的にも最先端をいく廃水処理施設であり、イスラエル国内の河川や沿岸地域の汚染に関し、高まっていく環境への懸念や社会的不安に対処している。しかし、それとともに、イスラエルの廃水処理と農業において再生水が担う役割について、再考をうながす点でシャフダンはひと役買ってきていた。完成以来、イスラエルの基礎自治体では、廃水は国を発展させていくうえで必要な資源だと考えられるようになり、水関連インフラに投じる支出を抑制する手段として見なされるようになった。シャフダン以降、農場のあり方が変わった。水の割り当てを求め、農民が奔走する必要はもうなくなっていたのだ。

今日、イスラエルでは廃水の九五パーセントが処理され、残り五パーセントは汚水処理タンク方式で処置されている。「イスラエルでは、これほど膨大な量の廃水が処理のために集約されていますが、そのために世界の先進国と比べ、とくに変わっていることがおこなわれているわけではありません」と、メコロットの廃水と再生水の担当部長であるアヴィ・アハロニは言う。「ほかの国とちがっている点、隔絶している点があるとするなら、イスラエルでは、廃水をどれだけ集約して、そこからどれだけ水を生産しているのかという程度のちがいにほかなりません[22]」。

処理水専用に国が整備した分流式の管路を使い、再生水の約八五パーセントは栽培のために農家で利用されている。さらに一部は河川に放流されて水量を高め、河川が干上がらないように図られている。また森林火災の消火に使ってはどうかという計画案もいくつか検討されつづけてきた。イスラエルでは現在でも莫大な量の淡水が農業用水として使用されているが、国内で使用されている農業用水のおおよそ三分の一をこうした処理水が占めるようになり、水全体の約二〇パーセントが農業以外の多くの目的のために使用されている[23]。国の目標としては、廃水の再使用率をさらに増やしていく考えで、計画では数年後を目途に九〇パーセントにまで高めていく[24]。再生水のリサイクル率ではスペインは世界第二位だが、イスラエルと比較すると二五パーセント前後にとどまり、アメリカのような豊富な水資源の国では、再使用は一〇パーセントにも満たない[25]。だが、現在、イスラエルでおこなわれている方法と同様な手法で、世界各地の耕作地に高品質な再生水が供給されるようになるのは、もはや時間の問題でしかないだろう。

再生水でイスラエルの水をめぐる様相は変わった。点滴灌漑や特別に育成された耐乾性の種子もそれに劣らない大きな役割を担いながら、再生水はこの国の耕作地の風景を一変させた。そして、年間雨量の多寡にかかわりなく、イスラエルは国内の食糧自給ばかりか、農産物の輸出大国へと変貌を遂げることができたのである。(26)

廃水処理施設が農業を救う

雨水を集積するには意外なほど費用がかかり、新たな給水資源として利用するには衛生的な手段でもない。雨水が清浄を保っていられるのは、地面に触れる直前まで。雨水が集まり、流れはじめるようになると、流れはさまざまな汚染物質を拾い集めるようになり、なかでも車やトラックから排出された潤滑油やススの大半は雨水によって流されていく。イスラエルの場合、こうして汚れた雨水にさらに砂漠や海岸から吹き飛んできた砂や粒土が入り交じり、雨水とともに運ばれていく。

たとえ採算内で浄化できたにせよ、雨水の場合、水源としての信頼性にはやはり乏しい。年によっては貯水能力を超えるほどの雨が降る不安に加え、さらに不安なのは農家への需要を満たせるほどの雨量に達しない年が大半だという点だ。再生水への信頼性が高いのは、天候や降雨量などの不測の変化に左右されず、しかも開発にともなう基幹整備をすべて含めても、結局、廃水を再生したほうが安くあがるからである。(27)

もっとも、イスラエルでも現存する雨水貯蔵設備はいまでも使用されている。これらはおもに一九八〇年代に建造され、ここ数年、同様な設備は新設されていない。(28)おそらくこうした設備がもつ意義は、例年の雨水を確保することにもまして、貯水に関する高度な知識とノウハウを向上させる機会をこの国にもたらした点にあり、とりわけ貯水池のネットワークづくりに著しかった。いまでは処理水の貯水池にこの知識が生かされている。一九九五年、国中に処理水専用の貯水池が数百と整備されたが、これらの貯水池は複雑で多面的なシステムの中核を担う部分であり、ここに貯留されている処理水はシャフダンやこの国のほかの下水処理施設の排水だ。

ユダヤ国民基金（ＪＮＦ）の上級役員であるヨッシ・シュレイバーは、「当時の対策では、水をリサイクルしなければ、イスラエルの農業は一九八〇年代で破綻するのは明らかでした」と言う。そこで、シャフダンにとどまらずこの国の各市町村や農場で廃水を処理し、その水を農業用水として輸送する決定がくだされる。「しかし」とシュレイバーは言う。「そうした状況にただちに切り替わるものではありません。そこにいたるプロセスが立案されていなければならず、そのプロセスには新技術の開発、国による新インフラの整備、巨大で巨額の新システムをまかなう資金調達も関連してきます(29)」。

各家庭と国中の処理施設を結ぶ下水道管はともかく、処理した水を貯水施設へと運ぶための導管の新設、さらに貯水池の水を耕作地がある農場のもとに届ける導管も敷設しなければならなかった。肝心な水はいつでも流れてくるわけではなかったが、いざ必要なときには使えるようにしておかなければならない。難題はほかにもあった。国の処理施設で生産される水の品質が統一されていなかったのだ。そのため、各処理施設の水は、特定の作物や灌漑地区に合った水をためている貯水池の水質と一致させなければならなかった。

廃水の産出量は毎日ほぼ一定だが、農業用水は一年のうちの特定の時期にかぎって必要とされる。作付け時期や灌漑時期などが、季節ごとにばらついているため、再生水をたたえた国営の貯水池のネットワークは、国のもうひとつの水インフラとしては要の役割を担っていると見なされていた。

ユダヤ国民基金（ＪＮＦ）はイスラエル政府と国内の農家と提携する一方で、ＪＮＦのアメリカ支部、離散したユダヤ人が住む国にあるＪＮＦの支部は、地元の寄贈者から基金を募った。支援額はイスラエルで新設された全貯水池の建設費用の三〇パーセントから半数に達している。予算の不足分については、イスラエル政府、ＪＮＦのイスラエル本部、農民らの水利共同組合が拠出していた。

イスラエルは富める国へと成長を続けているが、とりわけ防衛費負担が継続する状況を踏まえた場合、国の基幹整備の建設について定期的に見直すことになれば、それにともなう初期投資は一国で負担可能な額ではなくなる。発展途上国が自国の水利基盤を整備するケースでは、合衆国国際開発庁（ＵＳＡＩＤ）やヨーロッパでこれに相当する援助団体のような政府系機関の支援を仰いでいるが、イスラエルに対するアメリカの支援は、軍事や安全保障上のニーズが対象で、水利施設には使えそうにもなかった。[30]

世界中のＪＮＦから寄せられたイスラエルの水資源や地方開発、林業、環境事業に対する支援はこの国の生活の質に大きなちがいをもたらす。とりわけ都市の周縁部と呼ばれる地域、つまり多くの人口を抱える中心都市の郊外においてそのちがいは顕著だ。ＪＮＦの尽力や支援者の篤志がなければ、イスラエルの再生水の利用システムの構築は未完成のままさらに何年もの年月がかかっていたはずである。こうした支援は現在も継続している。

メンテナンスが適切なら、貯水池の寿命は何十年と続くが、それだけに安い買い物ではない。たとえば、年間流量八億ガロン（三〇〇万立方メートル）の貯水池一面の場合、建設費にはおおよそ一〇〇〇万ドルを要する。現在、イスラエルには貯水容量がさまざまな二三〇面の貯水池が整備されているが、ＪＮＦとしては、イスラエル政府の資金調達——今日では脱塩装置の建造が中心——の目途が立ちしだい、さらに四〇面以上の貯水池の整備を計画している。[31]

天候に左右されない再生水

国の再生水事業にともなう予算や建設をめぐる紛糾、さらに計画の策定といったもろもろの問題はさておき、政府としては、こうして開発された新たな水に対し、はたして利用者が存在するのか確認しておかなければならなかった。「再生水の恩恵について、農家を啓蒙する必要がありました。この水を使うことに対して、農家は最初のうちかなり抵抗していましたからね」とＪＮＦのヨッシ・シュレイバーは語った。[32]

建国して間もないころから、イスラエルの農民は、農業省水資源計画部から水の割り当てを受けていた。ヘブライ語で〝甘い〟水と呼ばれる真水、その真水が手に入るなら、再生水など好んでほしがる者など誰もいない。しかし、こうした農民に対し、真水を使わなければ、割り当て分の真水の二〇パーセントに相当する再生水が特別支給されるという話がもちかけられたとき、年がら年中、「水、水」と目を皿のようにしている栽培農家も首を縦に振るようになる。くわえて、処理水はあざといほど格安の料金で提供されたが、これによって真水から再生水に切り替える農家のインセンティブをさらに高める狙いがあった。また、大半の再生水は廃水から生産されているので、提供される水には窒素が豊かに含まれている。農家は化学肥料の代金も節約することができた。

しかし、再生水への切り替えという点では、金銭的な条件がインセンティブの決め手ではなかった。年によって異なる降雨量とはちがい、再生水の場合、処理される廃水の総量は常に一定で、その点では信頼もできて予測も可能だ。農家に対して処理水の年間供給量が確定してそれが約束されるようになると——真水の場合、年間供給量の変動幅は大きく、どの農家もそれを受け入れなくてはならなかった——再生水に農家の気持ちが傾いていくのはたしかだった。

これまで耕作地や果樹園で処理水を使うことにおよび腰になる農民がいたとしても、現在、イスラエルにはそうした農家は一人もいない。「品質は高い一方で料金は低いのがいまの再生水なので、農家からは割り当て分をもっと増やせないかという問い合わせが絶えません」と、農業省で水の分配を担当するタニヴ・ロフィ博士は言う(33)。

需要と供給の法則に従い、国も処理水の料金引き上げをすでに始めているが、これは真水の料金に関し、全額を市場価格で支払うように求めた先の通告とまったく同じだ。「農家は、ほかの全経費を算入するのとまったく同じ要領で、水の料金も経費に折り込まなくてはなりません」と博士は語る。政府の助成金を削減することで、栽培作物の選定にもっと知恵を使い、灌漑に関する新たな発明や技術を取り入れたりするようになるが、なにより重要なのは以前にもまして効率的な水の使い方をするようになる点だと博士は指摘する(34)。

不足していく廃水

現在、イスラエルは廃水に関してある問題に直面している。例年生産される再生水を求める市場規模はどんどん拡大して、しかも、国の人口は増加しているにもかかわらず、再生水の供給量がしぼみつつあるのだ。もっと簡単に言おう。この国で排出される廃水の量が以前よりも減りつつあるのだ。

イスラエルの水の効率的な使用はいまに始まったわけではない。学校では無駄なシャワーや手洗い中は水を流しっぱなしにしてはならないと子供に教えている。歯みがきの最中は蛇口を締めておくように生徒に指導するのは、幼児対象の衛生教育の一環だ[35]。家庭における節水も個々人の好みしだいというわけではない。どの蛇口にも流量制限器を設置することが一般の家庭では義務づけられている。

さらに見落とせないのは、大・小用の流し分けができるデュアル・フラッシュトイレの採用を義務づけた国こそイスラエルで[36]、このスタイルのトイレはイスラエルで発明されたものだと言われてきた[37]。プラッソンはイスラエルのキブツが運営する会社で、一九七三年からプラスチック製トイレを製造している。一九八〇年代、プラッソンはベン・グリオン大学の教授から特許を購入。優れたそのアイデアこそ、水洗トイレの水量を変えられるというものだった。数年をかけて開発したのち、プラッソンはこのアイデアを国に申請した。

「政府にデュアル・フラッシュトイレの必要性を理解させるのは難しいことではありませんでした」とプラッソンの元トップ、シャウル・アシュケナージは言う。「国の家庭用水の約三五パーセントは水洗トイレに使われています。このトイレなら、一世帯当たりトイレに使う水は最大半分ですみ、一世帯で使う水の総量を二〇パーセントも節約できるのです。この数字にイスラエルの世帯数とトイレの総数、あるいは節水できるトイレの水を掛けてみてください。とてつもない量になるはずです[38]」。

デュアル・フラッシュトイレは各家庭のみならず、国内いずれの会社、レストラン、ホテル、公共施設においても設置することが法令によって義務づけられている。もちろん製品はプラッソンだけというわけではない。イスラエル水管理公社の見積もりでは、デュアル・フラッシュトイレを導入した結果、国の年間節水量は一人当たり約一七〇〇ガロン（六・四立方メートル）――つまり、トイレ向けの新機軸によって、国として約一三五億ガロン（五一〇〇万立方メートル）の節水効果がもたらされているのだ(39)。

消費者向けの節水の啓蒙活動はおなじみになったが、現在のように豊かな水が手に入るようになってもその努力に変わりはないし、運動に向けられた政府の広報活動も減ってはいない。イスラエル人なら誰もがよく知っている「一滴一滴を大切に《エブリ・ドロップ・カウンツ》」のサインは、文字通り「たとえ一滴でも水を無駄にしてしまえば悲しい」というメッセージで、また、テレビ放映のCMシリーズ「干からびていくイスラエル」キャンペーンでは、水不足が原因でこの国のセレブ（出演者のなかにはスーパーモデルのバー・ラファエリもいる）の顔が乾燥して、ひび割れるという映像を流している。

水の使用量という点では、啓蒙活動やデュアル・フラッシュトイレにも増して、消費者への抑制効果が大きかったのは市場価格に連動した水道料金であり、とくに芝生や庭への撒水に著しかった。芝生は土地に合った植物に植え変えられ、庭もベランダやもっと小規模な裏庭に変えられた。イスラエルの一般家庭に植えられている植え込みや樹木の多くは簡素な点滴灌漑にリンクされ、ここでも節水が図られている。また大半の公園では、修景用に再生水が用いられている。

庭にまいた水は、屋内で使われる日常用水のように下水に流れ出るわけではないが、消費者が望んだのは、家の内外にかかわりなく現在は注意して水を使うことである。海水淡水化装置によって豊富な水が供給されるようになっても、これこそ水に対するイスラエルの国民の決意を表すものにほかならない。

少量の水で流すトイレや他の節水器具とともに、節水に対する不断の努力もあって、この国で供給される廃水の量は、全体的な比率では減少が続いている。農家と再生水の割り当てを決める政府の担当者は頭を抱えていても、廃水の量の減少自体は処理施設の通常使用による消耗にまさる経済的なプラス面をともなう。先進国世界ではどの地域の廃水も濃度は高いが、そのなかにあってイスラエルの廃水がもっとも低濃度であるのは、処理施設において高い効率性で処置されているからであり、ほかの国々の下水、とくにアメリカの大半の下水で通常おこなわれている希釈のように、過剰な水を使った処理を必要としていない(40)。

汚水から資源を回収する

世界中で持続可能な開発が検討されているように、現在、イスラエルで模索されているのが環境政策の新たな一環として、できるだけ資源効率を重視した廃水の処理方法だ。廃水処理の工程で副産物として出てくる天然のガスを捨て去るのではなく、このガスを施設の稼働に役立てている。すでにシャフダンなどの処理施設の六〇パーセント以上でバイオガスが動力として使われている。数年を目途にして、こうしたガスによって施設全体の動力をまかなうのが目標だ。低エネルギー消費と廃水と処理工程でさらに有効性の高いガスが見つかれば、この目標も実現できるだろう。

イスラエルの省エネは、現在その数を増やしつづける水関連のハイテク企業が推し進めている。さまざまな科学分野におけるイノベーションに関して、イスラエルが世界の指導国であるように、汚水処理の分野でも興味深いたくさんのアイデアを引き寄せている。イスラエルでは、こうしたアイデアを軸に企業化が進められてきた。

エイタン・レヴィは、汚水処理分野でもっとも話題性がある二つの会社を共同創設した。本人はイスラエルのマサチューセッツ工科大学に相当するテクニオン－イスラエル工科大学で学んだ化学エンジニアで、この分野の話になると熱弁はとまらない。話のはしばしに廃水の興味深い歴史的エピソード、科学的な逸話が登場する。アクワイズはレヴィが最初に創設した会社で、汚水の二次処理、つまり生物的処理のプロセスで必要なバクテリアを育成するプラスチック製の部品を扱っている。安価なわりに耐久性があり、サイズはブロック玩具のレゴのピースよりもわずかに大きい。処理タンク内のバクテリアの密度を高めることで、同じ電力量でありながら二倍から三倍の汚水が処理できる。その際の使用電力量は、アメリカの二次処理でおこなわれる曝気《ばっき》の全電力量の約二パーセントにすぎない(また、汚水の輸送に使用する電力もアメリカの二パーセント)[41]。そのため、二次処理過程の効率性を高めた性能は、費用と環境の両面の見返りとしてただちに実感できる。予算の制約や立地に限界がある自治体にとって、新設する処理施設の数が抑えられるのは重要な問題だ[42]。

レヴィが二番目に立ち上げた会社エメフシーでも、汚水処理の効率を高めることに重きが置かれているが、同時に汚水処理の産物である活性汚泥――友好的なバクテリアの死骸などからなる――を減量させた。レヴィの会社のプロセスでは、汚水中の有機物をさかんに食べ尽くすと、バクテリアは共食いをするようにしかけられていて、処理後に残るバクテリアの数は減少している。その結果、埋め立て処理をする汚泥の搬送量も減少、この減少を通じてエネルギーや環境面の負荷も減っていく。

さらに高い評価を得ているのは、エメフシーのプロセスでは汚水の曝気に新方式が採用され、使用電力が九〇パーセントも削減された点だ。この新方式が機能をもっとも発揮するのは、人口規模が五〇〇〇人もしくはそれ以下の自治体で、汚水処理以外の分野のエネルギーコストをさらに節約できる機会を提供する。「住んでいる地域が、人口が数千人規模でゴルフコースをもつところだとします。この地域で発生する汚水は、最小限の電力でもすばらしい品質で処理できます」。そんな例をあげながらレヴィは説明する。処理工程を経た水は地元の公園やゴルフコースに撒水、その際、二度手間になるエネルギーコスト、つまり汚水をコミュニティーから送り出したり、またコミュニティーの公園やフェアウェイに撒水するために遠くから送水したりする際に必要なエネルギーコストが浮いてくる。汚水タンクの曝気で効率よく省エネが確保されるばかりか、それをうわまわる省エネが実現できるのである。

省エネはさておき、廃水分野に携わるイスラエルのイノベーターの関心をとらえているのが、下水処理技術によって育まれてきたもうひとつの産業――資源回収である。「汚水が汚水にすぎないと考えていると誤りを犯してしまいますよ」と廃水処理を研究するテクニオン大学のノア・ガリル教授は言う。「一例をあげれば、家庭から排出される調理の際の油脂は、下水の表面に浮いた状態で処理施設にやってきます。従来でしたら、こうした油はまずスキマーを使ってすくい取り、処理装置に詰まらないように処理されてきました。現在、こうした油膜は商品として売られ、産業用品として再加工されています[43]」。

汚水にはほかに抽出できて再使用できるものはないのかと、イスラエルの起業家はこれまでも調べてきた。「カドミウムやセレンのような重金属を取り除いて販売しようという試みはありました。しかし、これまでのところまだ成功はしていませんね[44]」。

自称、筋金入りの環境保護運動家《ツリー・ハガー》だというラファイエル・アハロン博士は、世界中で切り倒されていく樹木という樹木を嘆くあまり、パルプや製紙産業で使われているセルロースにかわる素材はないかと考えた。調査の結果、たどりついたのが原汚水だった。汚水にはトイレットペーパーの小片、洗濯の際に出た衣類の繊維、さらには捨てられた果物や野菜の一部が残っていることがわかった。小片といってもほとんどは顕微鏡でしか見えない大きさで、バクテリアやそのほかの生物的処理でも取り除くことはできない。二〇〇七年、博士はアプライド・クリーンテック（ACT）を設立、この会社は原汚水に見つかった驚異的な量のセルロース素材を取り出すとともに、この素材を「リサイクルロース」と命名した。

「汚水に含まれている大量の固形物はセルロースの繊維素でできています。つまり、汚水処理施設をリサイクル製品や再使用が可能なコモディティの鉱脈に変えることができるのです。リサイクルパルプで、ここはどれだけ使ってもなくなることのない無限の緑の資源になりました。しかも、下水からセルロース素材を取り除いたことで、浄化装置の処理能力は三〇パーセント向上して省エネにも役立ち、汚泥の減量化にもなって場所やコストの軽減にもつながります」[45]。この汚水鉱業製品化ソリューションについて、ACTではすでに海外数カ国に向けて契約をまとめている。このソリューションの価値は、三分の二がエネルギーと廃棄物の減量、そして三分の一は採集したリサイクルロースにあると教授は考えている。

「塩でおおわれた平原」

廃水をめぐるいいことずくめの一方で、厄介な問題となる可能性を秘めた具体的な研究も進められてきた。こうした問題を調査するのはおもに研究者、政府当局、農家の一部で、彼らが知りたがっているのは再生水が農業に使用された場合、イスラエルの土壌やこの国の国民の健康にどのような影響をもたらすのかという点だ。

不安のひとつは、イスラエルの天然の水――つまりガリラヤ湖や帯水層から得た水は、日常用水として各世帯に供給された時点で、すでに比較的高濃度の塩分が含まれていることだった。食事に含まれていた塩が台所のシンクで洗浄され、洗い流されてしまうので、この水がキッチンやトイレから排水されるころには、塩分濃度のレベルはさらに上昇している[46]。国の下水処理施設の装置に流れ込んでいるのが、こうしていろいろなものが混じり込んだ塩水なのである。

施設の二次処理の段階でバクテリアは取り除かれ、三次処理ではウイルスをはじめとする微生物が除去されるが、いずれの処置でも塩分は取り除かれていない。再生水は国中の耕作地の作物に灌漑され、水は作物によって吸収されているものの、ごくわずかな量の塩が土壌にも吸収されている[47]。耕作地の土壌はどれだけ塩分にもちこたえられるのかと、イスラエルでは農家をはじめこの点がずっと気がかりになっていた。

現在のイラク南部にあったシュメール文明は、肥沃さの点ではかつて古代世界でも屈指の土地に栄えていた。シュメールの農業こそ富の源泉であり、すなわちこの国の力の源でもあった。何百年の年月をかけ、王国は複雑な灌漑システムを開発してきた。だが、このシステムを通じて塩水が少しずつ用水路へと流れ込んでいく。古代メソポタミアの石版には、「広々とした平原は塩でおおわれて」いくにつれ、「黒々とした耕地は真っ白になった」と刻まれていた[48]。シュメール文明はこうして崩壊したのだ[49]。

近年、イスラエルが開発を進める脱塩水——海水から塩分を除いた水——を水資源として使うことは、この問題の救済策としてこれからますます有効になるだろう。わずか数年で国が供給する飲料水の塩分は激減した。脱塩水が他の水資源の水よりも水道水のシェアを伸ばしていけば、海水はほぼ一〇〇パーセント淡水化され、それによってまずイスラエルの家庭に供給される水の塩分は減少の一途をたどることになる。流入する塩分が減るなら、家庭から出ていく塩分も減少、汚水に流入する塩分も減っていく。

水のなかの医薬品残留物

現在、塩分のほかにも不安視されているのが水道水に溶け込んでいる医薬製品の影響だ。塩分同様、医薬製品の残留物についてもいまの汚水処理プロセスでは除去できない。

一〇〇年以上の年月をかけて製薬産業が世界規模で成長してきたかたわらで、医師たちは服用した薬はほんのわずかな量しか人体に吸収されない事実をようやく認めるようになってきた。平均すると服用したいずれの薬も約九〇パーセント――少なくとも七〇パーセント以上――はほどなくして体外に排出されている。(50)

「(アメリカの)食品医薬品局(FDA)がテストするのは、もっぱら人体への使用に際しての安全性です。体外に排出された薬品の残留物がいったいどうなるか、それに関する検査は食品医薬品局や環境保護庁(EPA)を含め、まったく手つかずのままです」とテル・アヴィヴ大学のドロール・アヴィシャル教授はそう語る。

アヴィシャル教授は水化学者だ。まだ誕生したばかりの研究分野の専門家で、水化学分野では、イスラエルの教授や研究者がすでに主導的な役割を確立している。パイオニアたる彼ら専門家が取り組むのは、避妊ピルに含有されているホルモンが汚水処理施設を経過したときどう変化し、さらにこうした化合物が他の抗生物質や何千種とある薬品やパーソナルケア製品と混ざると、どのような変化を引き起こすのかという研究である。これらの物質は現在、世界中の排水で発見されている。教授によると「水の安全性について大半の人が思い浮かべるのは、病原菌で乳児が死亡している発展途上国の例などです。もちろん、これも大きな不安でしょう。しかし、先進国の水はこれとは別の理由で不安視されています[51]」。

その量はきわめて微量だが、水化学者はこの一〇年で水に含まれる医薬性の汚染物質、残留物の計測に習熟した。計測する化合物は一兆分の一という極微量のサイズである。

たしかに微々たる量だが、イスラエル水管理公社で水質保全部門を率いるサラ・エルハナニは、「この問題には私たちも真剣に向き合っています。避けられない問題です。モニターも続けています。ただ、いまのところ、こうした水に含まれている化合物と、こうした水を灌水した作物を食べた国民の健康状態にとくにこれという関連は認められていません[52]」。

イスラエルでは、問題の潜在的な危険性に対し、自国向けの学術と薬事をともに踏まえた専門知識を築きあげたが、アヴィシャル教授はこの問題をイスラエル特有のものだとは見なしていない。「分離した個々の化合物が危険だとしても、それがどのようにして危険になるとか、あるいは日光にさらされたり、温度の影響を受けたりして分解するのかどうかがわかっていません。廃水を灌漑に使っているので、その結果、化合物は土壌で分解されているのかもしれません[53]」と教授は言う。

教授もエルハナニもそれぞれ、なんとかわかってもらおうとくり返す。これが問題であるかどうかはまだ誰もよくわかっていないが、もしもそうなら由々しき問題で、世界中に波及する大問題になる可能性があると指摘する。一例をあげよう。ニューヨーク市とアメリカの大西洋岸沿いにあるいずれの町も、汚水を処理するとそれを排出、医薬品の残留物が残る排水は大西洋に流れ出る川にそそがれる。カナダではすでにピルに含まれているエストロゲンの摂取で死亡した魚が見つかったケースや、あるいは雌化した雄の魚がいるケースなどが報告されている[54]。

飲料水を地元の河川から汲み上げている市の場合、問題は海で繁殖する魚よりもはるかに深刻かもしれない。アヴィシャル教授は言う。「ヨーロッパではライン川をはじめとする河川沿いの町のすべてで、医薬品の残留物を含む処理ずみの下水が川に流されています」。しかし、同じ川の下流部では、飲料水としてこの川から取水すると、その水は処理後ふたたび川に戻されている。「水がこのようにして川沿いの何カ所かの町を通過していくうち、飲料水に混じって医薬品残留物が人体に取り込まれているのは疑問の余地がないでしょう。私たちはこうしたごく微細な含有化合物の測定法と潜在的な有毒性を検知する方法を開発しましたが、かといってどのような助言をすればいいかはまだよくわかっていません。それに関する研究をいまはしていません[55]」。

国民と農業の安全のために必要であればなんでもやるのがイスラエルです――とサラ・エルハハナニは言う。「国民と農作物の安全を確保するため、われわれは大金を投じて、新型の廃水処理施設のすべてが三次処理までおこなえる要求に応じてきました。数年以内のうちにふたたび大金を投じ、二次処理施設の大半を三次処理までできる装置に切り替えていく予定です[56]」。

数年前なら誰も想像できなかったレベルの処理にまでエルハハナニの話は及ぶ。「汚水のすべてが四次処理されているかもしれないし、それとも廃水は一滴残らず浸透膜の処理に切り替わっているかもしれません」。膜処理については、すでにテクニオン大学出身の二名の教授の発明をベースに創業されたメンテック（MemTech）がその方法を開発していて、基礎自治体の廃水に含まれているナノレベルサイズの薬剤由来の分子を濾過している[57]。

「そうなれば処理水の再使用を断念しようという議論など金輪際起こりはしません。みんなの健康のためには、廃水を処理して排水するよりも、そうやって処理した水をもう一度使ったほうがはるかに安全だからです。それでもまだ処理が必要なら、私たちがなんとかしてみせますよ」とエルハナニは答えた。[58]

砂漠を縮小させてきた唯一の国

再生水がイスラエルにもたらした恩恵は、農業用水の供給システムを新設するより明らかにうわまわっていた。この恩恵がなければ、イスラエル経済はカラカラに干上がり、農業は制限を受けるか、あるいは産業として成立することさえおぼつかなかった。果物、野菜、穀物はすべて輸入でまかなわなければならなかったはずだ。

かぎられた水資源と増大する人口を抱えた乾燥地帯では、再生水の助けによって天然の水資源が不足する重圧を軽減できた。再生水を資源として取り込むことができたから、天然の水の供給に重税を課すことなく、この国は干ばつに打ち勝てたのである。

恩恵はそれだけではない。イスラエルの人口の多くは数少ない都心部に密集している。豊富な農業用水が存在することで、国の人口を中心から分散させることが可能になった。首都圏から離れたこうした地域――現在ではおもに農業地帯となっている――は、新たな開発対象になるとともに、国の中心部に集中しようとするイスラエルの人口の多くを分散するうえで潜在的な役割を果たしている。

この五〇年のうちで、イスラエルは砂漠を縮小させてきた世界で唯一の国である。[59] 衛星写真を見るとイスラエルの激変ぶりがよくわかるだろう。国土のいたるところに存在する町、ネゲヴ砂漠の西部には緑の帯が横断している。乾燥地帯にある国の多くでは、広がっていく砂漠、いわゆる砂漠化が経済的にも社会的にも大きな問題になっている。[60] 砂漠が忍び寄ってくれば町や村は土地を捨てざるをえず、社会的な混乱とともに地方の貧困にますます拍車がかかってしまう。こうした国々に対して、イスラエルが入念に築き上げた農業地帯は有望なモデルを提供しており、とりわけシャフダンの再生水が一滴残らず送り込まれている南部の乾燥地帯などはそうだと言えるだろう[61]。

いずれにせよイスラエルでは、廃水のリサイクルは予想をうわまわる成果を収めてきた。水の供給がかぎられ、代替用水への需要が高まれば、再生水への農家の支払いは増えていかざるをえない。一世代前の農家の場合、助成金漬けの水を受け取っていたものの、供給量のあまりの乏しさに不平を漏らしていたとするなら、現世代の農家は、天然の水であろうが代替の水資源であろうが、望んだ用水は望んだ量だけ入手できる。だが、その経費を含めてもなお国際市場で農産物価格を維持できるのかと気をもまなくてはならない[62]。当局の水の政策担当者は、原価意識によって国の農業の効率性が高まると考え、それによって今度は国内で新たなイノベーションやテクノロジーの気運に拍車がかかると見込んでいる。

廃水処理によって環境汚染を減らし、国民生活の質を向上させていく試みはイスラエルでもすでに始まっている。今日ではイスラエルの河川もずいぶんきれいになった。地中海沿岸の汚染も目に見えて減り、日を置かずいっそうの改善が進められていくだろう[63]。国内の帯水層が汚染されるリスクも軽減している。こうした取り組みと並行して、代替水の供給は整備されてきた。その水は飲料や入浴には理想的とは言えないまでも、農業用水として安全に使用することができるのだ。気候のちがいに関係なく、どの国においても莫大な量の下水が排出されている。今日、世界中で急激に数を増やしているウォーター・ストレス社会にとっては、イスラエルの例から学びえるものはあるはずだし、お荷物である廃水でさえ貴重な資源に転換することもできるのである。

第6章 海水を真水に変える

海水からつくった真水で砂漠を灌漑するなど、多くの者には夢物語に等しいだろうが、自然界を一変する夢にイスラエルほど恐れを覚えている国はほかにはあるまい（略）。この国でなし遂げられたことはいずれも夢の結果であり、その夢は構想力と科学、そして先駆的な能力によって実現されてきたのである。

――ダヴィド・ベン゠グリオン（一九五六年）

ワイツマン科学研究所の一九六三年度の資金募集パーティーは、ジョン・F・ケネディ大統領が暗殺された二週間後にマンハッタンで予定されていた。当初、ケネディはパーティーで基調演説をおこなうと発表していたが、突然の大統領のむごたらしい死で、運営側はやむなくパーティーの開催を断念した。それから二カ月後、晩餐会が催された。主催者にとってさいわいだったのは、改めて開催された晩餐会で後任大統領に就任したリンドン・ジョンソンが、いまは亡きケネディにかわってスピーチをすることに応じてくれたことだった。

ワイツマン科学研究所は一九三四年に設立された。科学研究センターとしては、これまでもそして現在もイスラエルを主導する研究所である。設立者は世界的に名前を知られた科学者ハイム・ワイツマンで、のちにイスラエルの初代大統領に就任した。一九四九年、研究所はワイツマンへの敬意として現在の名称に改められた。改称はイスラエル建国の翌年で、この国最高の名誉職に選出された時期に重なる。設立された当初から研究所は科学上のかずかずの課題に取り組んできた。[1] そうした課題のひとつが、海水からいかに効率的に塩分を除去するのかというものである。脱塩化というテーマは科学上の研究にほかならないが、誕生したばかりのこの国では、テーマはイデオロギーと政治的な含みをもつ問題でもあった。[2]

脱塩化の成功は、イスラエルに貴重な恩恵をもたらし、国の安全保障を確立して自給自足の経済と社会を打ち立て、世界中のユダヤ人を吸収するというシオニストの目標にも貢献する。雨水や河川などの水資源が乏しいこの国では、悪化する水不足は、経済的な活力と――それと同じほど重要な――ユダヤ人入植者の新たな波を吸収する能力の双方にとって足かせとなっていた。それだけに、地中海から汲み上げた海水を大規模に脱塩するアイデアは、理論上とはいえ、理想的な解決策と考えられたのである。

ダヴィド・ベン＝グリオンは、イスラエルの初代首相で、建国を担った組織をまとめる原動力となったが、水についてはかたときも忘れることがなかった。シモン・ペレスはベン＝グリオンの側近で、ペレス自身、のちに首相と大統領を歴任した。「ベン＝グリオンは始終水の話をしていました」とペレスは言う。「塩辛い海水を真水に変え、家庭や農場に供給するという考えにベン＝グリオンはとりつかれていました」。[3]

アメリカ大統領リンドン・ジョンソンは、脱塩に向けられたベン＝グリオンの深い関心を共有していた。出身地テキサスの干からびた土地柄を知るジョンソンが水に抱いた思いは、砂漠を中心に考えるベン＝グリオンとよく似ていた。ケネディの副大統領候補として臨んだ一九六〇年の選挙では、投票日の数日前にもかかわらず、ニューヨーク・タイムズの日曜版別刷に寄稿するため、選挙活動の合間をぬって論文を書いていた。論文で提唱されていたのは、貧困を一掃し世界平和をうながす手段として、採算性に優れた淡水化技術の開発に国家的な関心をさらに傾注させようというものである。白熱する選挙運動のさなか、各候補がたくさんの公約を掲げていたが、ジョンソンが手がけたのは、派手な見出しを掲げた数多くの記事に交じって、一本の論文を別刷に掲載することだった。しかも、選んだテーマは本人が〝脱塩水〟と呼ぶ水であり、一見すると水不足とは常に無縁のニューヨーカーには話題そのものが場違いで、とりわけ緊迫した大統領戦の終盤とあってはひとしおだった。[4]

「脱塩」の言葉がまとう印象は、科学とエンジニアリングと錬金術がひとつになったものである。中世の錬金術師は価値に劣る鉛のような卑金属を、金のような高い価値をもつ貴金属につくり変えようと試みた。脱塩のプロセスもまた、海水（あるいは内陸の半塩水）から無用な要素を取り除き、生存にとって計り知れない価値をもつ別の物質にしようというものである。

古代ローマ帝国は軍隊に飲ませるために海水を真水に変えようとしたが、その試みは決してうまくいくことはなかった。[5] 第二次世界大戦中、アメリカの科学者も研究に着手した。水分から塩分を除去する方法と、塩分から水分を除く方法の双方から取り組んだ。同じ方法のようにも思えるが、必要な取り組みと科学的な技術は両者でまったく異なった。ただ、いずれの手法についても言えた問題は、研究者も気づいていたように、軍隊向けという採算を度外視できる用途ならまだしも、海水から淡水を生産するには途方もないエネルギーが必要で、少なくとも当時の技術では民生用とするにはあまりにも高価すぎた。[6]

採算性はともかく、アメリカや世界の未来にとって、海水淡水化が必要であるとジョンソンは確信していた。上院多数党院内総務として、ジョンソンはこの問題を検討する連邦研究所の予算調達に関与したが、こうした予算の大半は内務省塩水局に振り向けられた。塩水局の設立は一九五二年[7]。水に関連する法案を通すならジョンソンは当てになると上院の議員らは知っていた。とくに法案が淡水化調査に関連していればなおさらだった[8]。

ジョンソン大統領と「水」

一九六四年二月、ジョンソンがウォルドルフ・アストリアホテルの会場に集まった来客や研究所の資金支援者など総勢一七〇名に挨拶しようと演壇に向かって歩を進めたとき、ジョンソンがこれからなげかけるスピーチがどれほど激しい反応を引き起こすのか予想できた者は誰もいなかった。その反応は、一方で怒りの旋風としてアラブ世界でただちに火の手をあげ、他方ではイスラエルが独自に淡水化事業を推進していくうえで決定的な起爆剤となる。ジョンソンはこう語っていた。「イスラエル同様、私たちも海水を安価に真水に転換する方法を模索しなければなりません。アメリカはイスラエル代表とのあいだで協議を進め、海水を真水に転換する際に核エネルギーを使用する共同研究を検討してきました。これは私たちの科学技術や技術的熟練に課された難題にほかなりません（略）。しかし、チャンスはきわめて大きく、見返りも決して小さなものではなく、私たち全員の努力を結集するだけの価値、私たち全員のエネルギーを投じるだけの価値があるのです。なぜなら水とは私たちの生命であり、好機であるとともに、水こそ私たちの繁栄の源にほかならないからです。それは繁栄という言葉とは無縁の人たちも例外ではありません。飢餓を追放できるものこそ水であり、砂漠を押し返し、歴史の趨勢に変化をもたらすことができるのです[9]」。

ダマスカスからベイルート、そしてカイロにいたるまで、ジョンソンのスピーチは怒りをもって迎えられた。レバノンのある新聞社のコラムニストは、テキサス生まれでディサイプルス派のクリスチャンである大統領を「ジョンソンはユダヤ人」だと書き記すと、このスピーチは「イスラエルの誕生を承認するばかりか、イスラエルの将来さえ認めるものだ」と糾弾した。シリアの政府系新聞はこのスピーチを「イスラエル支援に対するアメリカのきわみである」[10]と指摘していた。イスラエルの敵対国には、不倶戴天の敵が将来において水を確保することがどういう意味をもつのかがよくわかっていたのだ。

海水淡水化が中東に変化をもたらす決め手だとジョンソンは考えたが、そのためにイスラエルに手を差し伸べると判断したのは、イスラエルがもつ科学力とすみやかに達成された業績に対し、ジョンソン本人が敬意を寄せていたせいだったのかもしれない。ジョンソンは非凡な洞察力でイスラエルの価値を見抜き、新興国だったにせよ、みずからの長年の夢であった脱塩水を実現させるうえで、別のルートを提供できるパートナーと見なしていた。

このスピーチから四カ月を経た一九六四年六月、イスラエル首相のレヴィ・エシュコルがワシントンDCを来訪、イスラエルの国家指導者としてははじめてアメリカを公式訪問した。合衆国国家安全保障会議はこの訪問に先立ち、一一の議題を用意、二日間の会談においては優先順に議案を進めるようジョンソンに説明していた。「海水淡水化に関する共同の取り組み」はリストの三番目にあった。そして、この議題こそジョンソンの歓迎の挨拶で触れられていたアメリカ－イスラエル間の提携に関する唯一の話だった[11]。

エシュコルは水をおもな足がかりに、シオニスト内における官僚的地位と政治力を高めてきた。国営水道会社メコロットを創業した一人で、建国以前の一九三〇年代にはそのトップを務めている。ベン＝グリオンが水の先見者であるなら、エシュコルはベン＝グリオンが夢を実現させるために選んだ忠実な代理人だった[12]。エシュコルにすれば、個人的にも国家の戦略的な理由からしても、全般的な水問題、とくに海水淡水化に関して、アメリカにおいて自分と似た立場の人物を相手に話し合えることに興奮を隠せなかった。

海水淡水化事業に乗り出す

ベン＝グリオンもエシュコルも海水から淡水が本当に抽出できるのか――少なくとも一般の消費者が購える価格で抽出できると本当に信じていたのかどうか、その点についてネイサン・ベルクマンにはよくわからない。ベルクマンがドイツからイスラエルに移民したのは一九三一年のことで、本人はまだよちよち歩きの幼児だった。以来、ニューヨーク大学でＭＢＡを取得するために渡米した二年を除けば、イスラエルでずっとすごしてきた。帰国した一九六〇年、求職中のベルクマンが得た職は、海水淡水化を専門とする創設から間もない政府系機関だった。当時この機関にはちゃんとした名称はなかったが、のちにイスラエル脱塩エンジニアリング（ＩＤＥ）と呼ばれる。小規模ながら政府系機関であることに加え、本人の因習にとらわれない冷静な性格もあって、海水淡水化に関し、この事業が侃々諤々の理論的手法を経たひとつの構想に始まり、世界的な事業に発展した過程を俯瞰するには、ベルクマンほど最適の立場にいた人物はいない。

数十年後、イスラエルの海水淡水化事業がすでに現実のものとなったとき、ベルクマンは当時をありのままに振り返り、この国で初の海水淡水化が実現した日のことを次のように記憶していた。「イスラエルの海水淡水化はベン＝グリオンの夢として始まりました。ですが、ベン＝グリオンは淡水化という自分の夢がはたして実現可能だとは信じていなかったように思えます」とベルクマンは語り、この事業を担当する任にあった当の政府系機関でも、実現を信じていた者は一人としていなかったと語る(13)。

「この事業へのかかわり方は〝やってみなければわからない〟とでもいうもので、たとえるなら、カジノでチップを一〇枚置いて、あとはなにかが起こるのを期待するようなものでした。建国から日も浅く、水に関して私たちは多くのものに賭けていました。国営水輸送網もそうしたひとつです。人工降雨もそうです。ほかにもたくさんありました。だから、海水が真水になるなど、しかも採算ベースで実現できるなど誰も本気で信じようとはしなかったのです。しかし、私たちはともかくチャレンジしてみました」。

この国のリーダーらが抱いていたモチベーションについてもベルクマンはこう示唆する。「ベン＝グリオンとエシュコルの二人には、落ち込むということがありませんでした。開発が実現すれば、国は淡水を手に入れられる。失敗したらしたで、今度は砂漠に花を咲かせる夢について、改めて鼓舞するスピーチを語ることができました(14)」。

ベン＝グリオンの動機と夢に関してはやや皮肉交じりのベルクマンだが、しかし、こうした見方はベン＝グリオンが残した日記とは相容れない。日記には、海水淡水化に関する科学的な見通しと社会的な影響について、本人のひたむきな言及が数多く記されている(15)。どうやらベン＝グリオン本人は海水淡水化を固く信じていたようなのだ。さらにベン＝グリオンはなかなか魅力的な〝マッドサイエンティスト〟の構想を支持していた。このマッドサイエンティストは、ベン＝グリオンをはじめ大勢の人間に希望を与えたばかりか、その構想は海水をほとんどただ同然で真水に変える飛躍的な解決策をもたらすはずだった。

その〝マッドサイエンティスト〟がアレキサンダー・ザーチンで、建国前の一九四七年にソビエト連邦からイスラエルにたどりついた。一九三〇年代早々のころ、熟練の化学者としてザーチンはあるアイデアを考案する。半塩水を氷結させて淡水化を図るというもので、このアイデアはソ連全域の水不足に悩む地域で幅広く活用できると本人は考えた。しかし、仮説を実験に移そうとした矢先、本人の科学的な野心は阻まれてしまう。このウクライナ生まれのユダヤ教徒がシオニスト——ソ連では犯罪とされていた——であることが当局に知られ、ザーチンに対し、ウラル山脈西部のアスファルト鉱床で五年の重労働という判決がくだされる。刑期を終えた直後に第二次世界大戦が始まると、今度は赤軍に徴集された。戦後、出国すると間もなく、イスラエルとして建国する土地に逃れることに成功した。[16]

新たな祖国に対する貢献を心から願い、また自身が考案した凍結法によってイスラエルの水問題は解決可能だという確信も手伝い、移民してきたばかりのザーチンは一人また一人と政府の役人との面談をとりつけていった。そして、一九五四年になると、当時の新聞記事でよく言われた「やっかいな人物《ヌドニク》」という異名までちょうだいしていたが、それでもなんとかベン＝グリオンと面談するまでにはいたっていた。[17]ベン＝グリオン自身は科学者ではなかったが、その話にはとても興味を覚えていた。[18]

ザーチンのアイデアそのものは、海水が凍ると塩分は水から押し出される科学原理のもとに成り立っていた。技術的な課題はともかく、凍りついた水の結晶から塩分が洗い流せるなら、凍った状態の水、すなわち氷には塩分が含まれていない。抽出した塩にとくに価値を認めなければ、海に戻すなりして処分すればいいだけで、比較的シンプルな機械的な処理である。そして、脱塩した氷が溶ければ淡水があとに残る。ザーチン自身はさらに先を見通し、海水の氷結は真空状態で噴霧して達成するのが最善の方法だと考えていたが、実際、永続的に優れた手法のひとつだった。蒸気圧縮真空凍結法はザーチン方式としても知られるようになった。[19]

イスラエルの研究者はザーチンの構想を検討したが、この方法が高額なパイロットプラントを建設する必要のない、夢のような打開策であるのかは判別ができなかった。ベン＝グリオンはこの構想に出資を継続するという判断をくだす。緊縮の予算を強いられる国にとっては大きな決断だ。「おそらくザーチンの発明は実用には適さないだろうが、しかし、成功する可能性もまた秘めている。成功すれば、われわれは投資に見合うだけの革命をなし遂げ、国際的な価値を得ることになるだろう」。日記のなかでベン＝グリオンは自身の複雑な心境をそのように吐露している。[20]

イスラエル脱塩エンジニアリング（ＩＤＥ）は、ザーチンの構想を実現する目的で政府によって設立された。ネイサン・ベルクマンはここで第一期の社員の一人として働いていた。政府としては、ザーチン方式の海水淡水化プラントについて、建設費用の支払いと建設リスクの負担を分散させようと、当時、シカゴを本拠地にして水関連の工業製品を製造していたフェアバンクス・ホイットニーと共同企業体（ＪＶ）を結成する。[21] 計画と建設と実験で数年を経たのち、この方式による淡水は、井戸水を汲み上げるよりも安価になるようなものではなく、どうしようもないほど高価な水になることが明らかになる。当初、ザーチンが予想していた一ガロン（三・八リットル）当たり一〇〇〇の一セントどころか、五セントをうわまわっていた。

ガロン当たりのボトル・ウォーターがガソリンよりも高く売られている世界では、一ガロン五セントの水は高価には思えないかもしれない。だが、一般世帯、とくに農業用水の場合、ガロン五セントでは作物の採算はとれなくなってしまう。事業化早々のつまずきだったが、ベン＝グリオン、エシュコル、提携先のアメリカ企業はさらに数年にわたって事業を推し進めることを決定、だがザーチンはといえば、本人が考案したシステムの失敗は、自分の発明に対する周囲の理解が足りないからだと他人の無能のせいにするばかりだった。[22]

ザーチンは結局、政府系企業をあとにしてほかの構想を追い求めていく。そして、新たな計画につぎつぎと手を出していくが、そのたびに自分の発明は誤解されていると不平を漏らしていた。[23]とはいうものの、本人が残した伝説には無視できないものがあった。

イスラエル政府は海水淡水化事業について、検討段階から具体的な行動へと展開していた。分野としてはまだ未成熟だったものの、国内にはすでに高い訓練を積んだ専門家集団が存在した。さらにザーチンが使用していた蒸気圧縮式は数年後、別の方式の部分工程において利用されるが、このときは大きな成果を現した。ザーチンによって生み出された技術的な専門知識は、イスラエルに大変革をもたらすものであったことが判明する。[24]

だが、おそらくもっとも大きな意義とは、ザーチンとイスラエルが早々の時点で海水淡水化事業に乗り出した事実を受け、淡水化に対して志を同じくしていたアメリカ大統領ジョンソンの関心を引きつけた点にあったのだろう。〝脱塩した水〟をめぐって、イスラエルとジョンソンは関心を共有することができたのである。

六日戦争による頓挫

エシュコルがワシントンDCを訪問した一九六四年、イスラエルは激動のときを迎えていた。予算においても膨大な支出を要した国営水輸送網が開業するのは、これから数日後である。国内の経済は離陸を始め、国の人口は急激なペースで成長しつつあった[25]。増加する人口と活発な経済で、イスラエルの水資源への負担はますます高まったが、その一方で、国家建設事業や散発的に起こるテロ対策への安全保障費で国の財政は逼迫した。エシュコルら訪米団一行は、公式訪問の実績でアメリカ－イスラエル間の関係を深めていけると喜んだが、その関係は今日ほど親密でもなければ緊密でもない。とはいえ、この訪米はイスラエル首相にとってまったくの表敬訪問でもない。エシュコルは、会談を通じてアメリカから貴重な財政支援を引き出し、それによってイスラエルの海水淡水化事業を促進させることを望んでいたのだ。

ジョンソンという大統領は望むものしだいで、タフにも穏やかにもなる人物として知られていた。エシュコルにとってこれほど魅力的な人物はいなかった。二日間の訪問初日に催された公式晩餐会で、ジョンソンは次のような言葉で乾杯の挨拶を述べていた。「首相閣下、閣下は今朝、私にこう言われたばかりです――イスラエルにとって水とは血液である。それならば、私たちはともに手を携え、きわめて有望な脱塩技術を通じてイスラエルの水不足に向かって戦っていきましょう。この技術を駆使して、乾ききった中東に住むすべての民に恩恵をもたらすように願いましょう[26]」。エシュコルにとって幸先のいいスタートだったが、これは本人の望むところではなかった。

翌日、両者はふたたび会談に臨んだ。乾杯の挨拶にあったように、ジョンソンの話題は海水淡水化に集中した。エシュコルに対してジョンソンは、「わが国が望むのは貴国が多くの水に恵まれることです。したがって、わが国は淡水化プログラムに関連する研究に着手する用意はできており、このプログラムによって貴国が必要とする水を供給することもできるでしょう。研究によって計画が実現可能と判断されれば、アメリカは完成に向けて協力を惜しみません」[27]。

淡水化事業の二大支出は、淡水化にともなうエネルギーのランニングコストと施設を新設する初期費用である。サウジアラビアのように、無尽蔵のエネルギー供給と資本プロジェクトを立ち上げるだけの豊富な予算に恵まれた国なら、莫大な費用を要しながらも、エネルギー効率に劣る巨大な淡水化プラントを建造できたし、事実、建造してきた。当時のイスラエルはこれというエネルギー資源が存在するとは知られておらず、プラントを稼働させるには石炭、石油、ガスは高価な費用を払って、海外から輸入しなくてはならなかった。

エネルギー源はともかく、プラント建設の償却費が稼働に必要な輸入エネルギーの代金にいったん加算されると、金額は国の予算枠に収まりきらなくなるのがエシュコルにはわかっていた。かりに当時のイスラエルが現在のような成長と成功を手にしていたにせよ、この国の国家予算には、数千万ドルあるいはそれ以上の金額が見込まれるフル規格のプラント建設の費用を購える力はなかった。とりわけ結果も定かではないような事業であればなおさらだ。そうした事情から、エシュコルはアメリカの援助を必要としていた。

ジョンソンにすれば、イスラエルがスタートを切る援助としてアメリカが用意する資金は、地政学上の対価であることをエシュコルに理解してほしかった。「この件（海水淡水化事業）に関しては、貴国に最大限の援助を提供しましょう」。首脳会談の議事録によるとジョンソンはこう言っている。「言うまでもなく、貴国が訪米されたことで、アラブ諸国からなにがしかの反発は寄せられるはずです。

しかし、それに関して心配はしていません。閣下とアメリカ合衆国にとって肝心なのは、われわれが友人であることを誰もが了解していなければならないという点です。ですから、この海水淡水化計画に関しては、推進を阻む理由などなにもありません」[28]。

エシュコルにはもう一点どうしても確認しておきたいことがあった。プラント建設にともなう資金援助の確約である。議事録にはジョンソンが援助を申し出たという明確な記述は残っていないが、事前に用意された大統領メモには、アメリカはイスラエルの海水淡水化プラントの建造に最高一億ドルの借款の用意があると記されている。当時としては莫大な金額だ[29]。資金供与ではなく貸付であったものの、メモに記されていた金額は、アメリカ政府が内務省塩水局の活動に対し、同局が創設された一九五二年から一九六〇年代初期を通じて支出された総額の二倍を超えていた[30]。

二日に及んだワシントンDCでの会談を終えると、ジョンソンはエシュコルをともないメイフラワーホテルへと向かった。ワシントンの高官の夫人たちを招き、エシュコル夫人のミリアムがこのホテルで女性限定の歓迎パーティーを主催していた。当時の慣例に従って、女性記者がパーティーの取材をカバーした。女性記者にとりかこまれ、ジョンソンもエシュコルも穏やかに取材に答えていたが、その様子は本当にうれしそうだった。ジョンソンは記者にこう答えている。「私たちは本当によく似ているんだよ。閣下も私も農家の出だからね」。そして、記者団に向かって、びっくりするような新事業があると伝えると、イスラエルとアメリカは淡水化プラント開発に乗り出し、これが完成したあかつきには「世界から砂漠や干ばつは一掃される」[31]と大統領は語っていた。

ジョンソンは官僚の手口に通じ、ほかならぬ自分の考えを計画倒れにさせてはならないと考え、イスラエル側と淡水化プラントの詳細を検討する交渉チームを立ち上げると、さらにイスラエルが構想する資金援助を算定するために「海外海水淡水化プログラムに関する庁間委員会」を設立した。[32]だが、一九六六年を迎えると国務長官ディーン・ラスクから、イスラエルの淡水化プラント計画は「政治的、経済的、融資的事項のさまざまな点」を理由に遅延しているとの報告を受ける。[33]ジョンソンは、有能な外交官として知られるエルスワース・バンカーをただちに特使に任命すると、[34]同年十二月、バンカーをイスラエルに派遣した。かの地でバンカーは二億ドルのプラント建造をエシュコルに提案したが、バンカーとしては資金の折半とアメリカへの返済に関してエシュコルがどう考えるのか、それについても知りたかった。[35]

ジョンソンにとって、淡水化プラントの建設は重要なプロジェクトであるのは明らかだったが、一九六六年後半、本人の時間と関心はもっぱらベトナム戦争に向かわざるをえなかった。大統領によってバンカーがベトナム駐在大使に任命されると、イスラエル政府を相手に淡水化プラント構想を調整する後任者が選ばれることはなかった。エシュコルにとっても水問題はすでに議題項目の筆頭を占めるテーマではなくなっていた。中東でも戦争の風が吹きつのりはじめていたのだ。ジョンソンの関心がベトナムに占められていったように、エシュコルの関心もまた一九六七年六月の第三次中東戦争（六日戦争）に拡大していく事態へと傾斜していく。

次にエシュコルがジョンソンと会談の機会を得たのは一九六八年一月のことで、テキサスにあるジョンソンの私宅LBJ牧場の来客として心からのもてなしを受けていた。このときの訪問で淡水化プラントの問題は、双方の関心や懸念のリストにおいて高い順番には置かれていなかった。[36]六日戦争の戦備増強中、長きにわたってイスラエルへの武器供与を担ってきたフランスが支援先を突然切り替え、アラブ諸国寄りへの転換を決定していた。アラブの宿敵に対する大勝利に満々たる自信を放っていたイスラエルだが、その一方でエシュコルやイスラエルの軍事顧問には、アラブ諸国が立て直しを図り、再軍備を進めることはわかっていた。武器の新たな支援をイスラエルは必要としていた。そして、アメリカがその供給元になってくれるのをエシュコルは望んでいた。

ジョンソンは武器輸出の返事をひとまず保留して来賓を失望させるが、その穴埋めをエシュコルに提案していた。三日に及んだエシュコルの訪米の最後を、アメリカはふたたびイスラエルに淡水を提供する事業に乗り出すという約束でジョンソンは結んだ[37]。それからほどなくしてジョンソンは、世界銀行元総裁のジョージ・ウッズに命じ、イスラエル側と海水淡水化事業に関する交渉を引き継がせている。イスラエル側の意見を聞いたウッズはジョンソンと面談に臨んだ。この年十一月におこなわれた大統領選挙の直後であり、このときの選挙への出馬をジョンソンは断念していた。

打ち合わせの席でウッズは大統領に向かい、イスラエルに対しては四〇〇〇万ドルの資金供与と一八〇〇万ドルの貸与を提案した。これを資金にすれば超大型の装置はともかく、小型の脱塩プラント建造には十分であることを確認すると、ジョンソンはこれで事業を進展させる用意は整ったと話していた[38]。

ホワイトハウスを引き払う三日前、退任の残務と責務に追われながら、ジョンソンはエシュコルに書簡を送り、そのなかでイスラエルの淡水化事業への援助に関する個人的な取り組みについて詳しく書き記していた。残された公務の一環として、連邦議会に対し、イスラエルの淡水化プラント建設に必要な全資金を供出するよう要求したことをエシュコルに伝えている。間もなくこのプラントが「日に四〇〇〇万ガロン（一五万立方メートル）もの真水」を生産するだろうと、ジョンソンは自負と興奮がなかばした様子で書簡をしたためた。これに対してエシュコルは、ジョンソンの活動こそ、中東における経済的進歩の促進と平和の実現を左右するものだと答えていた。[39]

世界を変えた一三人のエンジニア

イスラエルの淡水化プラントに出資するというジョンソンの約束は何度も遅延した。後任大統領リチャード・ニクソンは、選挙期間中こそこのプロジェクトに対する資金供給を支持していた。だが、就任した時点で、計上はされているものの、まだ支出されていない予算について、ニクソンは自分なりの使い道を計画していた。[40] さらに言えば、政府の予算というものは配分の過程で徐々に目減りしていくもので、とくに小切手を切ったとき——この場合は内務省塩水局——と、その金を供託される側——つまり、資金をどうしてもほしいイスラエル政府——で、資金の使い道の見解が異なる場合はなおさらだった。ネイサン・ベルクマンは、イスラエルから打開策の提案がないまま、アメリカが送金してくれるような幻想は抱いてはいなかった。アメリカ自身が資金を必要とするプロジェクトを自国に抱えている——そんなふうに考えていたことをベルクマン本人は記憶していた。[41]

イスラエルの海水淡水化調査機構は——規模は劣るが、制度上の位置づけはアメリカの内務省塩水局に相当する——一九五九年にザーチンの構想を実現化するために設立された小世帯の局だった。ザーチンの構想が実現不能と判明して本人が局を去った一九六六年、グループを引き継いだのがベルクマンであり、ニューヨークでＭＢＡを取得、職業人としてスタートを切ってからこの時点で六年が経過していた。

「今日の海水淡水化事業でイスラエルが果たしている役割を知るなら、草創期の様子がどんなものだったかは想像できるものではありません」とベルクマンは言う。「ザーチンの構想が駄目になってからは、これにかわる別の技術が必要だと考えました。それは決定的な打開策を模索すると同時に、自分たちの職を守るためでもあったのです[42]」。

この時点で局――イスラエル脱塩エンジニアリング（ＩＤＥ）――は総勢一三名のエンジニアで構成されていた。ベルクマン自身は経済学と経営管理学を専攻し、エンジニアリングとは無縁だったが、週に一回、局員であるエンジニアを招集すると、もっぱら淡水化の新たな手法をテーマにブレンストーミングをおこなうほか、世界の別の地域で取り組まれているアイデアに関して評価を加えていた。

ブレンストーミングを重ねていくうちに、チームのエンジニアは新たなアイデアをいくつか生み出すようになっていた。こうしたアイデアには時に、海水を淡水化するには効率性や経済性の点でまだ手法が確定していないものもあった。だが、ザーチンが開発した手法のうち、凍結とは無関係のある一定の機械的な要素を結びつけたり、こうした要素に水を加熱して蒸気を生成するさまざまなコンセプトを組み合わせたりすることで、チームは海水淡水化の手法に関し、エネルギー効率に優れた二通りの方法を新たに生み出していた。この方法は今日では世界各地で使用されている。

ひとつめの方法が蒸気圧縮法（ＭＶＣ）で、非常に信頼性が高く、予期しない停止による損失が経済的に認めがたい環境のもとで使われている。ＭＶＣが採掘作業で用いられているのは、真水が手元になければ水力採掘は停止せざるをえないからである。ＭＶＣのマイナス面は、一貫性を確保すると運用コストを押し上げてしまう点で、そのため海水を大規模に脱塩して淡水を生産するにはあまり望ましい方式とは言えない。

ＭＶＣを研究している際に考案されたのが二番目の方式で、これは多重効用法（ＭＥＤ）と呼ばれる蒸発式のバリエーションである。ＭＥＤそのものの仕組みが発明されたのは一八〇〇年代後半で、たとえば果汁を蒸発させて天然の糖分を抽出するなど、さまざまな工業工程で利用されていた。同じ原理で、海水から真水をつくり出す方式としてMEDが使われるようになったのである。

イスラエル脱塩エンジニアリングのエンジニアが考案したMEDは、蒸気を発生させるために従来から使用されてきた蒸発室にかわり、結合したアルミニウム管を利用するというものだ。従来法やそれまでのどの素材に比較しても、アルミニウム製のパイプは熱の保持や伝導の点で効率性に優れているので、高温の維持が可能になり、その結果、処理中に水を加熱するために必要な新たなエネルギー源を減らせた。イスラエルのMEDは、ほかの加熱式の淡水化方式よりもエネルギー使用量は少ない。当時、発展段階にあった海水淡水化の分野において加熱工程中に飛躍的なコスト改善をもたらした。[43]しかし、一九六〇年代末期にイスラエルのMEDが公表されたころ、この方式はたしかに興味深いものであるにしても、現実の装置に導入された場合、はたしてきちんと機能するかどうか確実ではないとそんなふうに大勢から見なされていた。

一九八〇年代中盤、アルミニウム管を使ったMEDのパイロットプラントが建造されると、この方式に対する疑念は一変する。アメリカからの特別供与とイスラエル側の資金を合わせた二〇〇〇万ドルを得て、[44]イスラエル南部の地中海沿岸の町アシュドッドにパイロットプラントが建造された。[45]アメリカからのギフトは中断の期間中にほかの人間の手によって修正は加えられたが、ジョンソン大統領によって始まり、長い経過を経てようやく実を結んだ果実だった。

なかなか得ることのできない資金にイスラエルのいらだちもひとしおではなかったが、アメリカの内務省塩水局の建前を重んじた官僚主義的な仕事の進め方も、イスラエルにとってはむしろ功を奏した。[46]

イスラエルの淡水化プラントは、一九六四年の時点でジョンソンが考えていた一億ドルをしたまわる金額で建造された。しかし、国内で淡水化プラントを稼働させるという壮大な夢は、アメリカの官僚主義をも動かすことにひと役買っていた。建造されたパイロットプラントの規模は小さく、これでイスラエルの真水の供給をまかなえるものではなかったとはいえ、イスラエルで発案されたＭＥＤの効率性は、海水淡水化装置の開発と実現に関して、次なる一歩となることを証明するだけの大きさは十分に備えていた。

海水淡水化プラントで世界企業に

一九六〇年代の時点ではアルミニウム管を使ったＭＥＤはまだ開発中で、むしろベルクマンはある可能性を秘めた問題に不安を募らせていた。その問題は思いのほかさしせまっていて、ベルクマン自身にも関係していた。ザーチンの凍結方法は結局ものにならず、アメリカの資金供与もいつになるかわからない状況で、このままでは次年度の予算審議でイスラエル脱塩エンジニアリングは解消されることにベルクマンは脅えた。仕事を守ろうと躍起になったベルクマンは、イスラエル脱塩エンジニアリングを国庫への依存から自立させる道を模索することを決断する。

一九六〇年代の終わりから七〇年代初期にかけ、ほかの国でも海水淡水化で水問題の解決を図ろうとしていた。ベルクマンは政府系組織であるイスラエル脱塩エンジニアリングを民業に参加させようと決めると、局内で所有している海水淡水化のノウハウの販売を始めた。「これは自分一人で決めました。当初、この件については誰にも明らかにはしていません。できるだけひと目に触れないまま、次にわれわれを目にしたときには、ここは政府のお荷物になっていないとそんなふうに見てほしかったからです。私たちにとっても、淡水化プラントに関する具体的な経験を深めていくうえで願ってもないアイデアだと考えました」[47]。この判断によって、イスラエル脱塩エンジニアリングは国に所属しながら、政府系組織として利潤追求のビジネスに転換していったのである。

ベルクマンはイスラエル脱塩エンジニアリングの名称をIDEテクノロジーズと変更すると、この会社は海水淡水化装置を手がけていると発表した。最初の問い合わせが舞い込んだのはそれからしばらくしてからで、スペイン領の小さな群島、カナリア諸島に蒸気圧縮法（MVC）のプラントを設置するという案件だった。この商談に続いたのが、当時はまだ友好関係にあったイラン政府からの案件である。MVC方式の小規模な海水淡水化装置をイラン空軍の基地に数基設備するというものである。イスラエルの政府系淡水化メーカーはたしかに繁盛した。

一九八〇年代、IDEは国内の政府系の別の企業と合併、さらに九〇年代のイスラエルでブームになった民営化事業の一環として会社は売却された[48]。政府系の組織として収益活動を高めていくIDEをベルクマンは在任中二五年にわたって監督したが、その間にこの会社は三〇〇基をうわまわる海水淡水化プラントの設計、建設、施工と管理・運営を手がけてきた。ベルクマン時代に扱った装置は小型のものが多かったが、「いずれのプラントも、当時としては最先端のものばかりでした」と、IDEの現上級役員であるフレディ・ロキエクは言う。「前例の発想をただ踏襲するような真似は決してしません。それぞれのプラントについて、これまでの実績を勘案して、その都度新たなことはできないのかと模索してきました」[49]。

ここ数年、IDEは世界でも有数の規模の大型プラントを建造してきた。アメリカ大陸最大の装置はカリフォルニア州カールスバッドの施設で、一日に五四〇〇万ガロン（二〇万四〇〇〇立方メートル）の真水を生産している。[50] 中国最大[51]（日産五三〇〇万ガロン・二〇万立方メートル）、インド最大[52]（日産一億六〇〇万ガロン・四〇万立方メートル）の施設もやはりIDEが建造したプラントだ。中国の装置はMEDに特化していて、インドの施設ではMEDの複合方式が採用されている。また、イスラエルの国営水道会社メコロットも、規模でこそIDEには劣るものの、海水淡水化施設の建造と運営については独自の足跡を残してきた。

イスラエル国内の脱塩水の供給に関しては、当然のことながらIDEが開発の中心を担ってきた。国内最大規模の三基のプラントがIDEの手で建設・運営され、そのうちの一基、テル・アヴィヴ南方約一〇マイル（一六キロ）に位置するソレクに建造された施設は世界最大にして最新で、一日に一億六五〇〇万ガロン（六二万立方メートル）の淡水を生産している。[53]

国営で進めるか民営化するか

ベン＝グリオンが夢見ていたのは、ある日、脱塩された真水が満ちあふれ、その水によってこの国がくまなく変化を遂げることだったのかもしれないが、本人にできたのは砂漠に花を咲かそうと鼓舞する演説で、そのとき予算について言及されることはなかった。雨水、帯水層、ガリラヤ湖の湖水など、ただで手に入る水やあるいは非常に安価な水と、こうした事業の予算が比べられてしまうと、予算に反対する声がわき上がり、夢想家たちを断固として圧倒してきた。一九五〇年代終わりにザーチン方式で脱塩した淡水がはじめてつくられてから数十年を経て、海水から生産した淡水のコストは一五分の一までにさがったが、しかし、一九九〇年代初期においては、水資源としてはやはり高価なものだった。

ローネン・ウルフマンは、一九九〇年代、財務省主計局の上級職員としてインフラ部門を担当していた。当時、ウルフマンはイスラエルの海水淡水化装置建造の手強い反対派だったと自称する。「第一に建造費が高すぎますよ。技術のほうは絶えず向上しているのに、一度建造すれば何十年と使いつづけなくてはならない巨大プラントを認めるわけにはいきません。私としてはできるだけ先延ばしにしたかったですね。二番目に、農業用水として処理された再生水がまだ十分に使いつくされていない点です。なにごとであれ再生水の利用を阻むような施策は望んでいませんでした。三番目に、農業用水への配分を大目に見たのが原因で、国内農家の選定作物が適切ではないという点で、これははっきりしています。作物の種類を変更すれば、大量の水を節約することができたのです」[54]。

財務省主計局では他の政府機関と共同して、水の利用効率がもっと高い作物に転作するように農家を指導していた。その結果、イスラエル国内で栽培されていた綿の総生産量――綿は生産に大量の水を使用――は約七〇パーセントが削減されている。水を大量に使わずに育成できる作物の研究に対しては補助金が支給されていた。さらに、国中の廃水を捕捉する運動を全面的に後押ししたが、それは廃水を農業用水として可能なかぎり再使用するのが目的だった[55]。

雨乞いの祈願は天に聞き入れられ、天の思し召しにもあずかった――だが、それは海水淡水化推進に水をさすという結果をもたらす。イスラエルでは数年ごとに、冬になると豪雨に見舞われる。そのたびにガリラヤ湖の水は満たされ、国の帯水層も涵養されたが、イスラエル水委員会の政策担当者や財務省の内部では、この雨を根拠にして海水淡水化事業への取り組みを拒んでいた。

このような優柔不断ぶりを無責任だと考えたのがテクニオン大学の二名の教授で、水資源に対する国の優先事項についてはまだ誰も口にする前のころでしたが、「気候変動についてはまだ誰も口にする前のころでしたが、しかし、イスラエルがふたたび干ばつに見舞われるのは単に時間の問題にすぎないとわかっていました」と海水淡水化が専門のラフィ・セミアト教授は語った。「こうした干ばつのひとつによって、イスラエルが圧倒されるのは避けられないでしょう」[56]。

セミアト教授とテクニオンの同僚ダヴィド・ハッソン教授の二人は、政策決定のプロセスに働きかけることを決断した。「インフラ計画では長期のリードタイムが必要だという点を踏まえたうえで、この国のリーダーたちが一年や二年の大雨を言い訳にすることをやめ、避けようのない判断、つまりこの問題に対処するには技術的に進化した解決策が必要だという判断にきちんと向かいあってほしかったのです」[57]。二人はイスラエル脱塩協会を設立、問題解決には海水淡水化が有効だと啓蒙し、またその唱導を目的に一九九五年から年次総会を開催している。

さらに重要だったのは、冬の降雨をじっと待つことに賭けるとか、この問題が比較的容易な対策でしのげるようなものではないと二大有力政党の指導者がようやく信じるようになったことだった[58]。当時、国土基盤省の大臣でのちに首相となるアリエル・シャロンは、海水淡水化事業は避けて通れない問題になるとただちに結論づけた[59]。一九九九年の選挙でシャロンが入閣していた政権が敗退、アヴラハム・バイガ・ショハットが新内閣のもとで財務相に就任すると、海水淡水化事業は精査する必要があると決定した。

このときの就任に先立って、ショハットは一九九二年にも財務相を務めており、当時、財務相という立場から、この国が深刻な干ばつに襲われた場合を見越し、水問題に対するインフラ上の対策に関する論議に深くかかわっていた。しかし、財務相としての最初の任期では海水淡水化事業などの対策をめぐる結論は、大雨が降るたびに棚上げされた。一九九九年遅く、ふたたび財務相に返り咲くと、ショハットは閣僚を招集して海水淡水化事業を本格化する時期であるのかどうか、閣内でのコンセンサスづくりにひと役買っていた[60]。

事業の推進に先立ち、淡水化のほかに有効な代替案がないか、ショハットはこの点を確実にしておきたかった。大きな関心を引いた提案がひとつあり、それはトルコから水を輸入してはどうかというものだ[61]。当時、イスラエルとトルコは政治的にも軍事的にも協力関係にあった。今日では、トルコもまた水問題を抱えているが、その原因はもっぱら管理上の手抜かりと過剰な使用にあるものの、二〇〇一年当時、トルコは豊かな水資源国で、余剰分で外貨を稼ごうとしていた。両国の関係がこれによって深まると考えたイスラエルの軍部は、この案に大いに乗り気になった[62]。しかし、さまざまな点から検証した結果、トルコから水を輸入するという選択は、戦略上の観点ばかりか取引価格の点を理由に却下される。自国の水の供給をトルコに依存しないという判断は、地政学的にも正しい判断にほかならなかった[63]。

ショハットと関係閣僚に課されたもうひとつの重要な決定は、淡水化プラント施設の建造は政府が主体となって実施するのか、それとも公開入札に付して、厳重な契約条項に基づいて民間に委託すべきかどうかという判断だった。おもだったプロジェクトは政府系機関に委ねるというのがイスラエルの従前からの伝統で、メコロットも多目的の国営水道会社として、内陸部の半塩水の脱塩事業に関してたくさんの経験を積んできた。

ローネン・ウルフマンや主計局の面々は、当時、民間企業に委託して高速道路を建設した直後だった。ウルフマン自身、淡水化プラントの建造を支持していなかったものの、メコロットや他の政府系事業体に任せるよりは民間企業のほうが優れていると確信していた。「プロジェクトに関連する支出の責任が誰かはっきりしているだけではなく、民間企業のほうが政府よりもいい結果を出してきます。メコロットのような政府系企業も民間にはかないません」とキブツで生まれ育ったウルフマンは言うが、皮肉にもそう口にした本人が後年メコロットのCEO（最高経営責任者）に就任する。現在はハチソン・ウォーターの役員の一人だが、中国とイスラエルの合弁企業であるこの会社は、イスラエルにある巨大海水淡水化施設の株主の一社でもある(64)。

民営路線を選択した政府は、イスラエルのIDE、フランスのヴェオリアやその他の企業からなる国際コンソーシアム（企業連合）を入札で選び出す。選定の際の留意点として、海水淡水化技術の専門性の高さや融資能力にとどまらず、合意した二五年の稼働期間について、最後まで施設の運営にきちんとかかわりつづけられるパートナーであるのかという点も重視された。建設予定地はイスラエルの地中海沿岸部にあるアシュケロンで、IDE－ヴェオリアが操業、契約の終了とともに施設の所有権は政府に返還される。これに対してイスラエル政府側は、生産された一定量の淡水を規定の年額で購入、提携企業はキャッシュフローを保証できるようになっていた(65)。

新たな海水淡水化プラントを設計するうえで、IDEとヴェオリアのあいだで重大な取り決めがいくつか交わされたが、なかでももっとも重要だったのは、海水を淡水化する際にどちらの方式を使用するのかという決定だったはずだ。このときから数年前、IDEはアルミニウム管を使ったMED方式で淡水化の世界に革新をもたらし、何十という海外の施設で採用されていた。アシュケロンでもMED方式を採用するのが筋は通っている。だが、IDEもヴェオリアも、さらにエネルギーの効率性に優れた方式を採用する話で合意する。それが逆浸透法（RO）と呼ばれる方式で、この方式についてIDEはほとんど経験をもっていなかった。ただ、偶然にも逆浸透法はイスラエルと深いかかわりをもっていた。

「逆浸透膜」を開発した男

海水には真水と塩分をはじめとするミネラル分が混じり合っている。海水が逆浸透膜を通過するとき、海水は真水となって一方方向に押し出され、塩の分子は透過されずに残っている。分離されたブラインと呼ばれる残液は海中にふたたび戻されるが、同様のプロセスでミネラル分やほかの不要な成分を原料の海水から取り除くことができる。取り除かれる成分にかかわらず、鍵となっている部分が浸透膜だ。

逆浸透膜は海水を念頭に開発されたものではなく、本来は半塩水の淡水化を目的にしていた。半塩水は海水よりも塩分濃度が低く、いわゆる化石水と呼ばれるもので、先の地質時代で水が地中に封じ込められて手つかずのまま残り、その間に程度の差こそあれ、塩分とミネラルが地下にある水源に浸透していった。半塩水は淡水と海水が混じり合うように、河川で淡水と海水が出会う流域でも生成されている。

一九六〇年代はじめ、当時、四十代だったテキサス生まれのシドニー・ローブは、カリフォルニア大学ロサンゼルス校（UCLA）で、ケミカルエンジニアリング分野においてとりわけ発展がめざましいジャンルの研究に没頭していた。特別に製作した浸透膜を透過させることで、半塩水を飲用可能なほどの真水に浄化できるのか、ローブはそんなことを調べていた。共同研究者とともにナノサイズの孔をもつ浸透膜を開発、この孔は純水が通過するには十分な大きさだが、塩や溶液中のほかのミネラル分の分子が通過するには小さすぎた。(66)

一九六五年、ローブが開発した浸透膜は、実験のためカリフォルニア州の小さな町コーリンガに運ばれた。この町の水にはミネラル分が過剰に含まれ、決して飲めるようなものではない。町で必要とされる水はいずれも、よそからわざわざ列車に積んで運んでこなければならなかった。そして、実験がコーリンガの町の将来のみならず、海水淡水化の未来もまた変えることになったのは、ローブが開発した浸透膜によって飲料不能だったこの町の水を精製することに成功したからである[67]。

ローブにビジネスのセンスがあれば、開発した逆浸透膜を売り込むことができたのかもしれない。特許は申請したが、それからとくになにもしてはいない。同じころ、ローブ本人の結婚生活が破綻しつつあった。一九六六年、九カ月間のプロジェクトのため、イスラエルへの渡航を要請する機会にローブが応じたのは、本人が仕事を求めていたことと、カリフォルニア州では、夫婦が一年間の別居状態にあれば訴訟手続きなしで離婚が認められていたからだ。ローブにはこれがはじめてのイスラエルだった。このときの渡航でローブ本人は生まれ変わる。そして、九カ月の滞在は結局一生に及ぶことになった[68]。

アメリカではまったく無名の科学者だったが、ローブはイスラエルという国を深く考える者としてこの国に受け入れられた。ネゲヴ砂漠の地下には、何兆ガロンにも及ぶミネラル含有の水が存在すると信じられていた。化石水の一部は、地元の開発で細々と利用されてはいたものの、内陸部での淡水化施設の取り組みは高くつくうえに、困難に見合うだけの価値はないと見なされる場合がほとんどだった。それだけに、ローブの浸透膜は有効な解決策であると考えられていた。ネゲヴ砂漠の南部、キブツ・ヨツバタで実施された半塩水の脱塩実験はみごとに成功、その世界ではローブはちょっとした有名人になっていた[69]。

科学者としての評価もさることながら、このころのローブには意中の女性がいた。まだ十代だった一九四六年にイギリスからイスラエルに移民してきた女性である。ローブ本人はほぼアメリカに同化したユダヤ人だったが、渡航した時期は第三次中東戦争（六日戦争）のころに重なったことが、本人の心の奥底にある民族意識を目覚めさせる結果になったようである。

三年近くに及んだ滞在ののちにローブは帰国、ロサンゼルスに戻って妻と離婚した。そしてイスラエルで知り合ったミッキーと間もなく結婚する。しかし、イスラエルで積んだ本人の業績はそのままアメリカで通用することはなかった。母国に戻ってはみたものの、本人の評価にふさわしい研究の場が与えられないばかりか、コンサルティング会社を立ち上げるために奔走したのも束の間、会社は設立から日を置かずに解散した。それだけに、のちにベン・グリオン大学（当時はネゲヴ研究所）となる研究所の化学工学部門に招聘したいという連絡が所長から寄せられたときには、本人もふたつ返事でこの幸運に飛びついていた[70]。

イスラエルに戻ったローブは、自身の逆浸透法をIDEのネイサン・ベルクマンらに提供したが、ベルクマンにしてみればこの方式が自社のMED方式にまさる解決手段と思えるものではなかった[71]。「シドは商売っ気のひとかけらもない人で、自分や自分の腕の売り込み方にも無頓着だった」と妻のミッキーは言う。「自分が発明した逆浸透法であの人が生きているうちに手にしたロイヤルティーは一万四〇〇〇ドル。信じられますか。何十億ドルという産業にまでなったアイデアに一万四〇〇〇ドルですよ[72]」。

ミッキー・ローブの評価について、さらに公平な立場にある人物はこう認める。「シドニー・ローブにとっての逆浸透法は、ライト兄弟にとっての飛行機であり、ヘンリー・フォードにとっての自動車、あるいはエジソンの電球に相当するものです」。こう語るのはアメリカ人でこの業界をよく知るウォーター・デサリネーション・レポート誌の編集長トム・パンクラッツだ。「ローブ以外の人間によって膜事業は手がけられ、ここまで発展を遂げてきたのはたしかですが、しかし、彼らは創設者にすぎません。シドニー・ローブこそ〝逆浸透法の父〟です。その名声にふさわしい見返りや、あるいはほかの人物が得ているだけの報酬すらローブは手にしていません」[73]。

いろいろな話を聞いてみると、どうやらローブという人物はめったにお目にかかれないほど優しくて慎み深い人間だった。しかし、アシュケロンの海水淡水化プラントに逆浸透膜が採用されたのをその目で見るまで生きたのは、本人の生涯の仕事を確かめることにもなった。二〇〇五年の竣工式には本人も列席したが、それから三年後に息をひきとり、結局、逆浸透膜によって処理された海水がイスラエル、そして世界をどのように変えたのか本人は目にすることはなかった。そもそもは内陸の半塩水から塩分やミネラルを除去するというかぎられた使用に始まるものだったが、今日、逆浸透法は海水淡水化方式の主要テクノロジーとなり、世界の淡水化プラントで精製される真水の六〇パーセントを占めている[74]。今後、旧来のプラントの引退にともない、逆浸透膜による濾過の役割はますます大きくなっていくだろう。

「水の安全保障」を確保するために

脱塩によって真水は製造できるが、その真水は天水や湖沼や河川、あるいは帯水層などの天然の水源に比べると常に高くついてしまう。それだけにアシュケロンの淡水化プラントは驚異的だった。逆浸透膜を使用することで、製造された水は清浄度、塩分濃度の低さ、透明度の高さなどの点で品質を極めただけではなかった。価格は、政府が海水淡水化に踏み切った際に受け取っていたいずれの試算額を五〇パーセント以上もしたまわっていた。これほどの低価格であることを受け、当時の政府はIDEとヴェオリア側に対し、このプラントの日産量を八〇〇〇万ガロン（三〇万立方メートル）に倍増させるよう要請していた。[75]

しかし、二〇〇五年遅くに竣工したアシュケロンの施設は、このころ操業を開始したばかりである。二〇〇七年のパルマヒム、二〇〇九年のハデラと地中海沿岸に海水淡水化プラントが開業すると、二〇一三年にはソレクに超巨大なプラントを備えた施設が完成した。パルマヒムとハデラの両施設とも、規模はさておき、いずれもそれ自体にきわめて革新的な技術が導入されていたが、ソレクの場合、技術面と融資面の独創性はまさに驚異的だ。コスト低減のため、昼夜を通じて低価格電力やオフピーク電力で集中生産がおこなわれており、こうした特徴など技術的には容易そうだが、簡単に達成できるものではない。[76]

海に面した土地は地価が高く、そのためソレクの施設は地中海から一マイル（一・六キロ）内陸に建設され、さらに取水や淡水処理後に残る濃縮塩水のブラインを拡散装置で海に戻している地点――これは別々のパイプを経由――からは約二マイル（三・二キロ）離れた地点に建設された。海岸と施設のあいだには建物が密集しているため、この区間の大部分は開削をしないまま巨大なパイプを敷設しなくてはならなかった。そのため建設に際しては、地中海へといたる水路は推進工法、つまり推進器によって地下を掘り進み、そこに細切れのパイプ部品をつないで進む工法が採用された。

建設費用四億ドル、ソレクの海水淡水化プラントはどこでも真似して建造できるようなものではないだろうが、ここの施設はとりわけエネルギーの管理と節約に秀でており、今後建設される逆浸透法のプラントにはこの革新的なテクノロジーが残らず浸透していくだろう。建造はIDEと中国－イスラエルの合弁企業であるハチソン・ウォーターで、水質規制と魚類への影響に関して、数年前であれば考えつかなかったような環境保護を実現している。

アシュケロン、パルマヒム、ハデラ、ソレク、それから国営のメコロットがアシュドッドで運営するプラント、さらに半塩水を脱塩している逆浸透法のプラントを加えると、イスラエルでは日々五億ガロン（一九〇万立方メートル）近い量の真水が塩水から生産されている。一〇年前にはわずか数基の装置がほそぼそと半塩水を脱塩し、海水淡水化は地中海から遠く離れたイスラエル最南端の町エイラートに小規模なプラントが一基あるだけだった。かりに脱塩水をもっぱら一般世帯向けに供給し、この水に帯水層の水や井戸水、ガリラヤ湖から汲み上げた水を混ぜることもないまま送水していたにしても、現時点での送水量は、一〇年前のほぼゼロパーセントに等しいレベルから、一般世帯向けの九四パーセントに相当する量を供給できるまでに増えたことになる。(77)

海水淡水化はイスラエルの水事情を根底から変え、その影響はこの国の社会のすみずみにいたるまで感じられる。イスラエルの環境、経済、インフラ、修景、公衆衛生にとどまらず、パレスチナ、ヨルダンをはじめとする近隣諸国との関係にさえ脱塩水を豊富に使えるようになるまで影響は及んでいる。そして、いずれの分野においても、時間とともに拡大していく恩恵だとイスラエルでは見なされはじめている。

新たな水を大量に得た変化は、この国の自然と最近の大候パターンの変動をめぐり、向き合い方が変わった点にもはっきりとうかがえる。「私たちは気候変動の問題に先行して取り組んできました」と語るのはイスラエル水委員会の元委員長シモン・タールだ。「それは海水淡水化だけにとどまりませんが、ただ、脱塩処理された新たな水に、取り組んでいるもろもろの事業が重なることで、たいていの苛酷な気候条件に対し、われわれにも免疫ができたということです。干ばつは聖書の時代から中東をさいなんできました。しかし、現在では干ばつが長期化してもイスラエルはもちこたえられます。もちこたえられるから、農家も企業も望んでもいない自然災害を抜きにして計画を立てられるようになりました」[78]。イスラエルの経済パフォーマンスは一貫して力強いが、それでも景気循環や国際競争には今後もさらされていくだろう。だが、水不足によって工業や観光業、農業の成長が阻まれることはなくなるはずだ。

それだけに、海水淡水化だけでイスラエルの水問題はきれいさっぱりと解決できるのではないかと、そんなふうにも考えてみたくなるが、それは実態とはまったく異なる。イスラエルの水の安全保障は、多種多様な手法と技術がひとつになることで担保されているのだ。海水淡水化はこうした組み合わせのなかでもっとも重要な位置を担っているが、しかし、それだけで安全保障が確保できるわけではない。巨額の費用がともなううえに、安全保障上のリスクも小さくないので、イスラエルの水源をこれひとつに限定するどころか、主水源にすることもできない。

もっとも、海水淡水化による真水で、この国の数ある国家安全保障のひとつには対処できるだろう。ＧＤＰ（国内総生産）に対する農業の寄与率はかなり低く、手持ちの外貨量の点からも、国産の農産物ではなく食糧輸入を利用することでイスラエルは農業部門を徐々に縮小することもできたはずだ。それだけで海水淡水化プラントの建造は不要になり、国民に日常用水の制限を強いる必要もなくなる。だが、この国の戦略立案者の念頭には、中東におけるイスラエルの孤立と地政学上の不安定ぶりが常につきまとう。イスラエルの食糧自給率は一〇〇パーセントではないので（飼料の大半は輸入）、国は国内の食糧生産について完全な自給自足、もしくは相応の生産量を求めている。ただ、こうした状況に戦争や禁輸措置、干ばつが重なったにしても、この国の国民が飢えに陥ることがないのは、水の供給が保証されているからなのである。

「海水淡水化とは、他人をあてにしなくてもいいということです」。アリエル・シャロンとエフード・オルメルトの二人の首相のもとで首相府長官として仕えたイラン・コーエンはそう語った。「国家予算の他部門を削減しても、海水淡水化のインフラ整備は推進してきました。これがあるから私たちはみずからの運命をコントロールできるのです。ほかにも似たような国はあるでしょうが、敵に囲まれているかぎり、イスラエルほど海水淡水化施設を必要とする国はありません」(79)。

さらに、多くの国と同じように、イスラエルの場合も農業は単なる食糧の供給源とか、あるいは国の経済への貢献だけにとどまるものではない。イスラエルの農業は、対GDP比二・五パーセントとは思えないほどの貴重な社会的役割を担っている。この国の人口は比較的かぎられた数の首都圏に過剰に集中している。都市部では広々とした緑地がかぎられ、小国でありながら農場や耕作地から少し離れてしまうと誰も居住しておらず、農業地帯は自然の景観という点では重要な役割を担っている。

耕作地は国土を押し広げ、都市部が無秩序に拡大していくことに制限を加えるだけではなく、国境に隣接してコミュニティーを配置する伝統を守るうえでも役に立っている(80)。もともとこれは、境界が侵された場合に備えた緩衝地帯として始まったが、同時に、国境を侵そうとする集団がひしめく地域で、侵入を絶えずうかがっている相手に一線を設けることも意味している。

イスラエルでは、新たに製造された水という水が環境改善を推進させるために使われるだろう。すでにこの国の河川は水量を増やしているし、緊急に取り組む必要があった課題についても新しい水がひと役買っている。この国の帯水層は過剰揚水で危機に瀕していたのだ。

地中海沿岸に点在する五基の淡水化プラントの開業では、完全に脱塩しない方法でコストの軽減が図られた。塩分濃度は、ガリラヤ湖や国内の他の水源から取水した水に合わせたほうが理にかなっている。ある程度の濃度に達しなければ人の味覚は塩辛さを感じないので、塩分は技術的に達成している「超」がつくほどの低濃度まで処理する必要はない。また、イスラエルでは水源の異なる各種の水がこうした脱塩水に混合されて供給されていることもあり、完全に脱塩されていなくても実際は無塩の水に等しい。国民が摂取する総塩分量も低下し、農業や公衆衛生の点ではプラスに作用している。

灌漑に使われる用水も塩分を減らし、土壌と作物に対する負担を軽減しつつある。飲料水の塩分を減らしたことによる健康面の恩恵を別にすれば、沿岸部の帯水層の場合、脱塩工程によって硝酸塩の濃度も低下するので、妊婦や赤ん坊の健康にもプラスになるばかりか、帯水層もまた涵養が図られ、塩分が希釈される好機となる[81]。

こうしたいいことずくめに加え、水分中のミネラル成分が軽減したことで、イスラエル国内で使用されているボイラーや工業機械の交換ペースが間遠になっていった。予想もしなかったこの経済効果は、ＧＤＰベースで年間数億ドルも寄与している。また、効率的なコスト削減の結果、すでに十分低価格だと見なされていた淡水化の経費はさらに約三分の一も軽減している[82]。近年、地中海沿岸のすぐ近くの沖合で、巨大な天然ガス田が発見されたが、この天然ガスが淡水化プラントの動力として使用されるようになれば、淡水化の恩恵はますます拡大していくとともに、トータルコストはさらに低下を続けていくだろう。

近隣諸国との関係を深める機会は、水の供給拡大がもたらした無形の恩恵のひとつだ。イスラエルは、一九九四年にヨルダン王国と平和条約、一九九五年にはパレスチナ自治政府とのあいだでオスロ合意Ⅱを調印、これらに基づき双方に水を供給している。(83) 気候変動や人口増加、あるいは国の繁栄に従って、パレスチナとヨルダンで今後も水の需要が高まるかぎり、両者に水を補給できるのはイスラエルしか存在しない。それは気候のパターンが変化するか、あるいはパレスチナとヨルダンが独自で十分な量の代替水を生産できるまで続くだろうが、それだけの水を生産する能力がイスラエルには備わっている。こうした相互依存を通じて、それぞれが共存する新たな機会が育まれ、さらに親密な関係にいたる兆しさえ醸成されるかもしれない。

一方、イスラエルとしては、国の人口は増加しつつも天然の水資源の供給は縮小しつつあり、現在では、人口増加や経済上の水需要にかかわらず、水に関してはもう心配する必要はないという自信さえ抱くようになった。いまのところ新規の海水淡水化プラントを建造する計画はないが、さらに必要となる場合に備えて立案者はすでに候補地を策定している。

そもそも建国時からイスラエルは天然資源とは無縁で、豊富な水もなければ、石油や天然ガスのようなエネルギー資源もないまま、この国の社会を立ち上げていかなくてはならなかった。一国の経済の主要な促進力として、また、中東の一画から長足の進歩で抜け出し、さらに大きな世界に進出するために不可欠な手段として、知力やイノベーションが高く評価されていたのもそうした理由からだった。イスラエル沖合で最近発見された天然ガス、ネゲヴ砂漠の地下に存在すると目される膨大なシェールガスはいずれもまだ採算ベースには乗っていないものの、イスラエルの経済モデルは来る数年のうちに変化の時を迎えるだろう。それが現実になった際には、変化のプロセスを後押ししていくのが大量の水の存在であり、その多くは海水淡水化によって裏づけられた水だ。イスラエルはこれからも長い期間にわたって〝起業国家《スタートアップ・ネーション》〟でありつづけそうだが、同時にこの国は〝資源国〟としても成熟していくのだろう。

そして、海水淡水化の分野で国が世界的なリーダーとなるうえで、イスラエルの水関連企業は、科学に基盤を置いた経済を推進していく後押しとなるだろう。オフピーク時の電力を使用した新たな透過膜のアルゴリズム開発から、巨大な海水淡水化プラントの建設にいたるまで、海水淡水化に関連するいずれの分野でも、イスラエルはそれらを先導できるきわめて数少ない国のひとつだ。

脱塩水を広範に使用することなくしては、世界を見舞う水危機を解決することはできそうにもない。加速する移住傾向のせいで、今日、世界の人口のほぼ半数は海岸から比較的距離の短い導水管敷設ですむ地域に居住している[84]。国や地方は、農業用水、産業用水、日常用水にかかわりなく、いまある水の供給をどう補完するのかという方法以外に選択の余地はなくなっていくはずだ。ニューヨーク市のような豊かな水資源に恵まれた地域でさえ、水の安全保障や環境問題を理由に、海水淡水化プラントの導入に踏み切らなくてはならなくなるかもしれない。海水淡水化をめぐるイスラエルの経験とノウハウは、自国の水問題の解決に資するだけにとどまらず、多くの国々からも求められることになるだろう。

アリエル・シャロンとエフード・オルメルトの二人の首相の側近だったイラン・コーエンは、海水淡水化は水に対する既成概念に変化をうながすと指摘する。「水はすでに資源ではなくなり、資源という文脈のなかで考えるものでもないでしょう。海水淡水化で水は純然たる経済問題となったのです。もはや水はどのようにして生産するかではなく、どれだけ生産できるのかという問題です。水が大量に生産できる製品だと考えるなら、水は単なるコストの問題です。支払い能力しだいで望みの量と品質の水が確保できるのです」。

コーエンにすれば、海水淡水化がもつ革新的な特質は、これまでに起きたある革命的なできごとを彷彿させるものにほかならない。「私たちにとって今日の水とは、ちょうど古代における食糧のようなものです。人類がみずからの手で食糧を生産できるようになったとき、パラダイムシフトが起きました。私たちが海水から水をつくり、廃水を再使用するようになったとき、パラダイムシフトが起きていたのです。現在、私たちは農業の夜明けによく似た時代のさなかにいます。先史時代の人間は食糧を求めて移動しなくてはなりませんでした。しかし、現在、農業は製造業です。つい最近まで、私たちは水がある場所に移動しなくてはなりませんでした。しかし、もはやその必要もなくなったのです[85]」。

現在のイスラエルでは、海水淡水化は水のガバナンスの点で、柔軟性と統合性に優れ、しかも精巧に構築されたプログラムの一要素にしかすぎない。しかし、今後は水のガバナンスのなかでも、とりわけ重要なものと考えられるようになっていくだろう。淡水化プラントの草創期において、リンドン・ジョンソン、ダヴィド・ベン＝グリオン、レヴィ・エシュコルらといった実務に秀でた指導者たちは、海水を淡水に変えることで貧困と戦い、世界中に平和をもたらすことができると夢見た。平和はなかなか実現できないにしても、海水淡水化はもはや夢ではないのである。

第7章　豊かな水の国に

川がなにかをするわけではありません。
なにかをされるのを川は待っているのです。
――ダヴィド・パーガメント

マカビア競技大会はユダヤ人のオリンピックだとよくたとえられている。開催は四年に一度、世界中のユダヤ人アスリートがこの競技会に参加するため二週間にわたって集う。大半のユダヤ人にとって、競技会に参加することはイスラエルと自分を結びつける生涯でも大切な絆で、その思いに競技者とか観客とかというちがいはない。

一九三二年の第一回大会から二〇年、イスラエルの地において国際競技会を開催する目的でマカビアは計画されたが、大会のモデルとなったオリンピックのほうは、四年ごとに開催国を変えている。第一回大会では一八カ国から三九〇名のアスリートが参加した。

第二回大会は一九三五年に実施。だが、ヨーロッパではナチスが台頭、これ以降の大会の実施は阻まれ、次に開催されたのは一九五〇年だった。そして、建国したイスラエルではじめて開かれた大会では、一九カ国から八〇〇名の選手が参加している。このときの大会は、ホロコースト以降、世界中のユダヤ人が大々的に会したはじめての集まりとなった。

以来、一九九七年まで四年に一度のスケジュールが遵守されてきた。ユダヤ人には大人気のイベントである。テル・アヴィヴの郊外には開会式と目玉の競技用に五万人が収容できるスタジアムが建設されている。大会を見ようと世界中から大勢の観客が集まり、世界三六カ国から五〇〇〇名を超える選手が来訪する。[1] そして、マカビア競技大会は、全世界のユダヤ人にとって、イスラエルが中心であることのメッセージにもなっていた。だが、一九九七年大会が開催される前夜、マカビア競技大会は悲劇に見舞われる。

開会式に合わせてヤルコン川には臨時の遊歩橋が架けられていた。各国の選手とコーチ陣は、出身国の旗を振りながら、向こうの堤防から競技場へと入場をする予定だった。入場国の順序はヘブライ語のアルファベット順である。オーストラリア代表が最初に橋をわたり、そしてわたり切ろうとしていた。[2] 二番目のオーストラリア代表の選手とコーチ約四〇〇名の重みが橋に加わる。そのときだ。径間六〇フィート（一八メートル）の橋が崩落、オーストラリア代表の多くとオーストラリア代表の大半が川へとこぼれ落ちていく。[3]

暗い川に折り重なる人びとに向かってさらに人が落ちていく。この夜、溺死した者が一人もいなかったのはやはり特筆に値する。たしかに悲劇的な事故にほかならないが、死亡したのはシドニーから来ていたクリケットの投手一名で、落下時のケガが原因でその場で息を引き取った。だが、この程度で済んだのはやはり奇跡に等しい。ほかにも何十名という人間が骨折や川の水を飲んで病院に収容されていた。選手の多くが試合には参加できなかったにせよ、このとき覚えていたにちがいない無念はさらに救いようもなく悪化していく。[4]

翌朝、選手たちの容体は一変した。入院していたオーストラリアの関係者七名が危篤に陥り、さらに数週間のうちに事故前は健康にまったく問題のなかった選手三名が死亡。医師と調査委員らは、ヤルコン川の堆積物が高濃度に汚染されている事実をただちに発見した。崩落した橋梁と川に落ちた人間によって河床が巻き上げられていたのだ。水に浸かっていたわずかな時間のうちに、どうやら選手らは河床の堆積物がたっぷり混じった有毒な水を飲み込んでいた。イスラエルのある環境保護主義者はヤルコン川のことを「悪臭とヘドロにまみれた死の落とし穴」と呼んだ(5)。

橋の崩落でイスラエルは不名誉にまみれ、猛省を強いられた。世界中のユダヤ人を歓待しながら、この国がもっとも誇りとする祭典で、訪問客らに安全な環境を提供することができなかった。橋の設計者、大会の組織委員、そしてイスラエルの社会へと批判の矛先は各方面に及ぶ。当時、ベンヤミン・ネタニヤフは第一次内閣を率いて首相の座にあり、橋の落下後、開会式の続行を許可したことで激しく批判された。マイケル・オレンは、事故から一二年後の第二次ネタニヤフ内閣のもとで駐米イスラエル大使として就任、このとき新聞記者の取材に対して、この一件は「イスラエル社会が芯から腐敗」している事実を象徴していると語っている(6)。

一般の反応はもっぱら、手抜き工事への激しい怒りとともに、開会式中止の是非をめぐる論争に集中した。橋梁の設計、施工、監督に携わった関係者が裁判にかけられ、有罪を宣告されて実刑に服した。そして、この一件はそれまで政府関係者や環境保護主義者にしか知られていなかったある問題についても、世間の意識を広く喚起することになる。その問題とは、「ヤルコン川——イスラエルでもっとも人口が集中する地域を流れているこの川は、恥ずべき状態にあり、改善が求められている」というものだった(7)。

その後、何年にもわたってイスラエルの全河川で再生や修復、修理などの事業が進められたが、問題のない状態に戻すにはさらに手を加える必要があった。環境関連の法律や規制が実施されたことも国の河川の回復にひと役買ったが、やはり一番役に立ったという点では、国内で進められていた新たな水資源の開発事業だった。それまでにない豊富な水資源の出現と、さらに廃水を処理して再使用するという新たな需要が一貫して続いたことで、イスラエルの河川に課された負担は軽減していった。河川の取水量が減り、下水が流れ込む量が減少したこと、さらに放流できるだけの余裕ができたことで、必要なときに必要な場所で河川の水量を増やせるようになったのだ。

マカビア競技大会で橋が落下したころに始まった国内の水路の修復は、長い期間にわたって進められてきた。そして、作業は現在でも続けられている。だが、イスラエルが河川をどのように見直すようになったのかという点——とくに河川の修復事業において余剰の水が果たす役割——については、世界中の国や地域社会のモデルになっている。

人は自然に触れなくてはならない

イスラエルの地における環境保護主義は聖書の時代にまでさかのぼり[8]、シオニストの開拓者も定められた恭順をもっていにしえの故国への帰還を祝った[9]。だが、ほとんどの場合で環境問題よりも有無を言わせない経済的な事情が優先され、河川の保全が世界各地でとくに大きな関心を集めるようになるまでこの流れが改まることはなかった。イスラエルでは環境よりも、経済的な事情が長く優先されてきていた。

建国から数十年、河川や環境保護に向けられた意識はおおむね低かった。国境沿いの地においてはどこでも生死の奮闘が続いたが、こうした土地に吸収されたのは大半が多くの国から移り住んだ貧しい移民で、その数は数えきれないほど膨大であり、安全保障と経済発展こそ、政府と社会に課された急務だった。ユダヤ国民基金（ＪＮＦ）が世話役となり、イスラエルの森をはぐくみ、何百万という数の苗木を植え、この国に木陰を提供するとともに土壌の流失を食い止めていた。[10] しかし、このころイスラエルの河川の環境について旗振り役になるような政府機関やＮＰＯ（民間非営利団体）に相当する組織はまったく存在しない。

建国から間もないこの時代、国の河川は農業と経済のために利用すべきだというのが総意であり、川の水は汚染される前に上流で汲み上げて灌漑に使われていた。一方、下流域のほうである。イスラエルの海岸部を流れる川の多くは、東から西へと一年をかけて地中海に流れ込んでいるが、下流は露天の下水溝かあるいは地域のゴミ捨て場として使うことが許されていた。工場が産業廃棄物や化学性の副産物を処分しなくてはならない場合も、近くの川に投棄するよう指示されていたのだ。

イスラエルでは河川も原則的に一九五九年の包括的水管理法、[11] 一九六五年の河川に関する包括法などの一連の法律によって保護されていた。[12] しかし、現実には実用的な価値の点から、河川は利用されつくしていたのである。

ヤルコン川は典型的な例だろう。この川の死のスパイラルは、一九五五年にヤルコン川－ネゲヴ砂漠間の灌漑用導水計画のために分水したことに始まる。一九六四年、国営水輸送網が竣工すると、この導水計画、つまりシムハ・ブラスのフェーズⅡはさらに大きなシステムの一部に組み込まれていった。[13] 都市化もまたこの川の衰退にひと役買っていた。ヤルコン川の下流一七マイル（二七キロ）ではわずかな水を流す以外ほかにこれという用もほとんどなかったものの、この川沿いに発展する都市や町にすれば、自治体から出るゴミを安価でよそまで運んでくれる川はありがたかった。露天の下水溝は迷惑な存在だと見なされるようになる以前の時代である。

一九五〇年代はじめ、ブラスは政府の水設備の開発部門を統率する一方で、ヤルコン川の過剰取水に懸念を表明していた。本人は、将来を見越したかのようにこんなことさえ書き記している。「ヤルコン川に流入する下水の総量が今後も増えつづけ、下水や下流において自然に形成される沈殿を押し流すための水量が縮小するなら、ヤルコン川は永続的なダメージをこうむりつづける」。ブラスは環境保護上の懸念に直接かられたわけではなく、もっと実際的な懸念、つまり川を汚染することで意図しない結果を招くことに不安を覚えていた。地中海沿岸部を流れるこの国最長の川の地下にも、帯水層が存在する可能性があったのだ[14]。

ヤルコン川の汚染についてどのように対処するのか、一九八八年まで政府は断続的に論議をおこない、その後、専任のヤルコン川保全局が設立され、この川を修復する計画の策定と実施を手がけることになった。設立から数年はこれという目立った活動はなかったものの、その後一九九三年に統合水資源管理が専門のダヴィド・パーガメントが保全局を管理するために招聘された[15]。以来、博士の在任が続いている。

河川全体に向けられた情熱ととりわけヤルコン川に対するひたむきな思い、パーガメントは実務に長じた政府の高官であるとともに賢人でもある。初対面の本人は、シーズンになるとデパートで見かけるサンタクロースの代役によく似ている。大きな胸によく響く声、細いメタルフレームの眼鏡とたっぷりの白髭。白髪のポニーテールがいささかキャラクターには似つかわしくないだけだ。「都市と流域とのあいだに本来の関連性が認められるところなどどこにもありません」。湖、川、海を抱えた広大な土地に言及して、パーガメントはそう語った。「世界中のどこの都市でも、人間は自然、とりわけ自然の水の流れから切り離されています。道路、鉄道、建築、そして家が水文学上の面にさからっているのです。川の流域と支流という支流のすべてはかつて結びついていましたが、現在ではいずれもばらばらに切り離されています。ヤルコン川保全局に委ねられているのは、川の流域と人間をふたたび結びつけることなのです[16]」。

パーガメントが率いる部署はヤルコン川の擁護者にほかならない。その役割は川を侵略しようとする者がいれば、相手を押し戻し、可能ならこの川を開発の手から守るか、少なくとも開発を川が必要とするレベルで一致させようとリードすることにある。その一方で川と川岸の修復を進めて本来の自然環境を保全する[17]。「保全局としては、最善のシナリオは分水している水をとり戻し、開発計画をすべて白紙に戻すことです。その正反対がまさに最悪のシナリオで、開発業者がセメントを塗り込んで水路にしてしまいます。しかし、どちらのケースも実際に起こることはないでしょう」。これは川の声だと言ってパーガメントは問いかける。「現実に自分はなにを得られるのか。それは、この川の水量と水質を私たちがどう判断するのか、それによって決まってきます[18]」。

取水されたぶんを補おうと、高品質な水を放流して川の正常流量が維持されている[19]。この水は農業用水や工業用水にも利用できるが、現在はヤルコン川（とほかの川）の健康や、川が社会にもたらす意義のために配分されている。

「住民には川と公園とレクリエーション地域を提供しなくてはなりません。イスラエルは人口密度が高いうえに国土がかぎられた国で、とくにここは国の中央にあり、川に囲まれた一帯に大勢の人間が詰め込まれています。地域の人口が過剰になるほど、さらに川、公園、レクリエーションが求められるのは、広々とした空間と自然に人間は触れあう必要があるからなのです。干ばつの有無にかかわらず、草地と森林に水を与えつづけなくてはならないでしょう。川の流れを絶やすことがあってはならないのです[20]」

この国の川という川がヤルコン川のような復活を謳歌しているわけではない。この川の場合、警告を意味する例外的な例で、マカビア競技大会の橋崩壊後に発生した悲劇のような痛恨の記憶がつきまとうが、それでもサクセスストーリーにはちがいない。

消えたはずの魚もヤルコン川に戻ってきた。この魚は蚊を食べるので、流域のテル・アヴィヴやほかの都市も含めて蚊の数は少ない。川面に飛び込んだ水鳥が捕らえた魚はここだけに生息するイワシの一種だ。姿を消していた植物も現在ふたたびここで育っている。川沿いの土手は地元では人気のスポットで、ジョギングをする人、ウォーキングをする人、散歩するカップル、ピクニックを楽しむ家族連れがいる。土手から少し離れた場所に立つ小屋には地元のカヤック愛好家のカヌーが置かれている。冬になるとヨーロッパのボートチームがこの川にトレーニングで訪れるのは、母国の川が氷結してしまうからだ。

「まだやらなくてはならない仕事があるにせよ、もっとも広範な利益が図れるようにヤルコン川をつくりました。環境も大事にされています。必要とされるだけの農業用水もまわしています。市民はくつろげる川を手に入れました。イスラエルには修復が必要な川、浄化や改善を必要とする川がまだまだありますが、そうした川にとってここは格好のモデルです[21]」。パーガメントはそんなふうに語っていた。

砂漠のなかの人造湖

川とは呼ばれているものの、ベソル川に水が流れるのは一年のうち約三五日程度にしかすぎない[22]。冬の嵐に続き、ヨルダン川西岸にあるヘブロンの町から流れ出した雨水は、奔流となって丘をくだり、いにしえのベルシェバの遺跡でぐるりと迂回すると、ネゲヴ砂漠の西側を横断してガザ地区へと突き進んでいく。旅はここで終わりを迎え、途中、いずれかの場所でとらわれずに残った水がそのまま地中海に向かって流れ込んでいく。豪雨の大半は例年十一月から三月のあいだにかけて突然降り出し、この間、ベソル川は、時には数時間に及ぶ冬の氾濫で雨水を流す水路に変わる。河床はじめじめと濡れ、しばらくはぬかるんでいることもある。しかし、砂漠地帯を流れるどの川もそうであるように、つかの間の奔流はやがて記憶に姿をとどめるだけになる。

一九六〇年代、ベルシェバとネゲヴ地区の道路の建設が開始された。この工事でベソル川の河床からきわめて大量の礫岩が見つかると、礫岩は地元の路盤に使うため、春から夏にかけて掘り出されることになった。深さもさまざまな採掘跡は面積にして一〇〇エーカー（四〇万平方メートル）を超え、川に沿って長さ五〇マイル（八〇キロ）にも及んだ。景観はともかく、この年の冬の嵐の結果、こうした採掘跡にはいくつもの水たまりが残り、それを住みかにして蚊が繁殖すると、ベルシェバや周辺地区の人びとのあいだで疫病が発生した。

また、地元の人間はベソル川を下水道として使い、ヘブロンやベルシェバの両地区の農場や工場から出る大量の廃棄物が川床に放棄され、未処理のままの下水が採掘跡でプールとなってたまった。冬の嵐が通過しても押し流されることはない。川の周辺は悪臭に満ちた無人の土地になり、やがてゴミ廃棄場になりはてて、建設現場の廃材や不要となった電気製品どころか、乗りつぶされた自動車まで捨てられていた。

　こうした川ではよくあることだが、とくに激しい冬の嵐では奔流は廃棄物を巻き込んで川縁を乗り越えてしまうので、水が引いた晴天下の砂漠には不愉快な置き土産がずらりと並び、そのまま打ち捨てられることになる。この氾濫原は、イスラエル四番目の大都市、ベルシェバにとって、この町の南の境界線とひと目でわかる格好の目印になっていた。

　こうした氾濫が起きた一九九六年、政府は一一の河川保全局を創設するという現在の計画を決定した。独立法人という編成はヤルコン川保全局をモデルにしたものだった。それぞれの保全局は主要な河川とその支流の監督と修復に責任を負うが、これによって総計三一のイスラエルの河川がカバーされることになった[23]。ベソル川とベルシェバ川の支流はシクマ－ベソル川保全局の管轄となり、翌一九九七年には河川管理の専門家で経済学者のネシーマヤ・シャハフ博士が局長に就任した。

　長期的な計画が必要とされたが、博士は誰にも見えないある可能性を当初の段階で見抜いていた。河川の場合、周辺の開発が汚染や破壊の先がけになることが多いが、博士は開発こそ河川の救済方法だと考えた。廃棄物の投棄や砂利の採掘などの開発にはストップをかける一方で、「開発性悪説」というアプローチをとることはなかった。

「保全局の仕事には河川と環境問題がともなうのは当然ですが、それだけではすまないことが間もなく明らかになりました」と博士は言う。「保全局が設立された時点では、河川の状態を多角的に検討したうえで、統合的な手法が採用されるだろうと考えられていました[24]」。

　シャハフ博士にとってこれがもつ意味は、川を浄化して採掘跡を埋めるという最初に必要とされた作業よりも大きかった。博士は改めてベルシェバの町の南地域が成長を遂げ、当時まだ氾濫原にすぎない一帯が豪華な一等地に変貌する様子を思い描いた。「簡単な仕事ではないのはよくわかっていました。ここは町の誰もが二の足を踏んでいた地域でしたからね。ひどい評判が立っていた場所です。不動産業者でさえ投資には手を出しません。しかし、自分が正しければ、ここは単なる新興地域で収まるものではありませんでした。それ自身が新しいイメージをもった地域です」。博士は、氾濫原にできた境界線を引きなおし、当時、人も住んでいないような土地を開発することで、町の外周と境界線を押し広げられると信じた。

二〇〇三年、シャハフ博士は五年をかけて開発の基本計画を書き上げた。しかし、ベルシェバがネゲヴ砂漠の北の端に位置することに注意してみると、この計画はひとつ場ちがいの要素をともなっていた。基本計画のなかで博士は、ニューヨークのセントラルパークを五〇パーセントうわまわる大規模な公園をベルシェバ川沿い五マイル（八キロ）にわたって開発するよう求めていたのだ。この公園を建設するには、川を修復してさらにその川の土手は、一〇〇年に一度の大洪水に対しても耐えられるだけのものにしなくてはならない。博士の夢をさらに突飛なものにしていたのは、このベルシェバリバー・パークのシンボルとなるのが三六四エーカー（一四七万平方メートル）の湖だということだった。当時、この地域で利用できる水などどこにも存在していなかったのである。[25]

博士にとって最初の主要パートナーの一人となるのがユダヤ国民基金（ＪＮＦ）のアメリカ支部ＣＥＯ、ラッセル・ロビンソンである。ＪＮＦのアメリカ支部はイスラエルの〝本社《ホームオフィス》〟と歴史的には結びついているが、アメリカを根拠に活動する大規模な慈善組織の運営にロビンソンは長く携わり、相手先の事業が合理的ならばパートナーを組み、たとえ本国の組織が採用する意図を示さない案件であっても、ロビンソン自身が見込みありと考えた場合、独自に判断して活動を進めていた。アメリカ支部もイスラエルのＪＮＦもあるいは世界のどこの国の支部であろうと、イスラエルの水関連のプロジェクトの場合——あるいはどんな環境関連のプロジェクトであっても——ＪＮＦの一支部、もしくはそのすべての組織から専門技能や基金を引き出せなかったプロジェクトは、むしろ探し出すほうが難しいぐらいだ。

ロビンソンは、ベルシェバ川修復の意義を認めつつも、同時にこの公園が長年自分の温めてきた夢、川の修復にまさる野心的な夢を実現するきっかけになると考えた。本人はネゲヴ地区に〝劇的な変化〟をもたらすことを望んでいた。切望するその変化を引き起こすには、ネゲヴ地区はビジネス基盤と課税基盤をさらに拡充させなくてはならず、それには、いずれの基盤についてもベルシェバの人口を倍に増やすこと、つまり当時の人口でいうなら約二〇万人規模でスタートできるのが理想だとロビンソン自身は考えていた。

この公園はそれをさらにうわまわる巨大な構想の一部だとロビンソンは思った。巨大な構想とは、経済の発展、地域の貧困層（同地域のベドウィンも含む）への援助、さらにネゲヴへの訪問を最終的な目的にして、年間何百万人という観光客をイスラエルに呼び込む戦略上の開発も必要としていた。[26] ロビンソンとＪＮＦのアメリカ支部の理事会は、大胆にも初期資金である数百万ドル規模の援助を基金から提供する検討を始めた。アメリカ支部が公園とネゲヴ地区の開発に提供する資金は時間とともに増えつづけ、何千万ドルという規模にまで膨らんでいった。[27]

アメリカ支部とともに、イスラエルのＪＮＦもこのプロジェクトに参加、さらにイスラエル政府も加わり、両者とも多大な貢献と補助金を支出している。二〇〇八年にはベルシェバの市長選でルヴィック・ダニロヴィックを選出。精力的な新市長はプロジェクトの顔となって、公園の芝生広場のオープニング程度のこまごまとした式典はもとより、二〇一三年に園内に建造された国内最大の円形競技場の落成記念式典に列席するなど、プロジェクトを盛り上げていた。

欧米で自治体が大規模な公園を建設するときと同じく、ベルシェバリバー・パーク計画でも開発には長い時間を要している。だが、拡大する町に自然を喚起させるこうした都会型の人工物を導入した例に漏れず、この公園が都会生活を根のあるものにするだろうという期待が抱ける。すでにネゲヴ地区の他の町では地元の川を再開発の手段として利用しはじめており、そのなかにはベルシェバの北約一〇マイル（一六キロ）にあるベドウィンの町ラハトも含まれている。[28]

公園の心臓部になる湖の完成は二〇二〇年ごろを目ざしている。水深は平均五フィート（一・五メートル）、ただし、ネゲヴ砂漠の太陽のもとで年におおよそ三フィート（九〇センチ）が蒸発してしまう。絶えず補給されつづけることになる水は、園内の芝生や草木、そして六〇〇〇本の樹木のために使われる水と同じ水源だ。

意外にもベソル川とベルシェバ川を流れる冬の嵐の鉄砲水は、湖や公園の修景用として確保はされていない。こうした水は、嵐のたびごとに何百万ガロンという量で貯水できるネゲヴ地区西部の雨水調整池へと流れ込み、周辺の耕作地で農業用水として再利用されている。

博士の計画では、貯水した冬の鉄砲水のかわりに湖や園内で使用する水は、ベルシェバの一般世帯から出る下水を三次処理して浄化した水を大量に使用するというものだ。「農業用水として使える水をわざわざ湖水や公園の撒水用に使っているようなものですが、万事につけ実用一本槍である必要はないでしょう」と言うのは、以前この事業でストラテジック・プランニングを担当したイタイ・フリーマンだ。「十分な水が利用できるようになれば、生活の質を考えるという問題が頭をもたげてきます。個人に問いただされる問題のひとつに、広々とした緑の空間で人はどれほど寝転んでいなくてはならないのかというものがあります。家族は公園の木陰でどれほどいっしょに過ごす必要があるのか、もそうです。いずれも問われているのは生活の質です。これまで以上の作物を育てるのも大切ですが、しかし人生とは、生きていけるならそれですむものでもないでしょう[29]」。

ベルシェバが変貌しつつある様子はすでに現実のものとして形を結びつつある。最近、この町の南部地区を訪問したある人間は、少し離れた地点で現在建設中の複合マンションのそばに立つ看板に気がついた。町の南部地区こそかつてのゴミ捨て場であり、現在は公園の建設が続けられている。看板にはヘブライ語で次のように書かれていたが、それはわずか数年前であれば想像を絶するような類いの文言だった。

——ベルシェバリバー・パークを一望できる豪華マンション

いまだ完全に修復された川はない

イスラエルの政府高官全員の肩越しに見えるのは国の会計検査院である。会計検査官は政府から独立した国家官僚で、その地位は事件記者、訴訟会計士、オンブズマンなどのそれぞれ一番の特徴をひとつにしたようなものである。政府関連機関への監査と国家予算の乱用、浪費、標準以下の運用の調査といった広範な権限をもとに、会計検査院は政府に対して強力なチェック機能を果たし、政府活動が透明性を高め、効率的に運営されるようにうながしている。

会計検査院が最近公表した総合報告書のひとつは、イスラエルの河川修復事業について調査したものだ。報告書は賞賛と批判が相なかばするもので、改善に向けた提案が付記されていた。国内の各河川については格段の改善が図られたと認める一方で、検査院は政府に対し、工程についてはいっそうの迅速さを実現するように求めていた(30)。

河川は機会に恵まれれば回復力を発揮する。十分な時間ときれいな流水があるなら、汚染された川であってももとのようにきれいな川に戻るのだ。だが、イスラエルの場合、水路周辺では経済活動がおこなわれているのが普通で、自然の状態に戻りそうな川、あるいは戻ることができそうな川は存在しない。そのため、事態を悪化させた経済活動や乱用に対しては、人間が介入して改善を図っていかなければならない。だが、その場合、経済的な便宜と環境保全のバランスが常に問題になってくる。

以前をうわまわる予算と取り組みが必要とされる一方で、イスラエルの河川にとって幸いしたのは二つの大きな流れが登場したことだった。環境保護主義の台頭と汚水処理と脱塩処理に向けた総合的な国のインフラ開発である。

多くの国と同じように、環境保護という考えに重きが置かれるようになったのはイスラエルでもここ数十年である。一九九〇年代はじめに環境関連法案が国会を通過したことで、工場の副産物や化学性の副産物について安全な処理が義務づけられるようになった(31)。かつてないほどの強制力をともなう環境関連法によって、汚染を発生させた当事者は従来の製造技術を変えるか、あるいは有害物質を含む工場排水は廃棄に先立って処理するか、いずれかの方法を模索しなくてはならなくなった。

都市下水を処理した再生水を農業用水に転用するという判断も大きな影響をもたらしていた。国の下水処理の方針では、その恩恵を受ける筆頭の対象は河川ではなく農業にほかならなかった。くまなく及んだ廃水の処理と再使用の結果、イスラエルの各家庭の下水管から出る台所やトイレの水は河川に流れ込むことはなくなる。酸素を使いつくす有機物質が河川でひしめいているかぎり、魚も植物も生き延びてはいけない。

最近では、生活用水として脱塩水への依存が国内で高まり、河川の上流区間に課された負担の軽減にも役立っている。海水淡水化で生産された真水の利用が増えたことで、河川から汲み上げる水量が減らせるという贅沢さえできるようになったのだ。また、流水量が増え、健康な川が謳歌する自然の自浄作用も高まっている。

法律やインフラ整備と同様、環境に向けられた新たな姿勢の影響も大きい。環境対策の恩恵があまねく実感できるようになり、それとともに、河川への取り組みを見直した別の町の成功を目の当たりにすると、どの町でもそれまでには見られなかった考えを抱くようになる。川の存在はとるに足りない目障りなものから、どのコミュニティーにおいても、景観と心象風景を築くうえで不可欠の存在へと変わっていた。住民が娯楽と気晴らしを求めて川に引き寄せられていくと、不動産の開発業者もそれに気がつく。かつて見向きもされなかった川周辺に人が集まり、勢いをとり戻していくことで復活の好循環に一層の弾みがついた。

しかし、近年のこうした変わりぶりをもってしても、数十年間にわたって蓄積されてきたダメージはただちに解決できるようなものではない。イスラエルの環境保護機関で河川の回復に向けた取り組みが始まって二〇年、以来その目覚ましい業績は会計検査院も認めるものの、最近発表された報告書では、イスラエルを流れる三一の河川のうち、源流から河口にいたるまで完全な修復を遂げたところはたった一本もないと指摘されていた――そのなかにはヤルコン川、ベソル川、ベルシェバ川も含まれている。(32)

「いまや豊かな水の国に」

アメリカの上院議員ヘンリー・ジャクソンが一九七〇年にイスラエルを訪問したときのことだ。伝えられるところによると、ヨルダン川に案内されたジャクソンは、はじめ自分はかつがれているのではないかと考えた。しかし、それが冗談ではないと知ると、この川が世界的に有名になれたのは「PRの天才児のおかげだ」と、そんなふうに語ったと言われる。時期は異なるがヘンリー・キッシンジャーはこの川について、「水量よりも世間の評判のほうがはるかにたっぷりと流れている」と発言していたらしい[33]。以上の話が作り話かどうかはともかく、上院議員と国務長官のコメントには、イスラエルを流れる川としては世界的にもっとも有名なこの川の二つの顔が明らかに反映している。

この川には、直感と想像、宗教的な献身、あるいは黒人奴隷の霊歌、民謡などを宿す場所としてのヨルダン川が存在する。その川は黒人霊歌の「漕げよマイケル」の歌詞にあるように「深くて広い」「凍てつくほど寒い」川だ。ヨルダン川をわたり、ユダヤ人は出エジプトから四〇年間荒野を放浪したあと約束の地へと進んだ。そして、洗礼者ヨハネはこの川でイエスに洗礼を授けた。だが、キッシンジャーとジャクソン、そしておそらくここを訪れて失望した数多くの人たちが目にしたヨルダン川は、助走をつければひとまたぎで跳び越えられる箇所があちこちにある、大半が浅い流れからなる川なのである。

そして、この川は二つの川からできているとも言えるだろう。川の上流部分――東西南北に流れる支流を集めてガリラヤ湖へと流れ込む区間――には高い水質の淡水が流れているが、もしこの水が汚染されているようなら、上流のレバノンで飼育する牛のし尿が流れにのってきたせいだ。ガリラヤ湖から始まる下流部分の水量はごくわずかだ。川は南に向かってくねくねと進んで死海に達するが、途中、農業排水を集め、養魚場の汚れやイスラエルやパレスチナの生活排水で汚れ、経路をくだっていくごとに水量と水質は低下していく。上流下流を合わせるとヨルダン川の全長は一五六マイル（二五一キロ）、イスラエル最長の河川である。

政治的な見地からすれば、ヨルダン川とその支流はイスラエルと周辺国の紛争の種で、一九五〇年代と一九六〇年代には紛糾を起こしている。最初の紛糾については第2章で説明したように、一九五四年、アメリカのアイゼンハワー大統領の特派大使エリック・ジョンストンの仲介で解決を見た。これによってヨルダン川の水はイスラエル、シリア、さらにこの川を国名の由来にするヨルダン王国のあいだで配分するという合意に事実上達した[34]。

二度目の紛糾は、シリアが支流のひとつを転流させようとする事業とともに始まったが、事業の真意はイスラエルの重要な水源のひとつを争奪する点にあった。しかし、シリアの事業は水そのものへの関心に根差していたというより、シリアの支配者にとって国内の政治的利益を図ることを目的にした威嚇であることにまずまちがいはなかった。いずれにしろこの転流工事の完成にはとほうもない予算が必要とされ、かりに非紛争地帯で進められたとしても工学的な見地からも実現は不可能であり、実際、完成することもなかった。着工はしたものの、シリアはただちにアラブの盟主エジプトの支援を失う。一九六四年にイスラエルが加えた一回の攻撃で転流工事は終わりを迎えた――転流工事などイスラエルがその気になればいつであろうとも覆せるというシリアに対する辛辣な通告で、シリアがどれほど巨額な金と政治的財産《ポリティカル・キャピタル》を投じたあとであろうとそれは変わるものではない。

シリアはこの事業を公式に放棄することはなかったが、その意味は事実上なくなっていた。問題に決着をつけたのが一九六七年の第三次中東戦争（六日戦争）で、イスラエルはゴラン高原を占拠、以来ここは戦略的な緩衝地帯となっている。ゴラン高原を得て、さらにヨルダン川の支流を支配したことは、イスラエルとイスラエルの水の安全保障にとって思いがけない贈り物となった。ゴラン高原はいまも係争中の領土とされているが、イスラエルは安全保障上の確約とヨルダン川に対する水利権が明確にならないかぎり、利用価値の高い高原から手を引くことはないだろう。

さらに最近では、下ヨルダン川はイスラエルとヨルダンの協調関係や平和を築く手段とされてきた。この川を国境として接する両国は一九九四年に平和条約を締結すると国交を正常化、そこには配分された水資源の共同管理の条項が含まれていた。しかし、公式な正常化に先立って、両国はヨルダン川の共同管理を暗黙のうちに進め、こうした信頼関係の構築が「両国のあいだに和平への道を切り開いていた[35]」。

この和平合意に続き、ヨルダンは、水源の管理と水の供給をめぐり、イスラエルから多大な後押しを受けることになる。イスラエルはヨルダンに対して自国の水を年間約一四〇億ガロン（五三〇〇万立方メートル）提供することに同意したのだ。さらに国内の水についてこれという貯水設備をもたないヨルダンでは、ヤルムーク川（下ヨルダン川の支流でヨルダン北部とシリアの国境）の水をガリラヤ湖に貯水できるようにするという合意もイスラエルとのあいだでとりつけていた。この合意でヨルダンは貯水設備から任意に取水することが認められた[36]。

両国がこの川を紛争とは無縁の国境として活用しているのは本当にすばらしいが、下ヨルダン川の環境問題については、これまでにない対策が打たれないかぎり、近い将来のうちに劇的に好転する見込みはないだろう。イスラエルの淡水の主水源である上ヨルダン川には大量の水が流れ込み、イスラエル国内ではとくに変化に富んだ流れが楽しめることから、カヤックファンには人気のスポットだ。

下ヨルダン川ではガリラヤ湖から出てくる水がかぎられていることから、これに比べるとしたたる程度の水しか楽しめない。

下ヨルダン川の再生について、新たなアイデアを提案するのがラム・アヴィラムだ。アヴィラムはイスラエルの元大使として国際水問題を担当、現在は上ガリラヤにあるテル・ハイ大学で水資源政策を教えている。南部を流れるヨルダン川の健全化を図るには水量を増やす必要があるとアヴィラムは考える。「水量が制限されているため、現在、下流部で流水量は一〇〇年前の一〇パーセントをしたまわっています」[37]。アヴィラムの案では、ガリラヤ湖南端とヨルダン川西岸の境界にさしかかる区間までが回復できる。

現在、農業用水として利用されるティベリア、ベト・ショアンのようなイスラエルの町から出る再生水を、年間五〇億ガロン（一九〇〇万立方メートル）規模で下ヨルダン川にそそぎ込む方法をアヴィラムは提案する。「下ヨルダン川が復活すれば、ここはレクリエーションと観光、宗教体験、バードウォッチングの拠点になります」と言う。さらにこの案はヨルダン経済にとって格好の弾みにもなると本人は考えている。ヨルダン、イスラエルの双方にとっていい話であり、イスラエルも隣国の発展をその目で見てみたい。

「脱塩処理した淡水、農業における効率性の向上、再生水などが利用できるようになったことで、水を環境目的に転用できる余裕があります。ヨルダン川の流水量が増えるほど、この川は健康になっていきます。イスラエルはいまや水の富裕国で、ほかの用途に使うように、ヨルダン川に対しても同じように水が使えるのです」[38]

河川に放流する水、ベルシェバの砂漠に隣接する人造湖を満たす水は、イスラエルが謳歌している変貌を象徴する。ウォーター・ストレスに悩むどの国とも同じように、イスラエルもかつては天然の水源を借り越すような使い方をしていた。いまやそのイスラエルが豊富な水を享受して、川をリニューアルするほどの水が使えるとか、水辺のレクリエーションを開発するとか、水に対する創造力を発揮している。

水不足に早急な対策を講じられない国の場合、その先に待つ結果は環境悪化になってしまうだろう。帯水層は涸れ、河川はますます汚染されて、魚や野生の生物が死に絶えるなどの悲惨な結果が待っている。だが、余剰の水をもつことで、川は流れをとり戻し、生活の質を高めるとともに、生活水準そのものを向上させていくことができる。

統合された弾力的な水道整備

古くはガリラヤ海と呼ばれたが、ここは海ではない。れっきとした湖である。古くからイスラエル最大の単一の水源地として、国営水輸送網の主要な水源として貢献してきたばかりか、ここは保養の中心地として、観光客やキリスト教の巡礼者にとっては目的地として、そして小さいながらも漁業の拠点でもある。今日ではこの湖よりも淡水化された水のほうが多く使われるようになった。しかし、海水淡水化が本格化する以前から、例年の取水量は、国内数カ所の帯水層の揚水がガリラヤ湖の水をうわまわっていた。

そうではあるが、ガリラヤ湖はイスラエル国民の水に対するバロメーターとして、並はずれた規模でその総意を示す役割を果たし、時によっては国民感情さえ映し出すことさえあった。イスラエル水委員会の元委員長シモン・タールは、「この国が干ばつに見舞われている最中は、国中の誰もがガリラヤ湖の水位を知っていました。夜のニュースや新聞で報じられていましたからね。水位が安定していれば国民は満足していたものです。最低水位にでも近づこうものなら――その数値も誰もが知っていました――先々に対して不安になり、節水についてことさら用心深くなったものです[39]」。

ガリラヤ湖は、地質学的には何千キロにも及ぶ深い地面のくぼみ、シリア－アフリカ地溝帯の一部をなし、地溝帯の最低点がガリラヤ湖の南側、つまり下ヨルダン川の終点に当たる死海（これもまた湖）なのである。ガリラヤ湖は海抜おおよそマイナス七〇〇フィート（二一三メートル）に位置している。

ガリラヤ湖の水位は湖の健康状態を示し、その高低差は約一五フィート（四・六メートル）。予想される危険水位を超えると一帯は洪水に見舞われるおそれがあり、逆に最低水位をしたまわれば、湖の環境は致命的なダメージをこうむる。増水の場合、南側に流れ出る下ヨルダン川への放水を増やせば水位は調整できるが、干ばつのときには国中が厳粛な面持ちで危険水位を見守る。それだけに、限界値だと衆目が見なす数値以上に湖から水を汲み出した場合、いったいこの国の将来の水事情はどうなってしまうのか、それを試してみたいと願う政府の担当者は一人としていない。

この湖が負っているリスクはともかく、帯水層の過剰な揚水もリスクを抱えている。イスラエルの二大帯水層は南北に沿って走っている。ひとつは地中海沿岸に隣接する沿岸帯水層で水源は浅い。もうひとつはサマリア山脈、ジュディアンヒルズの西にある山岳帯水層だ。沿岸帯水層は過剰に汲み上げると海水が浸潤するが、山岳帯水層の場合、過剰な取水と汚染のリスクはあるものの、海水によって破壊される不安はない。

地下にある帯水層は閉鎖系だが、蒸発が問題となるのが湖のような地上水である。一年のうち春夏秋のスリーシーズンは曇天の日も少なく、暑い気温のもとでは海抜以下の土地では蒸発はさらに激しい。例年ガリラヤ湖が蒸発で失っている水量は、この湖から取水される国の消費分に相当する。通常の年であれば表面から五フィート（一・五メートル）分の湖水が蒸発で失われる。だが、干ばつが数年にわたって続くと湖岸ははるかに後退して、むき出しになった湖岸には、イエスが生きていた時代に使われていた漁舟などの考古学上の財宝が姿を現したこともあった。[40]

現在、イスラエルの人口は増えつづけ、経済も活況を呈しているが、ガリラヤ湖の水位は安定している。湖が健康であることを示す予想危険水位の中間値に取水量が制限されているからだ。イスラエルという国と同様、この国の湖も天候の変動に対する抵抗力をいまや大いに身につけ、一年や二年程度の干ばつでももちこたえられる。最低水位に覚えたあの恐怖も間もなく消え失せ、いまはなき古き世代の記憶となりそうだ。

ただし、減ったとはいえ、ガリラヤ湖の水は現在も飲料水として国内のかなりの量をまかなっているので、湖水に関する全面的な科学調査は続いている。細菌学者と化学者が絶えず湖水をチェックして異物の有無や透明度、塩分濃度を調べつづけ、検査項目は増えていく一方だ。データ集積が価値ある傾向情報に転じると信じ、メコロットではガリラヤ湖の水質をすでに何十年にもわたって調査しつづけてきた。[41] メコロットは手元にあるこれら全情報を用いて、供給された飲用水が問題を引き起こす前に水中の微生物、農薬、初期段階の水の華（藻類ブルーム）などの飲料水への脅威をつきとめたり、あるいは季節調整された基準値と比べて水質の異常を特定したりしている。[42]

湖水の監視は国の水道整備事業をうながす。一九九〇年代、通常の水質検査を実施中に微量のミクロ汚濁物質が見つかると、ガリラヤ湖の西方約二〇マイル（三二キロ）のベイト・ネトファにエシュコル浄水施設の決定がくだされる。世界でも有数の規模をもつ施設のひとつで、ハイテクセンターとして湖水を監視しながら浄化している。制御室に配置されているメコロットのスタッフの員数は控えめだが、水質になんらかの変化があれば色とりどりのモニターが当直のスタッフに警告を与える。

対テロ攻撃のセキュリティに関して政府は公表していないものの、テロや事故、あるいは偶発的な事故で有害物質が混じり込むと、その瞬間にスタッフが察知するのは明らかだ。同様に藻類や望ましくない異物が混入した場合もモニターはただちに警戒を発報する。[43] こうした監視や浄水の結果、国民は市販の高価な水と品質は変わらない水道水を堪能できる。「水道の水よりミネラルウォーターのほうが安全だと大勢の人が考えているのは知っています」とメコロットの水生生物学者のボニー・アズーレ博士は言うが、「しかし、顕微鏡のもとでは、国産ミネラルウォーターと水道から汲んだ水とのあいだにまったくちがいはありません。イスラエルの水道水はきれいだし安全です。私も飲むのは水道水ですよ[44]」。

こうしたモニタリングのほかにも、ガリラヤ湖や流域で汲み上げられた水は、水量の点でも最大化が図られている。一九五〇年代末からヨウ化銀を使って冬季に雲の種をまいて人工的に雨を降らせつづけてきた。[45]

一九六〇年代を迎えたころ、イスラエルでは人工降雨の実験に大量の予算が投じられ、方法とタイミングに関して世界でも名だたる専門知識を積み上げてきた。ガリラヤ湖と流域の雨水の一八パーセント、さらにガリラヤ湖に降りそそぐ約一〇パーセントの雨は人工降雨で増えたと考えられている。この技術でガリラヤ湖には年間一〇〇億ガロン（三八〇〇万立方メートル）の雨水が増加したことになる。メコロットが人工降雨に投じる年間予算は一五〇万ドル、かなり安上がりに降らすことができる雨である。[46]

ガリラヤ湖への依存を軽減したことによるもうひとつの恩恵は、水質が以前よりも全体的に健全なものになった点だ。ガリラヤ湖は塩の層のうえにあり、この塩が湖水に溶け出している。[47] さらに塩泉が存在して塩分濃度の高い水が湖に漏れ出しているので、分水事業では、塩泉をわざわざ迂回して下ヨルダン川につなげなくてはならなかった。[48] こうした塩が混じり込んで、ガリラヤ湖の塩分濃度は常に高かったのだ。

再生水と脱塩処理水が利用可能な水源として加わり、ガリラヤ湖の取水量が例年の約三分の一まで減り、その結果、国民の塩分摂取量が大幅に低下したのだ。また、再生水の登場以降は湖水を農業用水として使う機会も減っている。こうして湖に残った水はガリラヤ湖の生態系の維持に役立つとともに、気まぐれな気候パターンによって起きていた水位の変動幅も落ち着きを見せるようになる。[49]

イスラエル水委員会の元委員長シモン・タールはこう言う。「運用面と機能面の双方で、私たちはこの湖を貯水池に変えてきました。必要となれば当てにでき、干ばつに備えて貯水も可能です。自然のために使える水は以前よりも豊富なのでヨルダン川の水量も増やせます。高額な脱塩水の使用を控えられるし、帯水層の需要を抑え、一年から二年休ませて涵養することも可能です。ガリラヤ湖はいまもまだ不可欠の給水源であることに変わりませんが、統合されて柔軟な運用が可能となったこの国の水道整備のもとでは、現在、ガリラヤ湖もその一部にほかなりません。イスラエルの水道整備も成熟して回復力は十分にあります。ガリラヤ湖の水位が下がるのを心配して、眠れない夜を過ごす人はもういません[50]」。

第3部

国境を越える水問題

第8章 グローバルビジネスとなった水

水の豊かなところにイノベーションは生まれない。
――アミーア・ペレグ（イスラエルの起業家）

一見するとオデッド・ディステルは、エンタテインメントの世界の関係者のようだ。ぼさぼさの髪にワイヤーリムの眼鏡、人当たりも悪くはない。世に言う政府の役人の印象とはまったく逆だ。声を立ててよく笑い、目尻には笑いじわが浮かんでくる。ホロコーストを生き延びた両親のもとでイスラエルに生まれ育ち、学生時代にビジネスを学ぶと貿易を専門とする政府組織に就職、以後、ここでキャリアを積んできた。

二〇〇四年のアテネオリンピック開催が決まると、一九九八年、ディステルはギリシアに赴任、通商代表の通常業務に携わり、このオリンピック大会に向け、定評あるセキュリティーシステムのノウハウの売り込みを図るイスラエル企業の後押しをしていた。アテネでの赴任も残すところあと一年か二年となったころ、ディステルは当事まだ兆したばかりのクリーンテック革命の本を読んでいた。いまではよく知られたアイデアで、エネルギーや水、汚水をさらに効果的に、環境にも優しい方法で扱うことが可能になる。この分野、とくに水に関してなら、イスラエルは指導的な役割を担えるとディステルは直感した。点滴灌漑、廃水処理、海水淡水化など、自国のさまざまな分野で意味をもつ技術やテクノロジーについて調べたが、これらをはるかに超えるものがあるのではないかと考えた。

有能な官吏なら手がける同じ手続きでディステルもことに当たる。稟議書を準備した。わずか数ページの用紙に、クリーンテクノロジーがイスラエルのビジネスにもたらす意義が概略され、とくに水に関連する技術について、イスラエルの存在をアピールするためにどのような施策が講じられるかが説明されていた。だが、官僚の特性として、彼らはこれまでにない発想には否定で報い、稟議書には縄張り意識で反応した。浄水の話なら環境省の管轄で、産業貿易省の仕事ではないと言われた。あげられた稟議書に目を通した関係者のなかで関心を示した者は誰もいない。

二〇〇三年にエルサレムに戻ると、省内の新しいポストについたディステルは自分の考えについて積極的に根回しを始め、政府の高官にわたりをつけると、これこそ時宜を得た構想だと説得を試みていた。イスラエルは水に関連する特別な能力をすべて備えており、それを求めて世界中がイスラエルに殺到するとディステルは語った。そのためにはイスラエルがその技術を開発したことを相手に知らせるだけでいいのだ[1]。

水のなかにはなにかが潜んでいるのにちがいない。

ディステルが自分の上席になんとかして水の構想を理解させようとしていたまさにそのころ、バルーク・〝ブーキー〟・オレンもまたディステルと同じ考えを抱いていた。本人がまだ四歳のときに母親につけられた〝ブーキー〟というニックネームで国内では広く知られた人物で、国営水道会社メコロットのトップに就任したばかりだった。本人のキャリアをたどると、オレンは前例を打破する発想の持ち主で、ビジネスの世界でよく言われる変革推進者《チェンジ・エージェント》である。各種の仕事を経験して、いずれの仕事でも自分の仕事を一新させるだけにとどまらず、組織全体を新たなものに組み替えてきた。

軍役を終えて数年、オレンは最初に生物学を研究すると、ついで経営管理学を学んだ。ペンシルベニア大学のウォートンスクールで長く教鞭をとっていた教授の一人が退任して、イスラエルでコンサルティング会社を立ち上げようと考えたとき、この元教授は異例の人選をしていた。ビジネスパートナーとして、オレンともう一人、めったにはお目にかかれないほど有望な学生を選んでいたのだ[2]。オレンとしては得意の絶頂にあったことだろう。

間もなくして末の息子が病気になると、最先端のがん治療を受けるためにオレンと家族は荷物をまとめてニューヨークへ越した。それから四年、家族は不安なまま生活を送った。息子が十三歳の誕生日を待たずに息を引き取る直前、オレンはイスラエルにあるとあるソフトウエア会社のマーケティング担当部長の職を得る。そして、この職が縁となってオレンはある企業の事業開発部のトップに就任する。その会社が点滴灌漑を開発したネタフィムだった。

二〇〇三年、企業優先、イノベーション優先のアリエル・シャロンがふたたび力を盛り返すと、オレンは請われてメコロットの会長に就任する[3]。前職で培われたオレンの経営哲学とは、ひとたび組織が革新され、変革が試みられたかぎり、変更を加えることを本人は望んではいなかった。そして、イスラエルはなぜハイテク産業で成功を遂げたのか、その理由を自問していた。軍隊がおもな理由だとオレンは考えた。軍隊とは、テクノロジーを有利に使うことを学び、学びえたことによってかずかずの脅威に〝大なり小なり〟の反作用を加える力にほかならない。イスラエルのハイテクが軍事を駆動力にして生み出されたものなら、テクノロジーを駆動力にした水道事業によって世界をもう一度とらえなおすことはできないのだろうか。

オレンはメコロットのスタッフに対し、エンジニアが直面している問題をひとつ残らず知りたいと伝えた。大半が真意をつかみかねている社内で一枚のリストができあがると、オレンはこのリストを世界中の発明家と起業家に伝えた。そして、驚くような提案を申し出る。メコロットの問題解決に力を貸してもらえるなら、ソリューションの知的財産権を保有できるとともに、商業的利用に対して利益も得られる。また、そうしたアイデアに関連した企業を創業することも可能で、オレンとメコロットは当該の企業が発展するための支援もおこなうとしたのだ。

起業家の育成をうながすために、オレンは創立直後の企業の製品やサービス向けにメコロットをベータサイト（テスト地域）として提供、さらに初期資本をメコロットからも提供するとともに、最初の顧客としてメコロットを利用させた。これらの構想が軌道に乗りはじめたのがたしかになると、該当企業の発明品が世界中の他の事業体でも販売できるように援助することを約束した。オレンの場合、新興企業の成功は本人にも喜びだったにせよ、もっぱらみずからの要求を追求するイスラエルの軍隊とは異なり、起業家の発明品で新たなビジネスを自分で確立することに関心はなかった。本人の望みは、起業家のアイデアを通じて、テクノロジーに対するメコロットの対応が活性化される点にあったのだ。

「もし公益企業体を経営しているなら、労働組合員の人件費はどうこうできるものではないし、固定間接費はそのままです。私が抱えていた問題は、どこの国のどの公益企業体も抱えている問題と同じものでした。そして、私たちのうちの誰かがなにか手を打つとすれば、残されている唯一の方法はテクノロジーによって生産性を高めていくほかないのです」。オレンはそんなふうに語る。(4)

難題だったのは、公益企業体の大半が保守的であるように、オレンが就任する以前のメコロットも旧態を守ろうとした。水道料金のほとんどが政府もしくは基礎自治体にコントロールされていたため、(5)

事業主体はリスクをとってまでイノベーションを図ろうとする動機を十分にもちあわせていない。

しかし、対処すべき水の問題が地域規模、世界規模のいずれにせよ、解決の中心にすえるのはイノベーションでなくてはならない。とはいえ、資金不足に頭を抱える政府は、世界中で水不足が拡大するまさにこのとき、水利開発にともなう新規の大型プロジェクトなどまったく望んでいない。それだけに、水の問題が本格的な危機になる前に、公益企業体、農業部門、エンジニア部門のいずれもがこれまでの業績を継続させるのと同時に、イノベーターを励まし、新規のアイデアの採用を早めるという新しいスタイルが、この問題への取り組みとして決め手となっている。

オレンが言うには、「水道に関しては〝壊れていなければ、修理する必要はない〟という例がはびこっています。テクノロジーこそ、水道設備から多くのものを得られる経済的な方法なのです。しかし、それにはまず公益企業体そのものが、水源にただ依存するのではなく、みずからをハイテクソリューションの一部なのだと考えるようにならなくてはなりません」。

〝希代のアイデアマン〟オレンは、やがてこれはメコロット程度ではすまない、はるかに大きな構想であると判断した。軍によって啓発されたイスラエルのハイテク産業が、国の経済の主要な駆動力となったというのに、それと同じように、どうしてこの国は水の専門技術を輸出産業に転換できないのだろう。本人にはそれが不思議だった。公益企業体は助けを必要としている。しかし、それは農業も消費者も食品会社も産業界も同じだ。ブーキー・オレンは、イスラエルの次なる巨大なビジネスの鉱脈に遭遇したのだと考えていた(6)。

水市場はバイオや通信事業を超える

そんなふうに考えることもまれになったが、イスラエルはかつて第三世界の国、つまり今日でいう開発途上国の一員だった。中東の周辺国、アフリカやアジアの大半の国のように、イスラエルも第二次世界大戦が終結した脱植民地時代に独立を果たす。エジプトの独立は一九二二年、ヨルダンとシリアは一九四六年、翌四七年にインドとパキスタン、そしてイスラエルは四八年に独立を果たした。産業分野においては、イスラエルはテクノロジー、生命科学、防衛技術の各分野ではリーダー国だが、それはなるべくしてなったわけではない。いくぶんかは運の問題であると同時に、賢明な選択だったことも少なからず関係していた。

イスラエルの水事業の発展では、国のおもだった経済分野がそれぞれ脇役を務めた。今日では新興企業の多くは民間の研究所から発展したところが多いが、建国当初は農業共同体から成長した企業や政府組織として設立されたところがほとんどだった。だが、考え抜かれた農業、製造業、金融サービス、技術といった各部門が整備されていなければ、この国の水関連産業の発展や成長はそもそも起こらなかったのかもしれない。各部門はいずれも独自に成長を遂げ、最終的にひとつになって国の水ビジネスの創設にひと役買っていた。

当初、農業は経済においてというより、イシューヴの開拓者精神を育むうえで大きな役割を果たした。数千年に及ぶ流浪を経て、この間にユダヤ人の多くは法的に土地を失い、律法学者や職人、商人、行商人となって働いたが、「イスラエルの地」への帰還は新たなユダヤ人になることをともない、男も女も土地を耕すことを通じて自身といにしえの母国の双方をふたたび手に入れようとした。「われわれが築くためにここに帰り、築くことによってふたたび築かれる」という開拓者のスローガンにその精神がうかがえる。草創期のこの国の政治的指導者や軍人のほぼ全員が、少なくとも成長期の一時期を農場で過ごした。しかし、農業のもつ求心性は明らかであるにもかかわらず、この国の経済において農業が占める割合は一三パーセントを超えることは決してなかった。(7)今日でさえGDPに占める農業の割合は三パーセントをしたまわっている。(8)にもかかわらず農業は、国民精神の要を担い、イスラエル国民としてのプライドの源泉にもなっている。さらに言えば、この国の農業経済は水の効率的な使い方の点で、高度なテクノロジーが実現されてきた舞台でもあるのだ。

イスラエルの地における製造部門のほうは、第二次世界大戦中、イギリス陸軍によって大いなる発展を遂げた。周辺に駐屯する部隊が必要とする物資の調達には、はるか遠くの地にあった既存の兵站基地からわざわざ運んでくるより、ユダヤ人が経営する工場でまかなったほうが安価でもあり、確実だと陸軍は気がついた。(9)さまざまな分野の製品を扱う工場が生まれては数をどんどん増やしていく。そのなかには軍服の縫製、兵糧や飲料を製造する工場もあった。当時のイギリス陸軍は小さな製薬会社から薬さえ調達し、テバというこの会社はいまではイスラエル屈指の上場企業になった。戦争が終わり、新たに国が誕生したとき、若きイスラエルにあったこれらの工場には高度な技能が蓄積されていた。イギリス陸軍の大きな需要に応じようと、二十四時間シフトと急速な拡張に追い立てられたせいである。終戦を迎えるころには、イシューヴの経済は製造業が三分の一を占めるまでになっていた。(10)そうしたこともあって、精巧な水道の装置の製造が始まるようになると、地方の製造業者もそのノウハウには通じていた。

産業分野としてもっとも規模が大きかったのは、イスラエルでは独立以前からサービス部門である。経済の半分以上が教育、医療、研究、金融サービスに関連していた。(11)当時はまだ誰も気がついていなかったものの、これらの部門（あるいは関連部門）によってイスラエル経済が世界で優位を確保できたのは、各国の経済がその後サービス経済へと移行していったからである。

誕生して間もない国はきわめて貧しかったが、大半が一文なしである移民をせっせと吸収していた。一九四八年五月の独立から一九五二年末までのあいだで国の人口は倍以上になった[12]。食糧は配給制になり、経済はもっぱら海外の援助、ドイツからの戦後補償、世界中にいるユダヤ人の寄付によってまかなわれた[13]。これらの基金は考え抜いて分配され、とくに新たなコミュニティーの創設、国によるインフラ整備、高等教育機関の新設と拡充、研究施設の設立など、軍隊も近代兵装に強化されていった。金融腐敗に関連した報告はほとんどなく、少額の公金や寄付金を私的に使い込む例はあったものの、大々的な汚職事件は事実上ほとんどなかったようである[14]。

こうした研究部門、高等教育、インフラ整備への一連の投資が賢明な判断であったと明らかになるのは、一九八九年になると、ソビエト連邦の衰退と消滅とともに、この国に在住していたおおよそ一〇〇万のユダヤ人がイスラエルに移り住むようになったからである[15]。一九三〇年代、ドイツ在住のユダヤ人が波となってイスラエルの地に流れ込んできたときと同じように、これらの移民も多くが十分な教育を受け、テクノロジーに通じていた[16]。技術的に習熟していたイスラエル国民にソ連からの移民が加わって膨大な数となり、さらに既存の研究機関と結びついた。技術革命のさなかにあった当時、世界は変化を続けていたが、以上のような事情を背景に、イスラエルはこの革命において先導役を担える大きな機会を得ていた。

今日のイスラエルは〝起業国家《スタートアップ・ネーション》〟と評されることが少なくないが、これはダン・セノールとシャウル・シンゲルの二人による同名の書籍がベストセラーになったことによる。この本のなかで、ハイテク産業でイスラエルが成功を収められた理由がいくつか触れられていて、その理由として起業家文化、最良のテクノロジーマインドを自覚して鍛える軍隊の存在、地域的な孤立で強化されるグローバルな視点などがあげられている。[17] しかし、さらにもうひとつ重要な理由が存在する。それは国民一人当たりの研究開発費の支出においてイスラエルが上位国の常連であるという点だ。二〇一三年の研究開発費を例にとれば、イギリスで対GDP比一・六パーセント、同じくアメリカ二・八パーセント、ドイツ二・九パーセント、韓国四・一五パーセントだった。先進国中、対GDPの支出項目でもっとも高い防衛費負担を負っているにもかかわらず、[18] イスラエルでは対GDPの四・二パーセントが研究開発費に費やされていた。[19]

これほどの支出だけに結果も目ざましく、現在、二五〇社を超えるグローバル企業がイスラエルに研究開発の拠点を設置している。その多くがグーグル、フェイスブック、アップル、インテル、マイクロソフト、IBM、ヒューレット・パッカード、モトローラ、GE、デルなどのような企業で、しかも、こうした企業がイスラエルに構えた研究開発センターは、母国以外の国としては最初にして最大で、しかも唯一のものなのだ。[20]

このような研究開発力と起業家精神は水に対しても向けられてきた。つい数年前まで、水がもっと必要であれば、さらに生産能力をアップさせればいいという古くからの発想のもとにあった。もっと穴を掘って水をどんどん汲み上げ、さらにパイプをつなげ、である。だが、新しい発想のもとでは、水の使用に対する効率性の向上が図られていく――一滴一滴の水を惜しみ、一滴ごとに可能なかぎり再生してくり返し使用する、である。[21] 水をめぐる考えを資源不足の問題から科学的なイノベーションの問題に変えるには、起業家と従来の見識に挑む文化が必要だ。農業、公益企業、インフラ関連はとくに保守的な業界なのだ。

世界の水事業の年間売上高は六〇〇〇億ドルで、バイオテクノロジーや通信事業よりも大きく、世界の製薬産業に比べると僅差で及ばずという程度だ。[22] 売り上げの七五パーセントはバルブやパイプ、ポンプ、そして公益企業体に関連する大半の仕事など、いわゆる〝古く〟て〝融通がきかない〟水事業によるものだ。そして、利益の二五パーセントがハイテク——たとえば、海水淡水化、逆浸透膜、漏水の最小化、点滴灌漑、濾過、水道安全保障技術、遠隔モニタリング技術といった分野のテクノロジー、つまり将来の水事業を担う製品によって生み出されている。[23] そして、いずれの分野のテクノロジーにおいても、イスラエルにまさる国はない。

政府肝いりの産業部門

新しい構想を売り込むには助けがいることはオレンにもわかっていた。メコロットをテクノロジーとの親和性が高い組織に変え、水ビジネスの輸出をうながすことは手はじめにすぎない。本人の夢はさらに大きかった。

根っからの変革推進者オレンだが、政府はむしろ自分の理念に対立するぐらいの手に打って出てくるのを望んでいた。政府肝いりの産業部門の創設である。イスラエルの水が採算性に優れた巨大な輸出産業に成長するという考えはオレンの確信になっていたが、本人が思い描く世界的な衝撃を実現するには、政府の助成があってこその話だったのである。[24]

オレンが接触したのがイスラエル財務省主計局の元局長オリ・ヨゲヴだった。ヨゲヴの一家は水事業関係者が多く、父親のダヴィド・ヨゲヴは農業省の水利計画部門を何十年にもわたって統率し、処理した廃水の再使用を全国で推進する際に原動力となった人物だった。そして、オリ・ヨゲヴはオレンの見解に理解を示してその考えを認めてくれた[25]。だが、問題がひとつあった。そして、その問題はおそらく克服できそうにもないたぐいのものだったのである。

オリ・ヨゲヴの財務省時代の部下らは考えた末、ビジネスの世界に政府が介入することに原則として反対する。彼らは政府支援の産業を創設する際に決定をくだす立場にあった。もし、当のビジネスが大いなる可能性を秘めたものなら、財務省としてはそうしたビジネスは自力で成長していくだろうと言わざるをえない。そして、こうも言いそえた。政府がある産業に援助の手を差し伸べたとすれば、いずれの産業も援助の対象と見なさなくてはならなくなる。対象としては、医療機器や航空宇宙産業がむしろふさわしいことになるだろう。あるいは政府が国の企業文化を根底から見直し、新興企業にかわって少数の巨大企業を優遇する方針に変えさせることにもなりかねない。政府が勝者と敗者を選別するようになれば、水ビジネスを優遇しなくてはならないという理由がなくなる[26]。

政府の方針を改めさせるには、水ビジネスの輸出の可能性をめぐる対応から変えていく必要があるとヨゲヴは判断した。水ビジネスは代替性のない唯一の産業であると考えてもらわなければならない。オレンとヨゲヴは同志を募った。当時、首相府長官だったイラン・コーエン、淡水化企業IDEの元トップ、ダヴィド・ワックスマンなど錚々たる面々が顔をそろえた[27]。二〇〇五年、メンバーが集って支援組織「ウォーターフロンツ」が結成されると、ヨゲヴは先導役を買って出ていた[28]。そして、政府に働きかけて構想をとりあげさせると、外部のコンサルタントを採用し、世界の水ビジネスの市場競争、成功の可能性、新たに支援を受けた場合の潜在的な産業規模について分析をおこなうことを了承させていた[29]。

一連の試みはうまくいった。調査の結果、ただちに対策がとられなければ二〇二五年までに世界の三分の一の地域がウォーター・ストレスのもとで生活を強いられることが明らかになる。富める国も貧しい国も影響をこうむることになるだろう。水ビジネスの輸出の将来性はきわめて高い。何十億ドルもの新たな利益をもたらすことにまちがいはなかった。

財務省は、世界の水ビジネスの市場規模は巨大でありながら、市場が断片化している事実を知って驚いた。やはり政府の支援を要請するほかの産業分野とは異なり、水事業では圧倒的な競争力をもつひと握りの超大手によって市場参入を阻まれることはなかった。だが、オレンらが要求する政府の支援なしでは、海外の巨大市場がイスラエル企業の参入に気がつくとはどうしても思えない。もっとも不安視されたのは、参入の時期を逸し、その間に他の国が割り込んでくればイスラエルは参入の機会そのものを失ってしまうだろう。(30)

運がよかったのは、この問題が財務省で検討されていたちょうどそのころ、省内で専門官が新たに任命されていたことだった。水事業に対する政府介入を支援するため、産業貿易省の出先機関の長が財務省にきていた。立役者がこれでそろう。政府資金による水事業の支援組織の発足をイスラエル政府はようやく祝うことができたのである。(31)

オデッド・ディステル――ギリシア赴任中にこの国の水関連ビジネスの輸出を支援する稟議書をはじめて書き起こしたイスラエルの通商官僚――は一貫して自分の理念を追いつづけてきた。新たな政府機関の運営は言うまでもなくディステルに委ねられていた。(32)

社会主義から資本主義に

ひと握りのユダヤ人社会主義者と共産主義者こそ、イスラエルの水事業の創始者にほかならなかった。皮肉と言えば皮肉だが、根っからの反資本主義者が、結果としてこの国の主要輸出ビジネスのいくつかを生み出す結果になった。

二十世紀の早い時期にイスラエルの地に入植してきた男女は、生国では農業を営んでいたというわけではない。だが、かりに農民の出だったにせよ、入植者が新たな土地で直面した苦労と欠乏はきわめて厳しく、それでも働きつづけていくには、彼らには結束しか手立てが残されていなかった。集団で農業に携わることで、労働と安全保障の負担を分かちあい、心細さと不満をやわらげ、マラリアなどの病気に見舞われた際にはいたわってくれる相手を得ることができた[33]。シオニズムと社会主義は彼らの新たな生活のなかに広がっていった。そして、ユダヤの集団農場で、革新的な思想の実現であるキブツが誕生する。キブツでは誰もがともに働き、身につけるシャツ一枚まですべてが共同体の所有物だった。

何十年の歳月が過ぎ、苛酷な労働の日々は減ったが、イスラエルの建国が達成されたあともさらに多くの集団農場が誕生していた。結局、三〇〇に近い数のキブツが設立されたものの、通常、その場所は安全も定かではない国境沿いに建設されていた[34]。キブツは農場にちがいないが、同時に前哨地としてテロリストの侵襲に対する早期警戒システムと緩衝の役割を果たしていた。

これらの集団農場は農業に専念しつづける一方で、一九六〇年代を迎えるころになると多くが工場経営を始めるようになる。当初、担い手はキブツのメンバーにかぎられ、労働者を雇用するようなこともなく、経営する会社がうまくいくと一部をほかのキブツに譲渡していたが、しかし、結局は外部から労働者を雇い入れるようになったばかりか、管理職さえキブツ外の人間に委ねるようになると、キブツの生活も変化し、創設世代が宿していた先鋭的なイデオロギーはソフトなものへと変わっていった。

多くのキブツ内工場の製品が、これら農場が一番よく知るものに関連していたのは当たり前と言えば当たり前で、製品には農業用具、とりわけ農業用水と灌漑に関したものが多かった。こうした会社のなかから、それまでの農場をうわまわる規模のところが出現したばかりか、その後、世界的な規模の会社へと成長していくところも出現していた。

上ガリラヤにある集団農場、キブツ・アミアッドはその好例だ。建国から間もないころ、イスラエルの農家という農家が悩まされていたのが灌漑に使うホースの目詰まりだった。ホースに開いた小さな孔が土でふさがれ、作物への撒水に支障をきたした。その結果、作物は枯死して、収穫の一部あるいはすべてがだいなしになっていた(35)。

一九五〇年代末、アミアッドの農民で工学に巧みな一人がホースの目詰まりを水圧で修復する仕組みを考案する。この仕組みには電気も化学薬品も使われていなかった。キブツが所有・経営する工場で、耕作地で実験を重ねたこの発明品が洗浄機能つき濾過装置として製造されたのは間もなくのことである。こうして一九六二年、アミアッド濾過システムズ社(現在はアミアッド・ウォーター・システムズ社)が設立された。

現在、アミアッドはロンドン証券取引所に上場、従業員は四〇〇名を超え、製品は世界八〇カ国で販売されている。最近同社はアーカルを買収した。アーカルはアミアッドの道の向こうにあるキブツ・ベイトゼラで創業した会社で、奇しくもアミアッドとは国際的な競合他社の間柄にあった。アミアッドは例年、数百万ドルもの予算を研究開発費に投じ、[36] 現在も農業向けの製品を開発しているが、その一方で海洋掘削関連や海水淡水化プラント、また商船のバラスト水の濾過装置などの分野にも進出している。[37]

キブツ・エヴロンの場合、水ビジネスに取り組むようになった経緯はさらに劇的で、農民の命を守るために手がけたものだった。キブツや農場はだいたいあまり友好的ではない国境沿いに設けられる場合が多く、国境の向こう側には敵対国が控えている。灌漑用の導水管のバルブを締めようと農場に出向く農民は、その際、狙撃手の格好の標的になる場合があったのだ。このバルブが遠隔操作で開閉できれば、たとえ相手国との緊張が高まったり、紛争が生じたりしている時期でも耕作地の灌漑をとめる必要はなくなる。[38]

キブツ設立から三〇年近くが過ぎた一九六五年、キブツ・エヴロンでは農業以外にも事業を拡大していくことが決定される。キブツのメンバーの一人がある発明家のもとで学んでいたが、その発明品がメーターをとりつけたバルブだった。電気ではなく水流を利用し、あらかじめセットした水量が通過すると止水する発明品をエヴロンは買い取った。数年を費やして安定して作動する製品にしあげると、ベルマド（Bermad）の社名で自社の単一製品である制御弁を販売した。社名のBermadは、「蛇口」[39]「呑口《のみくち》」を意味するヘブライ語berezに、「計測」を意味するヘブライ語madが組み合わされている。この装置によって、必要とする正確な量の水だけを使って一滴も浪費することはない。水資源がかぎられている世界中の地域の農民には願ってもない製品である。[40]

ベルマドの製品が世界市場に進出したのは一九七〇年のことだった。製品に対する需要は大きく、キブツ・エヴロンでは灌漑関連の用品を提案するとともに、公益企業体や防火向けへの制御弁の供給と業務を広げている。現在その製品は世界八〇カ国で販売。従業員は六〇〇名、株式は非公開でエヴロンと共同経営者のキブツ・サアルが所有している[41]。

今日、キブツが所有する工場はいくつかの業種で目にすることができるが、しかし、そうした業種の多くは農業そのものの関心から大きくかけ離れた水分野の製造業だ。キブツ・ダリアからは、伝送メーターを製造するアラドが設立された。ＡＲＩはキブツ・クファルハルヴで創立され、水道関連の公益企業体やほかのユーザー向けにハイエンドの金属バルブを販売している。また、キブツ・クファルブルムのガルコンは、個人や公園施設向けの安価な撒水製品を提供する。キブツ・マーガンミカエルで始まったプラスチック成型業のプラッソンは、鶏舎内の金属製給水機が高額でしかもニワトリの糞で錆びやすいことからプラスチックへの置き換えを進めてきた[42]。ここは出自をはるかに超えて業務を拡大していった会社だ。従業員数は現在一二〇〇名以上で、デュアル・フラッシュトイレや各種のプラスチック製配管を扱っている[43]。

水をめぐるさまざまな企業

キブツとは別に、政府の関連部門としてスタートした二つの企業、ＴＡＨＡＬ《タハル》（水インフラ事業）とＩＤＥ（海水淡水化プラント）は両社ともにグローバル企業に成長し、現在、その年間利益は何億ドルという規模に達する（本書の他の部分で両社については詳しく説明した）。メコロットは国営水道会社でいまも政府の管掌にあるものの、他の業務の一環として小規模ではあるが、キプロスにおける淡水化プラントからメキシコの水修復処理の運営などの国際的な事業もおこなっている。

だが、イスラエルの水関連業界では、約二〇〇社の新興企業をめぐり――ブーキー・オレンによると、二〇〇社には約二〇億ドルが投資されてきた――「次はどこの会社がきそうか」という噂話がかまびすしい。これら新興企業は過去一〇年のうちにいずれも創業の種がまかれてきた[44]。一見すると、毎月数社がハイテク技術を強みにして水関連業界の表舞台に現れてきそうだが、資金を集め切れなかった構想、構想段階で終わった試みなど、起業化にいたらずじまいのものもいくつかあったが、そうでなかったところも少なくない。社会の関心と資金を引き寄せることはできたものの、国外市場に進出するまでにいたらなかったところもある。そして、こうした企業のうちの数社が、一世代前にネタフィム、プラッソン、ベルマドが実現したようにグローバル企業へと成長していくのだろう。ハイテク産業に始まったイスラエルの起業文化は、その後、エネルギー産業、広告業界、繊維産業などの、従来からあるローテク産業へと広がっていった――そして現在、流れは水関連業にも浸透してきた。

水とは、キッチンのシンクやシャワーから流れ出てくるものにとどまらない。それは食糧供給の要であり、家庭やビジネスを維持していく原動力であるとともに、町の道路の下を流れる廃水だ。水の使用と供給にかかわるほとんどすべての場面や場所に向き合うことで、新規事業のアイデアが思い浮かび、しかもそれは水やエネルギーの節約につながる解決方法をともなう場合が少なくない。

アトランティウムは兵役中にレーザー技術を学んだ発明家が創業した企業で、その製品は映画「007」シリーズに出てきてもおかしくない。二〇〇六年から同社の役員を務めるロテム・アラドは、「見ておわかりのように、この国の光学分野には洗練された技術が少なくありません。レーザーは脱毛の世界でも使われてきました。軍でもレーザーは使われつづけています。同じようにアトランティウムは無の状態からなにかを生み出したわけではありませんが、会社の創業者は応用できる市場のすき間はどこか調べ、それを私たちは商業目的として利用しているのです[45]」。そして、これぞと決まったのが食品と飲料だった。

食品と飲料に使われる水は、不可欠であると同時に高価なものである。使用するエネルギーも決して少なくはない。高エネルギーは環境負荷が高いだけでなく、企業の最終収益にも影響が及ぶ。アトランティウムではステンレスでケーシングした石英管をつくり、製品のコンセプトはそのままで、レーザーのかわりに紫外線に置き換えた紫外線水殺菌装置を製作した。石英管は紫外線をとらえると、光線を水中の微生物に向かって跳ね返していく。しばらくすると微生物は不活性化して水は殺菌されている。

浄水では塩素が使われることが多く、その場合、食品や工場の排水に薬品の残留が見つかることがある。アトランティウムの殺菌装置ではそもそも塩素が使用されていないので、薬品が残るはずはない。省エネに加えて化学薬品からも免れている点で、環境に対して二重に貢献している。

現在、一五〇以上の国の食品工場や飲料工場でアトランティウムの紫外線水殺菌装置は使われている。この石英管はヨーグルトや乳製品などの低温殺菌を目的に、ギリシャヨーグルトで有名なニューヨーク州のチョバーニやダノンといった企業で利用され、低温殺菌にともなう通常のエネルギーコストを九七パーセントも省くことができた。このほかにもコカ・コーラ、ペプシ、シュウェップスなどのソフトドリンク、コロナやカールスバーグのビール、ネスレ、ユニリーバの飲料をはじめ、中小の飲料メーカーで使用されて、最近では製薬会社や発電所、水産養殖場、自治体の水道事業体がアトランティウムの顧客となっている。(46)

官民一体の技術インキュベーター

イスラエルの水事業でも有名な人物がこの世界に移ったのは、かなりいい年齢になってからのことだった。だから、自分が業界でいっぱしの〝水道屋《ウオーター・ガイ》〟というにはおこがましくもあったが、かといって自分が周囲の〝配管工《プランバー》〟とはちがうのだと一線を引くにはやましさを感じている。アミーア・ペレグはイスラエルのハイテク産業の申し子で、立ち上げたデータ分析会社をマイクロソフトに売却したのは二〇〇八年(47)。新しいビジネスチャンスを探していたころ、興味半分で、水事業関連の見本市をのぞいてみようとヨーロッパに出かけた。会場のどこを見てまわっても、目にとまるのはパイプなどのハードウエアで、ソフトウエアはひとつとしてなかった。

「もちろん、企業はあらゆる種類のデータを使っていますが、まったく統合されていません。クリーンテック時代を迎えていただけではなく、すでにクラウドコンピューティングが始まり、ビッグデータも使われていました。これはビジネスになると直感しましたね」

イスラエル国民が生まれながらに水問題に対して感受性を備えているのは、生まれ育った気候と一貫した節水教育の賜物だ。ハイテク業界や金融業界の知人と温めていたアイデアの件で話し合っていた席でのことである。この事業に価値があると知人らは認めてくれたが、手は出さないほうがいいと言われた。「知人の一人は、水の世界ではじめてイグジット（資金回収）して利益を手にするころには、ハイテク産業なら五回はイグジットしていると言っていました。水関連の新興企業のライフサイクルでは、ハイテク企業に比べると利益や売り上げを出すまでにずっと時間がかかります」とペレグは言う(48)。

それにもかかわらずペレグは事業化を進めた。世界中の基礎自治体が運営する水インフラの漏水

——そしてエネルギーの喪失——が膨大な量の水の損失をもたらしているなら、自分が〝ハイテク配管工〟になろうと思った。ハイテク配管工はペレグのいまの自称だ。水道事業体から水に関する膨大な履歴や最近のデータを得ると、これをひとつにして徹底的に解析すると数式を抽出、この数式で漏水箇所を特定することができる。従来方式では地表面が水浸しになるか導管が破裂するまでわからなかったが、その数週間前に先立って漏水地点を特定できることが多くなった。ペレグはこの会社にタカドゥ（TaKaDu）という風変わりな名前を授けた。頭文字のようでもあるが特定の意味を表しているわけではない。

タカドゥのアイデアを支えるのは、水道事業体がもつ大量の既存データ——対象地域の水流、導管が破裂しやすい条件、温度などの数千の入力データ——を利用して履歴を作成することである。ちょうど、購入履歴のパターンの異常を見抜くことでクレジットカード詐欺を判別するように、タカドゥでは利用可能なデータを使って漏水へとつながる場合が多い異常を発見する。この方法だと水道事業体が問題箇所を特定する際にも役に立つので道路を掘り返す作業はもちろん、経費や工事にともなう不便も最小限にとどまる。(49)

タカドゥの最初の顧客がエルサレムの水道事業体ハギホンで、通常の顧客とはいささか毛色がちがった。この時点でタカドゥはまだ構想段階だったが、ハギホンではタカドゥのベータサイトになることに同意する。顧客の第一号としての恩恵がいかほどであったにせよ、客はハギホンでありながら、得たものはタカドゥがまさっていた。ハギホン側のエンジニアはソフトウエアの使い勝手を高める方法、水道事業体向けの価値の高め方について継続的にコメントを提供した。タカドゥ側はソフトウエアを再設計し、ユーザーインターフェースをさらに向上させていった。(50)

ハギホンではこうした支援の見返りやその後の作業の減額をタカドゥ側に求めていない。彼らとしては国の水道事業にかかわる企業の発足にひと役買えることが喜びだった。「当社には最先端のテクノロジーが得られるというメリットがあります。しかしそれ以上に、発明と商業化のあいだに横たわる死の谷、この期間を起業家が乗り切ることに協力したいと考えています」。他所ではあまり例のないこの官民の協調についてハギホンのＣＥＯ、ゾハー・イノンはそんなふうに語っている(51)。

タカドゥのシステムは国内のほかの町でもすでに導入され、イギリス、スペイン、ポルトガル、オーストラリアなどの海外の国でも採用された。これらの国々の事業体では、このシステムは単なる漏水検出にとどまらない使われ方をしている。予測機能を活用することで、管理者は水道使用の急増が事前にわかるようになり、それに備えた対策が打てるようになった(52)。

ハイドロスピンもハギホンをベータサイトとして利用した新興企業だ。水力発電はクリーンエネルギーで滝や川の急流を動力源とする。ハイドロスピンの場合、水力発電の動力源として見つけたのは、それらに比べるとはるかに小さく、あまりにも意外で、その第一印象は「考えてみればまさにその通り」となるだろう。この点がアルゴリズムのタカドゥ、紫外光線のアトランティウムとは異なる。ハイドロスピンが利用するのは、通常の水道管内を通過していく水流だ。水は管内に備えられたきわめて小型の水車を回しながら流れ、この水車が河川の水力発電と同じ要領でごく微量の電流を起こしている(53)。

同社の発電機は今後の市場の需要を見据えたものにほかならない。現在、開発が進められている水道設備のひとつに、水道の質と量に関する一貫したモニタリングがある。このモニタリングの実現には、主水源の配水コントロール室から水道管に設置されたメーターやセンサー全般について制御しなくてはならない。利用できるデータが多ければ多いほど、供給される水に対する信頼と品質が高められる。計測されたデータは分析のために伝送装置によって中央センターへ送られる。こうしたメーターやセンサー、伝送装置を稼働させるため、各自治体では送電線や長寿命のバッテリーが使用されているがいずれも問題を抱えている。

電力系統は従来からのエネルギーに依存しており、電力使用が増えれば経費はかさみ、環境への負荷も高まってくる。バッテリーの場合、たとえ超長寿命タイプでも使い切ってしまえば、道路や歩道をたびたび掘り返さなくてはならないので、人件費や工事にともなう不便がつきまとう。(54)小型の水力発電機なら、半永久的な再生可能エネルギーでいずれの問題も解決することができるだろう。

水を数式の一部と考える革新的な発想にとどまらず、ハイドロスピンという企業は、イスラエルの水政策がいかに成功しているのかという点で、もうひとつ見逃すことができない要素を象徴していた。この会社はイスラエル政府の主任研究員部(ＯＣＳ)が進めるインキュベータープログラムから財政的支援を受けていたのだ。政府がかかわっている産業政策として、ＯＣＳのこのプログラムにまさる制度はないだろう。(55)

ＯＣＳは以前まで産業貿易労働省と呼ばれたイスラエル経済省に属している。プログラムが始まったのは一九九一年、ソ連からの移民が流入して間もなくのころで、移民は高いスキルをもちながらも求職の必要に追われ、それは大学教授や科学者も例外ではなかった。政府は、彼らの知識をもとに、会社設立に役立つ一石二鳥のシステムとしてこれを思いついた。(56)

政府自身は投資の判定にかかわるのは望んでいなかったので、可否の判定はほかの組織に委ねる方法を採用した。インキュベーターはＯＣＳと提携する目的で設立される会社で、ＯＣＳの財政的支援を受け取る。インキュベーターの選定はコンペを通じておこなわれ、その選考基準は財務体質、起業家に対する技術指導、研究所や事業スペースなどの施設提供能力のほか、戦略的パートナーとなるかもしれない相手に対し、生産的な関係を構築できる履歴を有しているかなどである。

こうしたコンペを経て、資金力に恵まれた個人のグループあるいは企業が選定されると、今度はインキュベーターとして、事業化にふさわしい説得性があるアイデアを精査したうえで、さらに開発を進めた場合、ベンチャーキャピタルを引きつける優れた候補になる案件を選び出す。インキュベーターは出資に際し、多数の機会評価をおこない、ＯＣＳの意向にもっともふさわしいアイデアだけを選出するのだ。インキュベーターによって推薦が決定すると、ＯＣＳは中立の専門家に依頼し、そのアイデアがもつ技術的な価値や、企業化された場合、成功するかどうかの確認をとりつける。

「私たちとしては、志願者全員の審査は、自分たちで手がけたいとは思っていませんし、できるだけの資質ももちあわせていません」と、ＯＣＳでインキュベータープログラムのリーダーを務めるヨッシ・スモラーは言う。「自分たちにかわってインキュベーターが大半のことをしてくれると期待しています。インキュベーター自身、私たちといっしょにみずからの資金で投資をしなくてはなりませんから、ここには本当に投資に値するだけの案件が寄せられると考えています。実際、どの案件もできるだけ〝イエス〟と返答をしたいものばかりです」[57]。インキュベーターから推薦を受けた新規事業の案件のうち、七〇パーセント以上がＯＣＳからの財政支援を受けている。

二度の審査を通過した起業家は、資金援助として、五〇万ドルの融資をＯＣＳから二年間にわたって受けるか、それとも研究開発費の八五パーセントの支援かという、そのどちらかを受けることになる。インキュベーターも固定間接費と研究開発費の一五パーセントを負担しなくてはならない。助成金は三年目も可能だが、その後は起業家もインキュベーターもアイデアを軌道に乗せるか、さもなければ案件はそこで打ち切りとなる。

製品やサービスの発売が始まると、政府は三パーセントのロイヤルティーを徴収、ただしそれは直接投資した分が回収されるまでで、管理手数料や利益配当などはまったく請求しない。会社の所有権についても政府はまったく関係しておらず、それらは起業家とインキュベーターとのあいだで分割される[58]。

ＯＣＳのインキュベータープログラムに似ているのが、メコロットが進める事業開発構想のウォテック（WaTech）だ。ウォテックとは水（water）とテクノロジー（technology）を意味する。メコロットが抱える問題について、ソリューションを提示する起業家を援助するという、先述したブーキー・オレンの考えが発展したものだ。メコロットは、オレンが構想したまさにその通りの方法で、これまで約三〇の新興企業に資金の一部を援助するとともに、事業コンセプトを確認するベータサイトの場となってきた。こうした製品の顧客第一号は水道事業体が多く、それもまたオレンがこの構想を提案した理由だった。さらにこの制度のいいところは、ウォテックに選ばれるとメコロットのエンジニアから多くのアドバイスが得られる点だ。製品のベストの使用法を検討することを通じ、設立間もない企業の援助をおこなうことが条件のひとつとなっている[59]。

最近の一例がメンテック（MemTech）だ。メンテックはテクニオン大学の経験豊かな二人の教授が設立した新興企業で、ケミカルエンジニアリングが専門のラフィ・セミアト、モーリス・エイサンは有機化学者である。二人は浄水に使用されている浸透膜が本来なら引き寄せる水を逆流させる点に注目した。新しい浸透膜の製造法を考案すれば、親水性の膜に水を通過させることは格段に容易になり、エネルギーコストの大幅な削減ができると二人は考えた。廃水処理に利用すれば経費を低減できるので、その点でもこの浸透膜は画期的な意味をもつと考えられている[60]。

メコロットは企業が経験を積むために必要な元手を提供するだけではない。さらに肝心なのは、製品プロセスの最適化を通じ、一〇〇〇時間以上にも及ぶメコロットの上級エンジニアの時間が提供されているという点だ。メンテックの売り上げからメコロットが手にするのはわずかなロイヤルティーだが、ウォテック本部長のヨッシ・ヤコビはこう言う。「メコロットは金銭的な利益のためにこれをやっているわけではありません。この事業を進めてきたことで、私たちは優れたテクノロジーが得られ、それによって年々エネルギー効率が高まり、プロセスを一段と向上させていけます。こうしたテクノロジーはメコロットのエンジニアによってもたらされたものもありますが、ウォテックが育成してきた発明家がもたらしたものも少なくはないのです[61]」。

世界の水問題への解答

二〇一三年、隔年開催のこの年の国際ウォーター・ショーはテル・アヴィヴで開かれていた。オデッド・ディステルは、イスラエル政府の水事業輸出振興部門の主任として一万五〇〇〇名に及ぶ訪問客を出迎えた。約二〇〇社にのぼるイスラエルの水関連企業の展示物を見ようと、世界九二カ国から二五〇の公式代表団が展示会に訪れてきていた。出展企業の大半は創業からわずか一年という新興企業ばかりであり、なかには、市場に打って出るのはこれからという企業も交じっていた[62]。

イスラエルの水事業を輸出産業に育成しようとディステルやオレンらが考えはじめた当時、この国の水関連輸出額は七億ドルだったが、いまやそれが二二億ドル。「間もなく一〇〇億ドルになるのは疑いようがありません」とオレンは言う。〝希代のアイデアマン〟はいまだ健在だ。「それがイスラエルのためであり、世界のためでもあるのです[63]」。

ディステルのほうはもっと冷静だが、楽観的であるのは変わらない。「ほかの産業と同じようにこの分野でも、成功する会社があれば、失敗する会社、横ばいの会社が出てくるでしょう。しかし、上昇基調にあることに疑問の余地はありません。水をめぐるテクノロジーによって水道事業体、自治体、農業は変わっていくでしょう。そして、イスラエルのテクノロジーはいずれの分野においても先導役を担っています[64]」。

元首相府長官のイラン・コーエン――ディステルの輸出振興部門を設立するためにオレンが奔走していたころに力添えした――は、歴史的な意義と思想的な意義の両面から次のように考える。「私たちがいま生きている土地では、はるか昔、ナバテア人とヘブライ人によって水は巧みに使われていました。長い追放のあいだ、私たちはその技術を喪失してしまいましたが、この地への帰還とともに記憶は呼び起こされたようです。建国間もない国としては産業の育成に努めなければならず、また孤立を強いられる国としては創造的な発想に徹する必要があり、そうでなければ生き延びてはいけません」。そして、コーエンはこう話を続ける。「しかし、いまや成功はまちがいないと確信しています。この国は水の塊へと成長しました。世界の水問題について、イスラエルが答えをもっていることは、現在では世界中で知られています[65]」。

第9章

水の地政学——イスラエル、ヨルダン、パレスチナ

隣人が水に餓《かつ》えていては穏やかに暮らしてはいけない。

——エイロン・アダール教授

アラブ－イスラエルの対立は、決して終わることのない紛争のようにも思える。だが、イスラエルの周辺諸国の水需要が高まることで、中東地域に劇的な変化をもたらす可能性をはらむようになってきた。水は裏交渉の手段として、長年にわたってイスラエルと近隣諸国とのコミュニケーションをうながし、仲をとりもつ契機となってきたからである。中東の水の需要が今後増大していけば、自国の必要性を満たすことを理由に、各国の歩み寄りが図られるのかもしれない。

ヨルダンとパレスチナは両者ともイスラエルと水源を共有している。同じ帯水層と河川に頼っているという点ではイスラエル、パレスチナ、ヨルダンは同じ運命のもとに置かれ、共通する問題解決を模索している点において、三者とも生まれついてのパートナーなのだ。ほかの中東諸国の大半は水源こそちがうが、ヨルダンやパレスチナと同様の気候や地形のもとにあって、すでにウォーター・ストレスにさらされている。こうした国々が間もなく前例のない水不足に直面するのは、高い人口増加率、慢性化した不適切な資源管理、乏しい計画性、そして降雨量の劇的な減少が原因だ。そして、これらの問題に対する明白な解決法のひとつこそ、イスラエルとの連携にほかならない。

ここまで本書でも論じてきたように、イスラエルはかずかずの段階を経て水の超大国に変貌した。何十年にも及ぶ計画と犠牲によって、この国に住む誰もが——対価さえ払うことができればだが——安全な水を望みのまま手に入れることができるようになった。水に関連した法律の恩恵もあるだろう。高い権限を付与された規制機関や公益企業体の管理者などの巨大組織も整備されている。そして、教授、科学者、起業家によって考案された技術的な進歩によって、イスラエルの水の安全保障は成長の一途をたどってきた。

すでにヨルダンとパレスチナにイスラエルは水を輸出しており、[1]その金額はイスラエル国内の価格をしたまわっている場合が少なくない。[2]だが、アラブの隣国がさらに経済発展を遂げ、大量の水が欠かせない中流層の生活水準に突入していけば、これまで以上の膨大な水が必要になってくる。こうした国にとって幸いなのは、イスラエルにはその需要を満たす以上の水が供給できるだけでなく、関連する訓練とテクノロジー、そして技術上の支援を提供できるという点だ。この国には世界レベルの研究機関があり、水に関連するテーマを研究する教授や大学院生には、どの分野においてもイスラエルは本拠地になれる。現在この国では何名もの者が研究を進めているが、さらに多くの研究者が学ぶことができるし、また学ぶべきなのである。

パレスチナもイスラエルの水質改善に協力できるという点で、イスラエルの国益に関係している。ヨルダン川西岸地区の主要都市はエルサレムのユダヤの丘やサマリアの山間部にある。パレスチナの家庭や工場から出る廃水は川を経由して斜面をくだっていくものの、汚水は未処理のままのことが多く、しかもこうした河川はイスラエル国内にも流れ込み、水源の帯水層の近くでは汚染を引き起こしてしまいがちだ。[3]同様にガザ地区でも未処理のままの膨大な廃水が地中海に毎日流され、この汚水のせいで沿岸に建つイスラエルのハイテク淡水化プラントに好ましくない影響や汚染を及ぼす懸念がある(4)。さらにイスラエルはパレスチナとヨルダン川西岸の帯水層を共有するだけでなく、ヨルダンとはヨルダン川と死海を共有している。ヨルダンとパレスチナとの戦闘がなく、イスラエルが自国の水供給に専念できるなら、三者の協力関係は自国の水源を保全するというイスラエルの国益に貢献することになるのだ。

水を介して三者のかかわりを深めていく理由はもうひとつある。現在のところ、政治的な通路はとだえた状態にあるようだが、それが常態である必要はないはずだ。水をめぐる対話は信頼を醸成する手段になり、この方法を通じて他の紛争地区との進展も図っていくことが可能だ。関係が改善されていればこそ、情勢に変化をもたらすうえで水が役に立つと確実に請け負うことができる。いずれにせよ、アラブ－イスラエルの紛争というものは、大々的な交渉を一度もったぐらいで解決できるような問題ではないなら、できるだけ多様な方法で、一人でも多くの人たちの生活の質の向上を目ざすことがいっそう重要になってくる。

紛争が長期化すれば三者の溝は深まり、解決はいっそう困難になっていく。しかし、水を介することで、悪化する一方だったパレスチナとの紛争に真逆の結果がもたらされるようになった。時間の経過もあるが、とりわけイスラエルで発展してきたテクノロジーに負うところは大きく、かつては解決不能とされた問題について打開する手段をもたらした。別の観点からすれば、今日の紛争――たとえば、最終的な国境線、難民、安全保障、エルサレムの扱いも現状では解決不能の問題のように思われる。新しい国を創設したり、あるいは現在は街やハイウエーが建ちならぶかつての村に難民を帰還させたりするのはできないにしても、水は生み出せるのだということをイスラエルはこれまで実証してきた。イスラエルが自国の水事情を変えてきたように、パレスチナ人にもそれは可能で、とくにその取り組みにイスラエルがパートナーとして加われば、さらに迅速なペースで実現することができるだろう。

三者のかかわりが強化されなくとも、イスラエルがもつ豊富な水で中東の隣国に安心を与え、そのなかにはイスラエルがこの地に存在することに異を唱える国も含まれる——と、長年パレスチナの水問題に尽力してきたイスラエルのある水の専門家はそんなふうに考える。「よその国からイスラエル人とパレスチナ人を見れば、紛争しかその目には映りません」と語るのはイスラエル水委員会の元委員長シモン・タールだ。「一部で紛争は起きているのはたしかですが、それしか目に入らないのならそれは誤りでしょう。パレスチナ人はわれわれが隣人であることで、水については大きな恩恵を得ており、それは進んだテクノロジーを学べるとか利用できることだけではありません」。

タールが指摘するのは、パレスチナ人が水の豊かなイスラエルに隣接していること、そしてこの隣接とともに「それと認識されていない恩恵の大半」がもたらされている点だ。「パレスチナ人はイスラエル人の占領下にあることを選ぶとか、あるいは置かれるべきだと言っているのではありません。しかし、ウォーター・ストレスにさらされる地域において、イスラエルの水の安全保障に便乗できる機会がもてるなら、これは保険証書を手に入れられる機会だと見なすべきでしょう。ガザもヨルダン川西岸も、どれほど甚大な干ばつに見舞われたり、あるいは自分たちの水をどう使ったりしようと、イスラエルの水資源の在庫が現在のようにたっぷりあるかぎり、自分たちが水なしに陥ることがないのは彼らにもよくわかっています[5]」。

もなる。

占領下の水

一九六七年の第三次中東戦争（六日戦争）を契機にしてヨルダン川西岸地区はイスラエルの支配下に置かれた。それはまたパレスチナ人にとって、域内の地下水の利用について転機をもたらすことになる。

占領したばかりの地区にイスラエル人が目をやったとき、彼らが目にしたのはイスラエルで近代的な水道網が整備される以前のはるか昔日の水道整備であり、とくに西岸地区ではそれが目についた。建国以前のイスラエルと同じように、西岸地区もまた街区によって水が割り当てられていた。とある地区で取水された水は、さらに多くの水を必要とする農耕地や工場や家庭用水として別の地区へと送水されてはいない。一九六七年にイスラエルが勝利するまで、ヨルダンが一九四八年からここを支配していた。その間に数百もの井戸が掘られたが、パイプは小口径でポンプの力も弱かった。取水量はかぎられ、水ももっぱら井戸の周辺にある農業用水として使われていた[6]。

小さなパイプと貧弱な基本計画はともかく、ヨルダン川西岸地区の水道整備は一九六七年の時点ではきわめて旧式の状態にあった。水質は一定しておらず、水源とその年の月によって変わり、汚染によって飲用には不適切な場合も少なくない。水量も季節ごとの影響を受けていた。土地の泉から湧いた水が重力式の導水路を伝わって町や村へと運ばれたが、導水路のなかには二〇〇〇年前のローマ時代から使われているものがある。どの家にも貯水槽が置かれていた。さまざまな大きさの虫歯のように並ぶタンクにためられているのは冬に降った雨水で、この水で家族の翌年の用がまかなわれていた。水の運搬には陶製の瓶が使われ、聖書の時代さながらに瓶を手にもつかあるいは頭に載せて、近くの泉から汲んだ水を家へと運んだり、小さな家庭菜園に水をまいたりしていた。

一九六七年六月の時点で、ヨルダン川西岸の七〇八ある市や町のうち、水道が整備されていたのは四カ所にすぎなかった。[7] 当時、西岸地区の人口はおおよそ六〇万人、[8] 人口全体のわずか一〇パーセントしか近代的な水道設備に結ばれていなかった。[9] イスラエルが自国の水供給でおこなったときと同様な対策が講じられ、この地区の共有地区という共有地区であらたに井戸が掘られて水が汲み上げられたが、泉については従来からの所有者の資産のままとされた。[10] こうした活動はおおむねパレスチナ人の利益をより向上させるものだと受け止められていたが、しかし、なかにはイスラエルの真意はパレスチナ人の水を奪い、自国の水供給に回すのが目的だと言う者もいた。[11]

今日、ヨルダン川西岸の人口約二四〇万人の九六パーセント——人口は一九六七年以来約四倍に急増——の世帯に水道が敷かれている。[12] この水のほとんどが水質に優れているのは、大半がイスラエルの水道設備から供給されているからだ。[13]「パレスチナに水を供給したことに対し、とくにこの一〇年から一五年についてはとりわけ高く評価をしています」と言うのは、ベン・グリオン大学で水資源管理を専攻するアーロン・タール教授である。「ごくわずかな人数を除けば、パレスチナ人はきれいで、安全な水を各世帯で飲めます」とタールはパレスチナの事情について学究的な立場で長くかかわってきた者の視点からそう語る。タールは最近おこなわれた選挙で、パレスチナ国家創設を積極的に支持する政党のメンバーとして、イスラエルの国会クネセトのために奔走していた。「水の量や水圧に対するパレスチナ人の不平が正しくても、それでもその水の量と質の点では、大半のアラブ世界で飲まれている水、あるいは東ヨーロッパの一部の国の水よりははるかにいいものです」。[14]

理念と実利

イスラエルとパレスチナの水問題の解決を妨げる大きな障害は――占領開始からだいぶ年月を経てからのことだが――パレスチナ自治政府が、域内の水需要について、イスラエルと共同して実際的な解決を図るのではなく、むしろこの問題をイスラエルに対する主張を強化するうえで、政争の具として使うのを決めたことによる。以来、この状態が何年も続いている。パレスチナ自治政府とは、厳密にはヨルダン川西岸とガザの両地区の統治機関だが、二〇〇七年以降、ガザ地区は反自治政府の強硬派ハマスが占拠している。水をめぐる最近の政治問題を理解するうえで、パレスチナ自治政府内の抗争が鍵となる。

ハマスの台頭で――ハマスは基本綱領で国境内にイスラエルの立ち入りを拒絶――ガザ地区におけるイスラエルと自治政府の双方による適切な水問題への対処ができなくなった。しかし、ハマスの台頭はパレスチナの内部政治において第二の影響を及ぼしていた。住民へのデモンストレーションとして、自治政府内の穏健派もイスラエルに対し、対立的な姿勢がとれると示威するようになったのだ[15]。二〇〇八年に始まったこの対応は二〇一〇年以降エスカレートし、自治政府はイスラエルへの協力拒否を示す切り札のひとつとして水を使うことを選んだ。

これに対する自治政府の公式説明には、政府内部の政治抗争についてなにも触れられてはいなかった。自治政府の説明はこうだ。二〇〇八年以前にイスラエルと自治政府は、パレスチナ人とイスラエル人入植者双方の便宜を図るために協力してきたが、現在では入植者のコミュニティーに対する水道や下水に関するいかなる事業も、パレスチナ自治政府が固有の領土だと主張する土地について、イスラエルの入植を正当化することにつながってしまうというものだった[16]。一九九五年、パレスチナ自治政府が設立、このときイスラエルはパレスチナ人に対し、西岸地区でイスラエルが実施する新規の水関連事業について、パレスチナ側の拒否権を認めるかわりに、パレスチナに対しては、イスラエルにも同様の拒否権があるということで同意していた[17]。以来、イスラエルと自治政府は、たがいの水関連事業について暗黙のうちに了解しあってきた。だが、最近になって政治的に先鋭化したパレスチナの対応でそれも終わりを迎えたが、その政策は西岸地区のイスラエル人入植者への水の供給を阻む以上に、パレスチナ住民の幸福を損なうのは疑いようがないだろう。たとえ自治政府の政策の目的がより広範な影響を得ようと、水のような人間の生存を左右するものに結びつけ、人道主義への挑戦だとしてイスラエルの体面に傷をつけることが目的であったにせよだ。

事業の承認をめぐる遅れがどのようにパレスチナ人の利益を損なうのか、その一例をイスラエルの管理のもとで進められていた新都市ラワビへの水道工事に対し、イスラエルの承認が遅れた件に見ることができるだろう。ラワビの計画はパレスチナ実業界の有力者バシャール・マスリの発案に基づく、西岸地区はじめての民間による開発事業である。

中流層が住む町としてマスリが設計し、建設は段階を踏んで進められている。マスリが監督する造成が完成したあかつきには、おおよそ三万名がここに居住することが見込まれている。それぱかりか、今後さらに年月をかけ、町がその姿を完全に整えると、ここは一五万もの人口を抱える大規模な町へと成長していく。西岸地区ではすでにラワビは雇用の源泉であり、今後、パレスチナの民間部門において、数千規模の新たな雇用を提供すると見込まれている。パレスチナ経済では国外からの寄付にもっぱら基づく政府系の仕事が占めるだけに、ラワビのような存在はパレスチナ経済の推進力にほかならない。

しかし、このプロジェクトがイスラエル－パレスチナの政治的な小競り合いの犠牲になってしまう。イスラエル側は、ラワビの水道敷設について話し合うため、イスラエル、パレスチナの双方が集まって協議することを定めた長期協定に準じるように主張した。パレスチナ当局は、イスラエル－西岸地区のプロジェクトが議題項目にあるなら会議は原則として招集しないと拒んだ。

この静かな闘争が長期化するにつれ、マスリはすでに建築を終えた集合住宅の維持が困難になっていた。建造ペースは遅れだし、新規の着工もとまる。マスリ本人がなにより不安視したのは、水道からちゃんと水が出て、購入者が完済する前に、プロジェクトの維持費調達が足かせになり、ラワビの将来が損なわれるのではないかということだった。[18]

マスリが用いた対策はあまり例のない解決策で、イスラエルのメディアを使って現状を公表するというキャンペーンに打って出た。ラワビはイスラエルで世間の注目を集める事件となり、見たところイスラエル国内の中流層の家庭と大差のないパレスチナ人への協力さえ犠牲にしてまで、協定を遵守しようとする官僚主義のシンボルとなった。結局、イスラエルの首相ネタニヤフの命令に基づき、一年以上の遅延を経て、二〇一五年二月にラワビに水道はつながったが、以前であればこの問題は単なる行政上の手続きにすぎなかった。[19]

この論争でパレスチナ当局は筋を通して政治的にはからくも勝利を収め、イスラエルは世界のメディアで悪評を買っていた。しかし、その一方で、パレスチナの何百という家族は新しい家への引越しの遅れを強いられ、そればかりか工事現場で働くパレスチナ人労働者は開発会社の流動資金の不足を補填するためにレイオフ、マスリの事業は倒産の縁というリスクを負わされた。一般のパレスチナ人は政略にともなう理不尽な影響に苦しんだ。

パレスチナ人の水の専門家の多くも反正常化キャンペーン——水問題に関してイスラエルとは非協力関係とするパレスチナ自治政府の政策——と烙印されたこの問題には反対する者は少なくないが、声をあげようとする者はなく、状況をただ静観している。域内の水問題に長年にわたってイスラエル人と取り組んできたあるパレスチナ人はこう言っている。「パレスチナ人やこの地域の水問題を解決するつもりなら、イスラエル人といっしょに取り組むしか方法はないでしょう。それを拒んだところで得られるものはたかが知れているし、パレスチナ人の足を引っ張るだけなのです[20]」。

ベン・グリオン大学のアーロン・タール教授はこう言う。「パレスチナの水需要を正すには、自治政府の担当者がこれまで示そうとしなかった現実主義に立つことが求められています。彼らは水を政治問題にしてしまい、住民の日々の水の問題として解決策を論じるのではなく、権利として主張することを優先しているからです。自分たちがいつ、どこでなにができるのかを考えるのではなく、なにごともイスラエルのせいにするばかりです[21]」。

これに応え、パレスチナ人にもイスラエルとの提携による恩恵を認める者がおり、そのなかには公職につく者も存在するが、やはり話はじきに政治のロジックに戻ってしまう。パレスチナ水道局の上級職員アルモタズ・アバーディィは、「パレスチナはイスラエルからハイテクを使用した例を数多く学んでいます。イスラエルを訪問して水道や下水処理に関する知識も得ています。この機会を通じてパレスチナの管理者や技術者の能力はたしかに向上してきました。しかし、過大評価はできないでしょう。評価がかぎられるのは、占領によってことごとく支配されているからです。われわれの水はわれわれでなんとかできます[22]」。

悪化しつづけるガザ地区の水質

ガザ地区がニュースに登場するのは、たいていの場合、数年おきに発生するイスラエルとの小規模な戦争が理由だ。しかし、ガザ地区の住民の生活にとって未曾有の脅威は、ここ数年のうちに起こるだろう想像を絶する規模の水危機なのかもしれない。対策の時期を逸してしまえば、間近に迫るこの危機にともなう環境災害によって、ガザ地区の生活のありようは未来永劫変わってしまうことになるだろう。[23]

ヨルダン川西岸地区の中心で水圧や水量に関する不平があるにせよ、少なくとも各家庭に送られている水は、高い品質を維持しており、ほとんど例外なく飲料水としても安全である点ではおおむね異論はないだろう。しかし、ガザ地区は、地中海沿いにある小規模な領地で、ヨルダン川西岸地区とは最短距離でも約四〇マイル（六四キロ）離れ、西岸地区の給水設備と結ぶことはできない。両地区ともナショナル・アイデンティティーと政治的な願いという点では結びついているだろうが地理的にはそうではない。そして、イスラエルとパレスチナ人がともに認めるように、ガザ地区の水は劣悪でしかもますます悪化している。

ガザ地区には西岸地区のような深い帯水層と複数の水源は存在せず、水はもっぱら数十フィート程度の深さに点在する多孔質の土壌にある浅い帯水層から汲み上げている。この浅い帯水層——南沿岸帯水層——は掘削したり、井戸を掘ったりして水源には容易に達するが、それだけに表土から汚染物質がやすやすと地下水に浸潤してしまう。

アル・アズハル大学ガザ分校の水文学者ヨセフ・アブ・メイラ教授は、ガザ地区に迫りつつある水の非常事態はパレスチナの農業が原因だと説明する。「ガザ地区では失業率が高いので就業は農業に向かいます。ただ、ここで使われる灌漑法は効率性に劣り、用水に無駄が多いばかりか、流れ出た化学肥料が帯水層にまで達しています」[24]。ガザ地区では利用できる水の六五パーセントが農業用水として使われているが、耕作地の大半は都市部に重なるので、すでに過度な負担を負っている水源にさらに負担をかけている[25]。

だが、農業における誤った水の使用は、帯水層の劣化原因のほんの一部だ。「市当局が水を供給するのは週一度か二度です」と教授は言う。ガザ市はこの地区最大の都市で、推定一八〇万と見られる地区の全人口の三分の一以上がここに居住する[26]。「そのため、ほとんどの集合住宅で井戸が掘られ、必要な水はすべてその井戸から汲み上げられています」。教授の試算では、ガザ地区で掘られた井戸は総計一万二〇〇〇本を超え、うちしかるべき許可と検査を経たものはわずか二五〇〇本にすぎない。こうした井戸によって帯水層は過剰揚水され、しかも井戸が適切に掘られていないと、汚染物質や不純物が帯水層に浸透していく。ガザ地区の場合、こうした状況にあるのはまちがいないと教授は考えている[27]。

ガザ地区の水供給を脅かしているもうひとつの理由が下水処理の破綻だ。連日、約二四〇〇万ガロン（九万立方メートル）の汚水が人間の排泄物とともにたまってどんどん増えていくか、もしくは未処理のまま地中海に投棄されている[28]。畜舎からあふれ出た汚物も大量にたまっている。そうした汚水の一部が地表から帯水層へと染み込み、この地区の飲料水をさらに汚染している。

しかし、ガザ地区の水の将来にとってもっとも深刻な問題は、こうした化学肥料、汚染物質、人間の排泄物などが土壌に滲出していくことではない。ガザ帯水層とも呼ばれる南沿岸帯水層が、水理学（液体の性質を研究する科学の一分野）の法則上の犠牲となっているという点である。例年の降雨で涵養されるペースをうわまわる勢いで水が汲み上げられてきた結果、内陸部の真水と塩分を含む海水を隔てていた微妙な境界の崩壊がすでに始まっているという。過剰揚水されても帯水層は空のままというわけではない。地層はふたたびバランスを維持していこうとするので、汲み上げられた真水にかわり、帯水層は海水で満たされる。その結果、帯水層の塩分濃度が高まっていく。

海水の浸入はいまも加速している。「ガザ地区の水源の九六パーセントに塩分が含まれ、さらに数年以内にどの水にも海水の味がしてくるでしょう」。パレスチナ水道局の元委員ファデル・カワシュはそう語る。「現在、帯水層から汲み上げた水のほとんどすべてが、ガザ地区にある小型淡水化プラントのすべてを使って処理する必要があります。しかし、それだけで十分でないのは、この水が汚染されているからです。処理することで脱塩はできても汚染物質は取り除けず、住民はそうした水を口にしているのです[29]」。

ガザ地区の人口は世界でも屈指の勢いで急増してきた。イスラエルがここを占拠した一九六七年から撤退するまでの二〇〇五年で、ガザ地区の人口は約三五万人[30]からおおよそ一二〇万人へと増えた[31]。二〇二〇年までに人口は二〇〇万人を超えると予測されている[32]。この地区において、かりに高度な水管理と長期にわたる計画が実施されたにしても——現実には存在していないが——これほどの人口増加を支えていくには、水の需要と下水処理能力に対し、重い負担がかかることになるだろう[33]。

二〇〇七年六月を迎えた直後にハマスがクーデターで実権を握ると、ガザ地区の水のガバナンスはさらに悪化、これに合わせて地区の水質も一気に落ち込んだ。大胆な対策が講じられなければ結果は火を見るより明らかで、飲用可能な天然の水は数年のうちにガザ地区から消え失せることになるだろう。国連の調査は、早ければ二〇二〇年には「帯水層への不可逆的なダメージ」が顕在化すると報告している。とはいえ、不法に掘られた井戸を残らず封印したうえに、帯水層からの揚水をただちにストップしたとしても、ガザのおもだった水源から高濃度の塩水を除くには何十年という時間がかかる。第一にそうした封印が可能かなど想像さえできない。しかし、早急に手を打たなければ帯水層は「何世紀にもわたって」取水不能に陥ると国連の調査報告書は予測する。[34]

ガザ地区の水問題は、この地区への輸入制限と人の出入りを制限したイスラエルの失敗が一番の原因だとパレスチナ人の多くは主張する。また、二〇〇八年以来、ガザ地区におけるイスラエル軍の軍事行動の結果、水道施設が破壊されたからだというパレスチナ側の主張がある。これらの主張はイスラエルによって反駁されたが、かりにそうだとしても、こうした主張はイスラエルが主導的な役割を果たさなくては、ガザ地区の水危機に対しては合理的な解決策がまったくない事実を浮き彫りにするだけでしかない。

イスラエルのガザ占領は、エジプトが領有していた占領地を奪取した一九六七年に始まり、この間、ガザに入植したイスラエル人入植者や農地で使われた水は、それに相当する量の水をイスラエルは自国の水から供給することに同意していた。イスラエルがガザから撤退した二〇〇五年、支配権はパレスチナ自治政府に移る。撤退後は地元の水を使わなかったにもかかわらず、これ以降もイスラエルはかなりの量の水の供給を続けてきた。さらに最近では、供給量の倍増にも同意したが、しかし、かりに再度その量を倍に増やすことになっても、さしせまっている水危機とそれに引きつづいて起こるガザ地区の社会崩壊を押しとどめるには十分な量ではないだろう。[35]

当面のあいだ、ガザの水需要に対する解決策は、イスラエルが自国の供給分からガザに向けて脱塩処理した大量の真水を提供するしかほかにない。ただ、ハマスにはこれがイデオロギー上の問題であるのは、ハマスはイスラエルとの関係の正常化には反対で、その一環としてイスラエルとの経済的な接触はいっさいもたないことを選んでいるからだ。ただ、自治政府の高官は、ガザに海水淡水化プラントを建設して水を供給、さらにイスラエルを横切って導水管を敷設し、この水を西岸地区にも供給したいと言っている。

パレスチナ水道局の元委員ファデル・カワシュはこう言う。「かりにハマスに海水淡水化プラントの資金調達力、建造能力、管理能力が備わっているとしても、それでもイスラエルの協力は避けられません。ですが、ハマスに受け入れられる話ではないでしょう。ガザに海水淡水化プラントができた場合、稼働させる電力はイスラエルから購入しなくてはならず、操業中の技術協力やガザの水道設備についてもイスラエルの支援を受け入れることになります。イスラエルは世界中で淡水化プラントの建造と操業をおこない、われわれにはない専門技術に恵まれています[36]」。

イスラエルを断固拒絶するというハマスの誓いを覆すのはともかくにせよ、イスラエルへの攻撃や国境の侵犯の停止については、ハマスは誓約をしなくてはなるまい。ハマスに対してイスラエルが、セメントや金属パイプなどを自由に輸入するのを承認するには、イスラエルとしてもそれに先立って輸入品が自国への武器として転用されないことを確認しておきたい。セメントやパイプは民生用（海水淡水化プラントや汚水処理プラントなど）に使えると同時に、武器や軍用施設（ロケット砲やミサイル、トンネルなど）に転用できるからだ。現時点でハマスは、イスラエルの承認拒否の変更やガザ地区の非武装化には同意していない。

問題点と解決策ははっきりしている。ガザ地区が救済されて住民がこれ以上の辛い状況から免れるには、脱塩した水をイスラエルが供給するか、あるいは条件が整えばガザが自前の淡水化プラントを建造するかそのいずれかだ。それまでのあいだ、イスラエルはガザに水を販売することもできるし、イスラエルの水とガザから出る汚水を交換してもいい。イスラエルはこの汚水を処理して、再生した水をガザに隣接する西ネゲヴ地区で農業用水として使えばいいのだ。イスラエルにとってもパレスチナ人にとってもいい話で、農業や環境の点でも都合がいい。

なにも手を打たなければ破滅は避けられない。ガザの住民には飲み水や洗濯、農業に必要な水さえなくなる。未処理のまま地中海に投棄されるガザの汚水量はこれからも増えていくだろう。イスラエルとしては、自分の玄関先で人道的な危機を目の当たりにすることになるが、それを招いた当事者でないにせよ、政治的にも安全保障の点においても政府は難しい問題を抱えるのはまずまちがいない。そして、このまま見過ごしてしまえば、回復不能な環境破壊が間もなく引き起こされることになるだろう。

指導者たちの育成

一九九〇年代はじめ、イスラエルとパレスチナ自治政府では、双方の農業省によってパレスチナの農業に関する研修プログラムの策定が進められていた。テーマは多岐に及び、研修はイスラエルで開催される予定になっていたが、テーマのほとんどは水と深く関連するものばかりだった。イスラエルでは、一九五〇年代後半から世界の途上国を対象にした研修プログラムが実施され――エジプトでは一九八〇年代はじめから――ヨルダン川西岸地区とガザ地区では一九六八年、イスラエルがここを占拠して間もなく同様な研修が始まった。このプログラムは、ほかの地域で実施されたイスラエルのプログラムをパレスチナ向けに応用したものだった。

プログラムのカリキュラムは、イスラエルの外務省とイスラエル農業国際開発協力局（CINADCO）と呼ばれる農業省の直属組織との共同で開発されたもので、CINADCOは世界のほぼすべての途上国で研修を実施してきた。イスラエル－パレスチナの研修プログラムの目的は、水の効率的な使用、半塩水、灌漑、農業用水への再生水の利用をはじめとする各分野におけるイスラエルの経験を、パレスチナの水や農業の研究者とのあいだで共有しようというものだった。

CINADCOとイスラエル外務省は、自治政府と協力して総勢二〇～二五人のパレスチナの農学者、水道エンジニアなどの専門家集団をイスラエルに招き、五～六日間の研修会を実施してきた。一行はイスラエルのホテルに滞在しながらグループで国内を移動する。こうした研修会は例年八～一二回の頻度でおこなわれ、カリキュラムはグループそれぞれの経験値や必要性に応じて調整されていた。研修は座学と実地訪問からなり、エルサレムで金曜日を迎えると、訪問客はここに建つアル・アクサー・モスクでイスラム教徒として特別の日を過ごし、また文化や宗教的な関心に応じて他のイスラム寺院を訪れていた。

ツヴィ・ヘルマンはCINADCOと出先の関連プログラムを長年にわたって率いた。「この研修プログラムには政治色のある計画や目的はいっさいありませんでした。目的とはパレスチナ人の生活を改善し、豊かさを実感してもらうことならなんでもです。それ以外にプラスアルファがあるなら、それに越したことはありませんでした[37]」。

プログラムの目的は「可能性の構築」で、西岸地区やガザ地区に戻った参加者に、ここで学んだことを他者と共有してもらうことだった。「研修は指導者を育成する場所でした。直接参加するかどうかはともかく、カリキュラムを通じて、何千ものパレスチナ人の生活に影響を与えてきたと考えています」。

二〇一〇年、水をめぐってイスラエルとパレスチナの関係が政治問題と化し、それが日を追って現実のものとなっていくと、パレスチナ農業省からイスラエルに対し、今後はイスラエルでの研修に参加できないとの連絡が寄せられる。イスラエル政府の肝いりで、しかも現地で実施される研修会に参加することは、イスラエルのパレスチナ占拠について、これを認め、受け入れている象徴と見なされてしまう――ヘルマンはそう知らされた。「きわめて遺憾でしたが、私たちもプログラムを破棄しました。抗議ということではなく、実地体験抜きでは、この研修を実のあるものにできないと判断したからです」[38]。

ＣＩＮＡＤＣＯの研修プログラムが終了したのと同じころ、イスラエルは自国の水の専門技術を提供できる別の手段を得るが、今度はパレスチナとヨルダンの双方が対象だった。一九九六年十二月、イスラエルほか各国の出資によって設立された中東協議機関が、淡水化技術を通じて中東和平を促進するため、オマーンに淡水化事業の調査事務局の設置を決定する。表向きの目標はともかく、アラブとイスラエルをとりもつ場とすることを狙いにしていた。組織は中東淡水化研究センターと命名され、設立時からＭＥＤＲＣ《メデリック》と呼ばれてきた。

二〇〇八年、関係者らはＭＥＤＲＣの業務を拡大させ、パレスチナとヨルダンの専門家に向け、下水の処理技術、海水と半塩水双方の脱塩技術の修得の支援強化を図ることを決定、これらはいずれもイスラエルが得意とする技術領域だった。ＣＩＮＡＤＣＯのプログラムに共通する修得コースが考案されると、イスラエルは二〇一〇年から研修をスタートさせた[39]。ＣＩＮＡＤＣＯとＭＥＤＲＣ、二つのプログラムの決定的なちがいは、ＭＥＤＲＣでは、パレスチナとヨルダンの専門家がこの機関に参加していた点だ。おそらくこうした差やあるいは中東の機関であることもあずかって、パレスチナ自治政府もMEDRCへの参加に同意したのだろう。CINADCOの年八〜一二回の研修回数には劣るものの、現在、MEDRCでは年に二〜三回のペースで研修会が提供されている[40]。

「MEDRCの恩恵は二つの点につきます」と語るのは大使のナダフ・コーエンで、イスラエルの水問題担当の外交官としてMEDRCのプログラム策定やイスラエル−パレスチナ間のほかの協力事業にも携わってきた。「ひとつには、誰もが知るように、パレスチナとヨルダンの水問題の解決は、脱塩と下水の再使用を通じて唯一実現されるということです。ほんの数日ですが、この問題についてパレスチナとヨルダンの専門家に知ってもらうことで、どうすればいいのかという概略が得られます。二つめとして、それと同時に、政治的な状況からパレスチナ側の専門家が二者間問題の交渉を拒んだ場合、多国間訓練や多国間活動、あるいは非公式の事前会議の名目で、年に数回、イスラエルやヨルダンで集まることができるのです。これまでのところ、中東地域の水に関連した協力関係は、ほかの地域でも多国間協議を構築したり、促進したりするうえで貢献してくれることでしょう[41]」。

パレスチナ自治政府からは反正常化の声が聞こえてくるが、それにもかかわらず、MEDRCが提供する研修、イスラエルの専門家による研修に対して、パレスチナとヨルダンの受講意欲が衰えることはなかったとコーエンは指摘する[42]。

CINADCOと同じように、MEDRCの受講者には国に持ち帰れるようにアラビア語で書かれた情報満載の資料とイスラエルの記念品が渡される。閉会式もまたCINADCOのときと同じように和やかな雰囲気に満たされている。講師の一人で、メコロットの廃水処理と再使用部門の責任者であるアヴィ・アハロニは担当した講座が終了して数日後、一本の電子メールを受け取った。「敬愛する先生に（略）。お元気ですか。私にとってあなたは友人であるとともに、恩師であり、兄弟でもあります。あなたをはじめ皆さんには、どれだけお礼を申し上げてもきりがありません。イスラエルでは役に立つ、貴重な研修を受けることができました。ごいっしょできる時間がもっとあればと残念でなりません。ご厚情に改めて感謝します」[43]。

ヨルダン、イスラエル、パレスチナをひとつに

今後のパレスチナの水事情を改善していくうえでイスラエルは鍵となるが、一方で、ヨルダン王国は、開発途上国における正しい水管理について、真摯な取り組みの好例であるとともに、とくに最近ではイスラエル、パレスチナ、ヨルダンで共有される水域の改善でもこの国は重要なパートナーとなっている。水をめぐっては現在も多様な問題に直面しているものの、ヨルダンからうかがえるちがいは、一国の水の将来性を改善していくうえで、長期計画と域内の統一を図ることが役に立つことを示している。

ヨルダンが自国の水不足にどう対処してきたのか、要となるひとつの理由はこの国がイスラエルとの共存をある程度まで受け入れた点にあり、その程度はほかのアラブ諸国にはこれまで見られなかったものである。イスラエル自身、急増する人口と堅調な経済を維持しながらも、年間一四〇億ガロン（五三〇〇万立方メートル）の水をヨルダンに分けている[44]。イスラエルがそうするのは、ひとつには一九九四年のイスラエル－ヨルダン平和条約に基づくもので、さらにもうひとつは、東の隣国が力を増すことに協力したほうが政治的には賢明だと考えているからである。より多くの水を供給することで、ヨルダン経済と国民の生活の質の向上に向けて援助している。イスラエル最長の国境は、政情が安定

した欧米寄りのヨルダンと接していたほうが自国の安定にもつながる。

ヨルダンからすれば、イスラエルと暗黙の連盟を結ぶことは水だけが理由ではなかったにせよ、重要な要因ではあった。両国は機密や安全保障上の利益を分かち、最近地中海で発見された天然ガスもいずれヨルダンが輸出先になり、両国の経済的な結びつきはさらに深まっていくはずだ。しかし、水に関する両国の協力は昨日今日始まったものではない。

イスラエルが長年、ガリラヤ湖でヨルダンの水を貯蔵してきたのは、ヨルダン国内には貯水に適した天然の施設がないからだ。イスラエルとヨルダンは共同で死海とヨルダン川の一部の管理もおこなっている。共同管理の歴史と同じように重要なのがヨルダンとイスラエルの統合で、両国の絆――パレスチナを含め――を深める大胆な新規プロジェクトを通じ、近い将来ますます統合の度合いを強めていくのはまちがいない。そのプロジェクトは、この地域ならではの意義をもつインフラ事業で、工期は一〇年にわたって続き、何十億ドルという予算が投じられる。

プロジェクトの目的は紅海から汲み上げた海水を淡水化して、その水を三者で分配し、交換しあうというものである。それとともに、死海で進行する環境災害をくいとめるという野心的な試みであり、三者の地域的協力をうながす、新たな足がかりとしてもひと役買うはずである。

死海とは誤解を招く命名だ。死海は海でなく湖であり、死に絶えてもいない。魚や植物がまったく生息していないのは高い塩分濃度のせいで、死海は世界でもっとも塩辛い水をたたえた湖なのだ。

ヨルダン川がここに流れ込んでくる唯一の川である。一九三〇年代はじめ、この地においてイスラエル人とアラブ人の人口が劇的に増加したことにともない、ヨルダン川は分流されて灌漑用水としてもっぱら使われるようになる。ヨルダン川の流入がとだえ、乾燥地域での蒸発が加わり、年々湖水は減少して死海は縮小が始まっている。過去五〇年で湖の直径は以前に比べて約三分の一、深さは約八〇フィート（二四メートル）浅くなり、現在も毎年三・五フィート（一メートル）のペースで水位は下がりつづけている。(45)

現代の中東でかつてない野心的なプロジェクトのひとつとしてイスラエル、ヨルダン、パレスチナ自治政府の三者が結集、それぞれ新たな水源を創設する一方で、死海の安定化を目ざしている。三者が協力してこそ可能なプロジェクトであるうえに、最大の能力を引き出せるようになるには何十年とかかる事業であることから、水を基盤にしたこの革新的な試みは水資源のためであると同時に、三者が共存していくうえでの長期に及ぶ手段でもある。プロジェクトは「紅海－死海パイプライン事業」と呼ばれ、ヨルダン領内に海水淡水化プラントを建造、紅海から海水を汲み上げて処理しようというもので、建設地の港湾都市アカバはイスラエル最南端の町エイラートとは国境をはさんだ真向かいに位置している。(46)

通常、海水淡水化では、海水から塩分を除去するとブラインが残り、塩分濃度の高いブラインはふたたび海に戻されるのが普通だ。しかし、紅海に現存するサンゴ礁の生態系はダメージに弱く、これまでアカバやエイラートで大型の海水淡水化プラントの建造計画がもちあがるたびに、大量のブラインが環境に与える潜在的な影響が不安視されてきた。死海の場合、大量の水を必要としているうえに、干上がりつつある湖の塩分濃度がすでにブラインの濃度のほぼ倍近くに達している。プロジェクトのフェーズIとして環境上の懸念に対処するために、(47)脱塩後に残った紅海のブラインを死海まで輸送することは、現時点ではさまざまな点を踏まえると、どうやら賢明な解決策のようである。(48)

ただ、イスラエルの参加なくしては、自国領内であってもヨルダン単独で淡水化プラントの建造はできない。ヨルダンにとって紅海は唯一の海への出口だが、ヨルダンが水を欲している場所からは近くはなかった。この国の人口と農業はアカバのはるか北方に集中していて、標高は三〇〇〇フィート（九一〇メートル）の位置にある。紅海からの大量の水を首都アンマンまで輸送するなら、すでに高額な淡水化プラントに加え、途方もないほど高額な建造費をさらに強いられることになる。だが、プロジェクトにイスラエルが加わることで――イスラエルは死海からさほど遠くない砂漠で農業を成功させ、このプロジェクトによって新たな水源を利用できる――ヨルダンはイスラエルと淡水を交換し、領内でもっとも必要とする地域で水を得ることが可能になる。

イスラエルは脱塩後の淡水を処理施設の近くで受け取ると、かわりにガリラヤ湖で貯蔵する自国の水をヨルダンに提供するのだ。紅海からの距離に比べれば、こちらのほうがはるかにアンマンには近い。ヨルダンは高額な送水コストの節約が可能になり、銀行や融資する側にとっても、このプロジェクトの経済的な魅力が高まってくる。

パレスチナ自治政府もこのプロジェクトでは役割を担っているが、政治的な意味では価値があるとはいえ、水利上の観点からすればさほど重要とは言えない。自治政府はプロジェクトに参加することでヨルダン川西岸地区向けに、イスラエルが地中海の海水を脱塩した水を相当量手に入れることができ、ヨルダンはヨルダンで、イスラエルと経済上のパートナーとして公然と手を組むことをめぐり、貴重な大義名分を得ることができるのである。

イスラエル水管理公社の元理事長ユーリ・シャニ教授は、紅海－死海パイプライン事業の主立案者で次のように語った。「交渉の骨子となるロジックは三つ巴で、それぞれに課されている義務から手を引くには、大きな代償が当事国にともないます。もし、イスラエルの配分である水流をヨルダンがとめるなら、イスラエルはアンマンへの給水をストップします。三者とも同様な関係にあります。われわれはひとつに織り込まれているのです。成功も失敗も三者ともに――です」[49]。

特筆しておかなくてはならないのは、この交渉はヨルダン、イスラエル、パレスチナの三者が他国の高官のお膳立てを抜きにとりまとめた点だ[50]。何百万ドル規模のFS（実行可能性調査）への融資の件は、世界銀行ほか数カ国、とくにフランス政府に負ったが、三者はともに資金提供者を募り、共同して水の配分量を検討、さらにこの種の複合プロジェクトにつきもののステップごとの難題についても手を携えて解決していた[51]。外部から強いられた平和は長続きしないものである。ヨルダン、イスラエル、パレスチナの三者は他者に導かれることなく、共同して取り組む方法を模索している。こうした信頼醸成の経験は別の機会にも役に立つばかりか、水問題を地域全体の観点からとらえる目を養い、おそらくほかの多くの場合にも役に立つ力を育んでくれることだろう。

現状を変えていくために

ベツレヘム大学のアルフレッド・アベド・ラボ教授は環境化学者として水の科学を研究している。本人いわく「幅広い経験」の一環として、教授はイスラエルの研究者や大学とともに働き、とくに帯水層の汚染に関する科学を研究してきた[52]。「私は政治家ではなく、科学者。調べているのはイスラエルとパレスチナ双方を支援する解決策です。いま双方で足並みをそろえて手を打たなければ、今後二〇年のうちに西岸地区からは水がなくなってしまいます。この問題を正さずに、どうやってパレスチナを支援することができるのでしょうか。政治はことごとく口を出してきましたからね[53]」。

中東の水問題をめぐり、政治が常識的な解決手段に介入してきたことに腹立たしく思っている者は少なくない。しかし、政治というものが、物やサービスの社会的分配をなんらかの形で決定する手段なら、水のような人間の生存を左右するものを分配する際、政治を避けて通ることはできないだろう。要は、政治を通じて紛争解決への便宜を図り、財政上と環境上のコストを可能なかぎり最小に抑えながら、できるだけ多くの水を使えるようにすることなのだ。当面は手に負いかねる問題があるにしても、水をめぐる関係改善をどう始めたらいいのか、それについて新たな発想が複数存在することは、やはり明るいニュースだろう。

関係改善の方法のひとつが、水に対する三者三様の考えをどう変えていくかだ。「水をナショナル・アイデンティティーの象徴としてではなく、生活必需品のひとつとして考えられるようになったとしましょう」。そう語るのはベン・グリオン大学のエイロン・アダール教授である。「そうなれば、水はいろいろな形で交換したり、交易したり、あるいは売買したりすることができるようになります。イスラエルは料金を徴収してガザのパレスチナ人に脱塩した水を提供することもできるし、あるいはガザの住民は真水の対価として、未処理の下水と交換することもできるでしょう。現在、下水は再使用されないまま帯水層を汚染しています。ですが、イスラエルはその使い道を知っています。この下水を処理すればガザ周辺の農耕地に使うことも可能なのです[54]」。

パレスチナ水道局の上級職員アルモタズ・アバーディが思い描くのは、ガザ地区内の淡水化プラント建造にとどまらない。このプラントからイスラエル領内を横断して導水管を敷設、西岸地区に大量の水を供給しようというものだ。アバーディのこうした説明がなければ、これは一九五〇年代から六〇年代にかけてイスラエルで大々的に実行された国営水輸送網の建設にじつによく似ている。

エイロン・アダール教授もガザ地区から脱塩処理した水を送り出す構想には乗り気だ。「ガザには、自前の淡水化プラントと下水を残らず処理できるプラントが一刻も早く必要です。イスラエル侵攻のためのロケット砲やトンネル工事がやめば、パレスチナ人がここで独自の施設を建造することを禁止する理由もなくなるはずです。それまでは、イスラエルが提供する水と下水処理によってガザの必要に応じることが最善の解決法となるでしょう」。

ガザにプラントを建造することには賛成だが、教授の構想はアバーディと同じというわけではない。「ガザに淡水化プラントができれば、選択肢の幅はますます興味を引くものになってきます。パレスチナは脱塩した真水をガザ南方のイスラエルに送り、われわれはそのかわりにイスラエルの（西部）山岳帯水層から汲み上げた水をさらに西岸地区に送り込むこともできます。ガザからの送水経費をパレスチナが負うなど意味がありません。ガザは海抜ゼロですが、横断するイスラエル領内の海抜は六〇〇メートルもあります。西岸地区の水道料金に輸送費という不要な経費が乗ってきます。われわれが国営水輸送網を完成させたのは、イスラエルが孤立していたという事情があったからです。その必要がなければ、手がけるようなプロジェクトではないでしょう」。

アラバ研究所のクライヴ・リプチン博士は、真水が西岸地区最大の懸念とは見なしておらず、むしろ西岸地区から出る下水と再生水に注視している。「西岸地区では、真水の三分の二が農業用水に使われ、しかもその多くは効率性を欠いています。パレスチナ人は日常用水として十分な水を得ることはできますが、それには廃水をすべて回収して、農業用水として再使用できるレベルにまで処理しなくてはなりません。また、現在、農作物に使われている水の二〇パーセントを取り分け、この二〇パーセントの水を日常用水に振り向ければ、かなりの期間にわたって水を確保できるでしょう(55)」。

博士はさらにこう考える。イスラエルがそうだったように、パレスチナが再生水を柱とした構想を抱くようになれば、入植地でともに働くことに対するパレスチナ人の見方も変わってくるかもしれない。入植地には汚水処理システムと結ばれていない場所がいくつか残されている。「パレスチナ人が経済を活気づける好機として下水を見るようになれば、下水処理のために近くのイスラエル入植地に連結しようとしてくるでしょう。ただしそれは入植や占拠を認めたり、受け入れたりしたからというのではなく、帯水層を脅かす汚染を減らすチャンスで、新たな水資源として考えるようになるからです。国境や入植地の撤退に関する交渉をやめる必要などありません。政治問題の解決と水問題の解決は切り離せるのです[56]」。

パレスチナで水問題を担当する役人や研究者のいずれも、ヨルダン川西岸地区には下水処理場の建設が必要だという点では意見が一致しているようだが、しかし、建設が阻まれているのは[57]、ひとつには地域的な問題によるもので、一九九三年のオスロ合意によってパレスチナ自治政府の創設が決定した際、ヨルダン川西岸地区は図らずも管轄区域が分断して設立されていた。パレスチナ自治政府が管轄するのは、都市部の居住区であるガザ地区、いわゆるヨルダン川西岸地区のエリアAと同地区の辺境地区エリアBで、エリアCはイスラエルの統制と治安管理のもとにあり、パレスチナ国とイスラエルとの最終的な国境の取り決めについては保留状態にある。

「私たちの下水と汚染水は西岸地区の人口が密集した市街地で発生していますが、ここには下水処理施設を建造する余裕はすでにありません」。パレスチナ人で、現在、イスラエルのベン・グリオン大学大学院生レイラ・ハシュウェはそう言う。そこで彼女が提案する対策が、いわゆるエリアCにこうした処理施設を建設するというものだ。エリアCは西岸地区の都市周辺に位置するが、パレスチナ人の居住者は少ない[58]。

最終的な国境の交渉に先立ち、イスラエルがエリアC構想を変えたくないという思いはわからなくもないが、統治による土地区分があることで、下水処理への対応をめぐり、イスラエルとパレスチナ双方の前向きな進展をおしとどめることになっている。[59] 両者の微妙なニュアンスに精通するあるアメリカ人オブザーバーは、新規の統治コンセプトを設けることを示唆する。それが「エリアC＋《プラス》」であり、エリアA、B、Cと入念に組み立てられたヨルダン川西岸地区の統治分割を解体することなく、三次処理レベルの排水処理プラントと再生水の貯水池が建造できるというものだ。おそらく、エリアC＋の全地区が将来パレスチナ国になることから、この譲歩によってこれ以上の不便をこうむる者など誰もいないだろう。

イスラエル－パレスチナ間では事前に同意されていたが、西岸地区の一部としてエリアCが設定されたことにともなう別の問題は、自治政府がエリアCで治安管理を行使できない点だ。パレスチナの水泥棒がイスラエルによって敷設された水道管に接続、この水道管がエリアC内にあり、西岸地区全域のコミュニティーにいきわたるはずの水を盗んでしまう。その結果、水道管の水圧は弱まり、こうした水道管の一本によって水を得ている世帯は設計通りの量を十分に得ることができなくなってしまう。ただでさえ丘陵地の多い西岸地区の家庭ではなおさらだ。

「水泥棒がエリアC内で犯行を犯した場合、自治政府の警官は犯人を追跡していくことが許可されていません」とギドン・ブロンバーグは言う。ブロンバーグは環境保護団体エコピース・ミドルイーストのイスラエル側の共同ディレクターで、本人の弁ではこの団体は水と環境問題に関し、地域に即した持続可能な解決策を模索している。「同時にイスラエル側の警察と軍隊にとって、水泥棒はどうしてもとるに足りない問題だと考えられがちです」。テロリストの攻撃や大規模犯罪への防衛という厳しいプレッシャーに直面しているなか、水泥棒はわざわざ時間を割くほどの事件ではない。「その結果、この種の窃盗はほとんど検挙されません。住民は本来手に入る水を入手できず、十分な供給を受けられない住民は、自分たちの政府、つまり自治政府が基本的なサービスさえ満足にできないと不満をますます募らせています」。解決するには、イスラエルのほうから折れ、パレスチナ側の警察に水泥棒の捜索ができるように取り計らうか、それが無理にしても、イスラエル側で取り締まりを強化するとか、そのいずれかだとブロンバーグは言う[60]。

水と環境問題のアクティビストとして、ブロンバーグは地域の和平問題に先立ち、以前から水問題に取り組んできた。同時にイスラエルとパレスチナとの関係に変化をもたらす原動力として、水をてことして利用する点から試みてきた。エコピース・ミドルイーストのそうした取り組みのひとつが、帯水層の水をめぐり、イスラエルがパレスチナ側に対して寛大に応じるように求める活動だった。この帯水層は双方の領地に接し、現在は当初の相互合意に基づいてイスラエルが優先している。「現在のイスラエルはきわめて水の豊かな国ですから、天然の水はパレスチナ側にもっと大量にまわせます」と、帯水層に賦存する天然の水と、イスラエルが巨額の資金を投じて開発した脱塩水と再生水のちがいを踏まえてブロンバーグは語る。「とくに天然の水なら、政治価格で値段を低く設定して分けあうことができるでしょう。余剰の水をもてる以前の話なら、多くを譲ることはイスラエルの農家や個人にまわる量の減少を意味していたかもしれません。しかし、今日では、利用者に犠牲を求めることなく、以前よりも多くの水をまわすことがイスラエルにはできるのです」。

帯水層の水をこれまで以上にパレスチナに融通するのは、人道主義的な意義に加え、政治的にも大きな価値があるとブロンバーグは考える。「水の取引で自治政府が得る政治的得点は低くはありません。パレスチナの住民に対し、拒絶をしていてはこれまでとまったく変わりはないが、イスラエルと協力するならもっと多くの水が得られるのだと示すことができるでしょう。イスラエルにしても、紛争解決に真剣に取り組んでいる姿を世界にアピールできます。提供されるとは誰も思ってもいないものを差し出すことは、相手の勝利《ウィン》であると同時に私たちの勝利《ウィン》にもなるのです。そうなれば、和平プロセスを進行させるためにパレスチナはなにを用意しているのだと、今度は人びとが問いただすようになります」。

ひと筋縄ではいかない中東和平構想は、政治的な点では時に夢のようにも思えるにせよ、大いなる理想は、政治や経済開発、水利、環境問題に結びついている。アラバ研究所のクライヴ・リプチン博士は、現時点ではありえない話のように聞こえるが、イスラエル人とかパレスチナ人とかという単純な差異を超えた状況が到来すると考える。博士が求めるのは、ヨルダンも含め、地域がひとつになった取り組みで、現在ではまったく鳴りをひそめた相互依存の感覚を育み、三者それぞれの水需要の突破口というだけではなく、それ以上の問題を乗り越えていこうというものだ。「イスラエル、ヨルダン、将来のパレスチナ国――いずれもがこの地域の水を分かちあっています。どの国にせよ、その国が水や廃水におこなったことは、別の国にもただちに影響を与えます」。

リプチン博士は、パレスチナは独立国としての面子ではなく、国益を重視すべきだと提案する。「パレスチナ人は自国でエネルギー開発も水道網の整備も進める必要はありません」と博士は言う。「地域として取り組めば、イスラエル、ヨルダン、パレスチナはそれぞれ重要な貢献を果たせるはずです。ヨルダンの国土の九〇パーセントは無人で、領地の大半は大量の日光に恵まれています。ヨルダンが域内の太陽光発電網の本拠地となり、必要な土地を提供することは理にかなった話で、パレスチナ人は豊かな農地とヨルダン川西岸地区の山間部にそそぐ雨水を提供できるでしょう。ガザ地区に海水淡水化プラントが稼働すれば、その水を加えられます。そして、イスラエルは脱塩処理した水と開発を重ねてきた水の技術、帯水層にダメージを与えることなく取水する技術などが提供できるはずです」。

以上のプロセスで、「イスラエルはヨルダンに水を送り、ヨルダンはクリーンエネルギーをイスラエルに提供。パレスチナ人は帯水層を保護するとともに、優れた品質の農産物を低価格でイスラエルとヨルダンに供給して、農業用水に使用する水資源の必要を減らすことができるのです」。博士によれば、そうすればガリラヤ湖の取水量は減り、下ヨルダン川の水量の保全につながると言う。

「なににもましてありがたいのは、ナショナル・アイデンティティーを放棄せよと誰も求められない点です。私はイスラエル人のまま、彼もまたパレスチナ人のまま、ヨルダン人のままでかまいません。そして、時とともにナショナリズムの原則は影を潜め、地域主義に置きかわっていくことでしょう。われわれの経済と平和共存のあらゆる恩恵は地域主義とともに存在します[61]」。

第10章　水の外交——中国、イラン、アフリカ諸国の場合

航空宇宙産業がなくとも国は生き延びていけるが、水なくしては命をつないでいけない。
——オデッド・ディステル（イスラエル官僚）

外交的な孤立の苦しみをイスラエルほどなめた国はほかにはないだろう。寄る辺ない状況をなんとかしようと、イスラエルは水のノウハウをそのための手段に役立て、しばしば開発の手を他国に差し伸べて関係強化を図ってきた。経験やテクノロジーを他国と共有することを通じ、イスラエルは水というものを外交の結びつきや経済的な関係を築くうえで重要な手段としてきた。同時にこうした関係によって、世界の国々の水事情についてもイスラエルは改善を図ってきたのだ。

イスラエルの専門知識やテクノロジーを利用した国のすべてが国連におけるイスラエルの利益を支持するわけではないが、イスラエルは水の外交術によって、国家間の結びつきを大幅に拡大してきた。国際社会におけるイスラエルの関係はこうした外交政策で変わり、一五〇カ国以上に及ぶ国が水問題の解決支援——イスラエル政府、企業、NGOなどの方法——に対して、この国の役割を歓迎してくれたのである。

こうした形で他国を支援したり、関与したりするために水が使われたのは、イスラエル建国のころからである。中国の場合は、イスラエルとは外交上、長く冷えきった状態にあったものの、水に関す

る専門知識がとくに中心を担うことで北京の意向を逆転させた経緯がある。今日、中国とイスラエルは多くの分野で利害が共通し、協力関係にあるものの、二国間の親密さに貢献したという点では、中国ならではの水の問題についてイスラエルが取り組んできた支援にまさる分野はないだろう。

冷戦下の反西側陣営で中国は地位を高めていくとともに、対イスラエル外交に難色を示すようになっていた。[1] 中国はイスラエルとの国交樹立を拒絶するが、この交渉は一九四九年に中国が独立を果たした直後から始まっていた。北京の共産党政権は、イデオロギー上の理由と現実的な二点からイスラエルとの接触を拒んだ。

共産圏の主導国として、小国とはいえイスラエルとの交渉に中国が距離を置いたのは、イスラエルの国益は中国の主要敵国であるアメリカに利するというイデオロギー上の理由からだった。米中は一九七一年に国交を正常化したものの、その後も中国は現実的な理由からイスラエルとの国交樹立を拒みつづける。第一の理由として、中国が経済成長を遂げていくうえで、アラブの石油を必要としていたからだ。中国は国連をはじめとする国際会議の場においてもアラブ諸国と連携した。アラブを敵にまわしたり、中国主導に対するアラブの支持を損なったりするようなまねは望んでいなかった。

やがて中国も、イスラエルが自国の必要とするものをもつ国であることを意識していく。

帯水層、湖沼、河川と中国には利用可能な水源は多いものの、水問題は国中にはびこっていた。それがいかに難題であるのかはいくつかあげてみるだけで実感できるだろう。中国の北部地方は乾燥して耕作には不向きだが、耕作地帯では水資源の使用に無駄が多いばかりか、しばしば浪費をきわめていた。国のインフラには過度な負担がかかり、漏水が原因で膨大な量の水が損失していた。下水処理も適切さを欠いている場合が少なくない。環境保護法の手ぬるい施行が原因で水（そして大気）の汚染はますます拡大し、国内の水源の多くに深刻なダメージをもたらしていたのだ。

両国のあいだには国土と人口の点ではお話にならないほどのちがいがあるとはいえ、中国側は水資源のあるべき姿をイスラエルのなかに見ていた。

イスラエルの技術団一行は、一九八三年後半と翌八四年早々に再度訪中、目的は中国の南中央部のベトナム国境に近い広西チワン族自治区にある集団農場の視察である。このときの訪中は援助事業というよりもスパイ映画さながらの出来事で、中国政府は人目をはばかり極秘裏のうちに一行を入国させた。集団農場に対するイスラエル側の提案は、当地の土壌と気候を踏まえると、ここではイスラエル産の種子が最適で、さらに点滴灌漑に切り替えるというものだった。中国は提案を受け入れたが、しかし、灌漑装置や種子の包装についているレッテルは除いておいてほしいと求めた。レッテルが残っていては、製品がイスラエルのものであることがわかってしまうからだった。[2]

三年後、中国はふたたび秘密裏にイスラエルの技術団を招聘した。水文学者と地質学者からなる今度の一行は、ゴビ砂漠南方の半乾燥地域にある武威市の灌漑計画の開発支援が目的だった。現地の農家はすでに利用できる地元の水という水を使っていたが、大半は効率性に劣る湛水灌漑だった。イスラエル側は点滴灌漑によって給水することを提案する。ここの作物が土地に向いていないことに気づくと、入手できる水でもさらに生育が期待できる別の作物を推薦した。おまけに一行は、この地区の地下には膨大な量の水が手つかずのままあるのを発見すると、抽水方法と送水法に関する知識を農民に授けていた。[3]

それから間もない一九九〇年はじめ、中国はイスラエルに国交正常化を打診した。中国側は水以上の考えを抱いていたが、交渉の中心はふたたび水に終始する。中国側の提案は、イスラエルは灌漑と利水の専門家を北京に派遣すること、そして中国からは観光業の専門家をイスラエルに派遣するというものである。この条件はイスラエルがはじめて手にした公的な確約で、双方で大使を交換するといったような政府対政府のものではなく民間レベルではあったが、それほど北京に対するイスラエルの貢献という点では水は中核を担っていた。イスラエルは事務所を構えるため、イスラエル科学・人文アカデミーから代表を送り込んだが、おそらく中国側としてはこうした手順を通じ、自国民の反応とアラブ世界における影響を測ろうとしていたのだろう。

イスラエル代表のヨシ・ショハヴェースは、ちょうど農業省の主任研究員の任期を終えたばかりで、国立農業研究所として名高いヴォルカニ・センターとも古くから関係をもっていた。北京に着任したショハヴェースは、さっそく中国側の研究者をはじめとする関係者との会議をもつ。当時、新聞や放送などの中国の公式メディアでは、イスラエルは総じて敵対視されていたが、ショハヴェースが訪れるいずれの土地でも、相手の反応は敵対とはほど遠いものだった。

「研究者も農民も、会議で面談した人たちは一人残らず興奮していました。イスラエルに対してはマイナスイメージなど抱いていません。私がイスラエルからきたと聞くと、『ユダヤ人だ。やっぱり頭がいい』と口をそろえて言います。アインシュタインとは親戚かとは何度も聞かれました」とショハヴェースは語る。それまでメディアで聞かされていたにもかかわらず、「イスラエルには誰もが一目置いている様子で、中国人と同じように、ユダヤ人が古代から文明人であったのを買ってくれている感じがしたものです。ただ、中国人がひとつ驚いていたのは、イスラエルが本当に小さな国であるということです。『イスラエルの全人口ぐらい、中国のホテル一軒で寝泊まりできる』と、そんな冗談をよく口にしていました」。

赴任から一年後、ショハヴェースは北京で灌漑に関する学会を開催した。このとき、イスラエルからは一〇名の学者、中国側からは数十名の学者が参加した。「これこそ、イスラエルと中国の双方のグループが会したはじめての公式会議でした。イスラエルと中国の国交が樹立して式典に私が出席したのは、この会議から一年足らずのことでした」[4]。

イスラエル大使が中国に常駐するのは一九九二年一月からだが、地方で党書記をしていたホアゲン・パンはこの国でもっとも熱心にイスラエルを宣伝してくれた中国人かもしれない。本人の水に向けられた関心はたしかに深い。政治の世界を離れると、パンは省エネ装置と浄水機を製造する会社を始める。もっぱら運に恵まれて二〇一〇年にイスラエルに招待されると、これを機会にイスラエルの水を専門とする企業や研究者と面談を求めた[5]。パンはこのときの訪問を通じ、中国が抱えている無数の水問題の解決に必要なものがこの国にはすべてあると確信する。

その後イスラエルには何度も出向くことになるが、最初の渡航以降、パンは会社を設立してイスラエルの水テクノロジーを中国に導入、現在は地方政府や中央政府の融資を得て、イスラエルから水関連企業を誘致して工業団地として拡大中だが、イスラエル側の企業にとってはここが中国の進出拠点だ。「仕事のパートナーのことは、じっくりと時間をかけたがるのが中国流です」とパンは言い、相手を知ろうと中国全土から役人が訪れるので、進出企業にとっても格好の機会を提供している。大きなビジネスチャンスと強固な信頼関係が結びつくことで、中国の湖や河川は浄化され、にじみ出た毒で水源地を汚染する埋め立て地も修復されて、下水の処理や灌漑についても見直しが図られるだろうとパンは予測する。

「イスラエルに対する中国の評価が高いのは、水問題のソリューションが中国にも役立つからです」

とパンは通訳を介して説明する。「ですが、その一方で、大国中国はイスラエルの精神から学ぶべきだという中国側の考えがあります。イスラエルの人びとは人間性と長所に優れて、中国の人たちもそれを見習いたいと思っています。中国のどこを訪れても、誰もがイスラエルとの提携にはとても前向きです。どうしてイスラエルの水のソリューションでなくてはならないのか、説明するのは決して難しいことではありません」[6]。

中国は水に関するイスラエルの先進性から恩恵を得られる——そう信じるのはパン一人ではない。二〇一三年五月、イスラエルのベンヤミン・ネタニヤフ首相と代表団が李克強首相と会談するため天安門広場に到着した。随行団の一人は到着の様子を次のように語る。「中国がイスラエルの承認を拒絶したときの様子はいまでも覚えています」。しかし、到着したその瞬間、一行は相手の出迎えに両国の関係が変化していたのをはっきりと認めた。「広場は中国とイスラエルの国旗で埋め尽くされていました。感無量です。会談のため人民大会堂へと案内されると、両国の代表が向かいあって席につきました。扱いは敬意をきわめた、しかも対等のものだったのです」。

出発に先立ってネタニヤフと高官は、開会のコメントではネタニヤフは自国を「ジュニアパートナー」と位置づけ、中国の水管理の支援事業でなんらかの貢献が可能だと発言する点で意見がまとまっていた。しかし、開会の挨拶でネタニヤフがこの文言を口にする必要はなかった。ホスト側の中国がネタニヤフにかわってこう口にした。「李克強首相は温かい挨拶の言葉を述べて会談を始めると、『貴国が水の管理に精通され、優れた水の技術を有されているのは中国もよくわかっています』と発言し、中国は水問題が懸念される土地に事欠かず、両国がともに力を携える機会とならんことを望むと話を終えたのです」。イスラエルの訪問団の一人はそう語った。

相手が同じ波長であることにネタニヤフは喜び、中国に対して、中国国内の小都市を提案してもらい、その水道インフラをイスラエルのコンソーシアム（企業連合）が全面的にリフォームしてみましょうと提案した。これがうまくいけば中国のほかの都市にも拡大していくという含みが提案にはあった。これに答えて李克強は国務院の高官の一人に命じて候補の小都市をあげさせたが、高官が考える一〇〇万人都市の名前が告げられたとき、イスラエルの代表団から思わず笑い声があがる。どうして笑ってしまったのか。ネタニヤフは次のように説明したと伝えられる。「首相閣下、わがイスラエルにおいて一〇〇万を超える都市は存在しておりません。私たちには一〇〇万を超える都市はもはや小都市ではないのです」。

二〇一四年十一月、両国の共同選抜委員会は、イスラエル－中国共同事業の初の試験都市として山東省寿光市が決定したと発表、寿光市は北京の南西三〇〇マイル（四八〇キロ）にある市で、人口は一〇〇万人をわずかにうわまわっていた。[7] 人口はともかく、市と周縁地域は水利事業としては多岐にわたり、試験地としてはまさにうってつけだった。プロジェクトには、浄水と廃水の処理とともに、市を囲繞する広範な農地に向けて効率的な灌漑方式の整備が含まれていた。さらに工場排水と市に隣接している製紙工場の排水には特別の処理さえ必要とされていた。イスラエルの企業一四～二〇社からなるコンソーシアムは自国のテクノロジーを利用しながら、市の水使用に関する再考と再設計を支援した。

「先走りは望むところではありませんが」と、プロジェクトに関係したイスラエル高官の一人はこう言う。「しかし、ここでうまくいけば中国全土の都市で施設の再建事業を支援できるチャンスが得られるのです。イスラエルの企業に大きな利益をもたらすだけではありません。これによって中国とイスラエルの関係はさらに深まり、今後も長く続けていくことにつながります」。この高官が指摘するように「中国にはたくさんの町が存在」していた。

イランの救国を担う

核開発を理由にイランがニュースでクローズアップされようと、イランの国情にとって最大の脅威は、経済制裁でもなければ、スンニ派とシーア派の宗教対立でもない。この国にとって最大の脅威は、国の水が底をついてしまうことにほかならないのだ。事態は深刻で社会不安、経済破綻、人口流出が起きても不思議ではないだろう。中東情勢に詳しいメディアサイト「アル・モニター」によると、五〇〇〇万のイラン人――イランの人口の七〇パーセント――が、渇水で国をあとにすると、最近、ある政治顧問が発言していたという。

水問題とは悪政の証《あかし》で、イランは水問題には事欠かない。地下の水資源は、雨水による自然の涵養をうわまわる勢いで汲み上げられ、現時点では帯水層の多くが涸渇してしまうのも時間の問題だ。イランの農業は水の浪費という点では世界でも有数で、大半の国においては、農業用水に使われるのは保有する水の七〇パーセントだが、イランでは九〇パーセントを占めている。[8] それほど農業用水を使いながら食糧の自給はすでに不能に陥り、この傾向はさらに悪化していくと見られている。[9]

イランは乾燥もしくは半乾燥の地で、「乾燥」とあるように雨が降るのもごくまれだ。国内の井戸の過半数は違法に掘られたらしく、現在では井戸の多くは汚染されているが、それは不思議でもなんでもない。[10] 全工業施設の三分の二以上で工場排水が処理されておらず、通常、製造業から出た廃物はそのまま国内の水路に投棄、化学製品についてさえそれは変わらない。[11] 下水も六〇パーセント以上が未処理のまま排出され、国の地下水、河川、湖沼の汚染が続く。[12] 気候変動が起これば、どこをとっても悪い見通しは深刻の度合いをさらに深めていきそうだ。

イランを訪れた人間が、問題をつぶさに目にし、同じ問題の大半をイスラエルは克服したと知れば、イランはイスラエルに抱く敵意を乗り越え、この国の専門家を招聘して自国の水部門の管理に関して協力を仰いだほうが賢明だと判断するだろう。ただ、それはあまりにも非現実的でありえない話でしかない。しかし、この考えこそイランの統治者だった国王《シャー》によって一九六〇年に徐々に始まり、一九六二年以降、急速に進展したまぎれもない現実だった。イランの水資源の調査とインフラ整備を目的に、イスラエルの水文学者、エンジニア、プランナーなど無数のイスラエル人がかかわった。一九六二年に始まり、イラン革命が起こる一九七九年までのあいだ、イスラエルによって運営された大規模水資源開発プロジェクトだったのである。[13] 地政学上、イスラエルにとってイランとの同盟はアラブ諸国の敵対を相殺する一方、中東におけるイスラエルの孤立を和らげていたが、少なくともそれはイランと協調関係が継続するかぎりの話だった。

一九七九年、ヒット映画『アルゴ』(訳註：イラン革命の際に起きたイランアメリカ大使館人質事件を題材にした映画で、第八五回アカデミー賞作品賞を受賞)ほどドラマチックではないにせよ、イスラエルの技術派遣団を率いていたアリエ・イサール教授は、国王の退位直前、あと一便で最後の直行便となるテヘラン発テル・アヴィヴ行き飛行機でイランをあとにした。空港へと車を急がせる道すがらの、首都の道路に立ち込める混沌に満ちた風景を教授は語ってくれたが、この旅は、古代から使われてきたイランの用水路を至急修復しようという人道的プロジェクトの一環として一九六二年に始まった頻繁な往来の最後となる旅だった。[14]

古代ペルシャには重力を利用した精巧な用水施設があった。竪穴を使い、カナートと呼ばれるわずかに傾斜した横穴を地下の水源から掘り進め、耕作地へと必要な水を引いていた。一九六二年、テヘラン北西約一〇〇マイル（一六〇キロ）のガズヴィーン州が大地震に見舞われる。死者は二万人を超え、三〇〇の村が損壊、最初に掘られたのが二七〇〇年以上も前という地下の用水トンネル網も破壊された。[15] ガズヴィーンの谷間は農業がさかんで、果物や野菜をテヘランなどの町に出荷していた。だが、震災によって農民は肝心の水を失っていた。[16]

他方で国王はイスラエルとの関係をすでに静かに育んできていた。イランはアラブ諸国の動静によって被害を受けやすい立場にあると考え、イスラエルにはその対抗勢力の価値があると見なしていたのだ。[17] さらに国王は農業や水の分野におけるイスラエルの科学的進歩、またこれは皮肉なことだがイスラエルの原子力にも好印象を覚えていた。一九六〇年、国王は国連の食糧農業機関（ＦＡＯ）に対し、イランの水問題に関する助言を得るため専門家の派遣を要請、その結果、三名のイスラエル人技術者が国王の同意のもとに送り込まれた。ガズヴィーン州で地震が起きた時点で、国王はイスラエルがもつ立案と調査に関する高度な能力についてはすでに熟知していたのだ。

急きょガズヴィーン州に派遣されたイスラエルの技術者は、カナートの復旧が可能かどうかを調べると、精査の結果、カナートは費用効果が見込める回復が困難なほど破壊されていた。ただ、いずれにせよ古代ペルシャ時代の理想的な灌漑装置は、近代農業の時代にあっては最適なものとは言いがたいしろものだった。そして、イスラエルの専門家によるイランの政府関係者や農家への説得が功を奏し、崩壊したカナートを放棄、かわりに深い井戸を掘ることが決定された。これらはイスラエルで掘られているものと同じ種類の井戸だった。[18] 水をめぐるイランとイスラエルの関係はたちまち花を開いていく。
ガズヴィーンの井戸の掘削から間もなく、イスラエル側はイラン政府からある提案を受けている。それは地元の農民に対し、作物の収穫量をあげつつ、同時に農業用水の節約に関する指導についても許可するというものだった。技術者とイランの農民の交流は広がり、作付けの品種や作物の販売についてもアドバイスを授けるようになっていた。やがて、ガズヴィーン周辺の多くの人びとがイスラエルの技術者の指導を求めて集まるようになり、国籍や宗教のちがいは意味をなくしていた[19]。

ＦＡＯのイスラエル人専門家の一人、シュムエール・アバーバックは、国王の要請に応じてイランに滞在しているときに地震に遭遇した。地質学と地下水の専門家であるアバーバックは、地震発生から間もなくガズヴィーンへ向かい、ここで掘る井戸の場所と方法について計画をまとめる。以来一七年間、本人は何十回とこの国を旅してイラン国内の水文学者の知遇（多くは指導のため）を得たが、訪問先はそのたびにちがっていた。だが、そうしたあいだ、反イスラエル、反ユダヤ人に関する差別経験はただ一度を除いて皆無だったと本人は言う。その一度とはイラン人の共産主義者から投げつけられた不作法な言葉で、冷戦時代、この人物は反ソビエト陣営に反する国という国に敵意をむき出しにしていた。イランに在留する大勢のイスラエルの知人からも、自分の国が誹謗されたという話は聞いたことはなかったが、もっともテヘランで開催されたサッカーのイラン－イスラエルの試合の声援は例外である。最後の訪問となった一九七八年からすでに数十年を経て、仕事を通じて知り合ったイラン人とはまだ懇意にしているが、多くは亡命先の国に在住している[20]。

コーネル大学卒業のモーシュ・ゲブリンガー博士は学識に富むエンジニアで、同じころイランにいたイスラエル人の一人として、イラン人との関係についてはアバーバックと同様の思いを抱いていた。

生涯にわたる関係に発展することはなかったものの、何人かのイラン人とは打ち解けてつきあえた。「家を行き来することはありませんでしたが、親密な関係は築けました。レストランでイラン側の水文学者と会って食事をすることはごく普通でした[21]」。

イラン国内での調査と掘削の全責任を負っていたが技術団の団長だったアリエ・イサール教授で、イランの辺鄙な片田舎に連れていかれ、同行したイラン人水文学者から現地の住民を紹介されたことを覚えていた。「イラン人の水文学者は、知識を伝えるためにわざわざイスラエルから来てくれたと、われわれのことをよくそう言っていました。どこを訪問してもそのたびに大歓迎で、大急ぎで特別のごちそうのしたくです。ただ、床に敷かれたカーペットに腰を降ろして、焼いた子羊の肉と米をフォークとナイフなしで食べるのにはいつも閉口していましたけれどね[22]」。

イラン側の専門家の能力は総じてあまり高くはなかった。「石油はたくさん出ていましたが、当時のイランは貧しい国で、教育制度も水利の専門家を育成するには十分なものではありませんでした」とゲブリンガーは言う。「担当についてくれた人たちは人間的にはすばらしい人たちばかりでしたが、技術的な点ではまったく遅れていたし、洗練もされていませんでした[23]」。イサール教授は、イランの水文学者や技術者向けの教育用のプログラムで指導するとともに、地質学、水文学、化学の講座を提供した[24]。シュムエール・アバーバックもまた高等数学をイランの水文学者、地質学者に教え、帯水層の賦存量を算出する予測モデルをつくり出していた。

イスラエルからの賓客に対するイランの歓迎ぶりには今日では想像さえつかない触れあいがあった。ガズヴィーンの店主はヘブライ語を覚え、新しいなじみ客に大いに気を遣ってくれた。地元の店でのやりとりはたいていヘブライ語だったとゲブリンガーは記憶する。一九六〇年代なかばから後半、多くのイスラエル人が家族をともなってガズヴィーンに到着するようになると、地元の建物を学校にして、イスラエル人教師のもとで六〇名のイスラエル人の子供がヘブライ語で授業を受けていた。さらに特筆すべき出来事は、一九六七年六月の第三次中東戦争（六日戦争）でイスラエルがアラブ三カ国を惨敗に追い込んでからしばらくたったころ、イラン国王がガズヴィーンに駐在するアリエ・イサール教授らのもとを訪れ、イランにおけるイスラエルの業績に対して賞賛の意を表していた。

国王はさらに別の分野に従事するイスラエルの派遣団を通じ、イスラエルに自国の高官と科学者を派遣している。なかには滞在期間を延長してイスラエルの先端テクノロジーを学んだ水の専門家もいた。経済と政治にうかがえる両国間の結びつきはますますその幅を広げて深まっていく。

「私たちがイラン社会で唯一立ち入れなかったのは、この国の宗教的な秩序でした」。ユーリ・ルブラニはイスラエル大使として、一九七三年から王政が終了する直前までイランに駐在していた。「ほかではどこでも歓迎です。イランの人たちはみんな非常に敬虔で、信仰に心安らいでいました。当時は無神論のコミュニストでさえ、イスラム教の祈りは知っていたほどです。しかし、聖職者を除けば、宗教上のちがいからイスラエル人を遠ざける人は誰もいません。手は尽くしたのですが、聖職者はどうしても認めようとしません。パレスチナ解放機構（ＰＬＯ）のアラファトが、亡命中のアヤトラ・ホメイニに吹き込んで、イスラエル人とは決して接触してはならないという宗教上の方針をはっきりと打ち出していました[25]」。

イランの宗教界はそう考えたが、イスラエルがガズヴィーンで取り組んでいた事業がまず成功すると、評価はイラン国内のほかの州や地域にも広がる。イスラエルの国営水道エンジニアリング会社ＴＡＨＡＬ《タハル》（社名は「イスラエルの水利計画」という意味のヘブライ語）に対し、エスファハーン、バンダレ・アッバースなどのイランの主要都市の給水と下水処理施設の建造プロジェクトの監督業務、あるいはハムダン、ケルマーンシャーのように、地域全体に及ぶ水道施設と灌漑設備を建設してほしいという依頼が寄せられるようになる。イラン第二の都市マシュハドで、市全域の各世帯向けに都市ガスの供給システム開発が必要になったとき、イラン政府はその業務もＴＡＨＡＬに発注していた。(26)

水関連の分野では、イスラエルの他の政府系企業もイランに招かれていた。国営水道会社メコロットは、イスラエルでやってきたように、水を求めてイラン中で井戸を掘るほかに、カスピ海のイラン側沿岸で実施する大規模プロジェクトの運営もまかされた。(27)やはりイスラエルの政府系企業で、おもだった建設事業を手がけてきたソレル・ボネもイラン全域のダム建設や国内各市の整備事業を請け負っている。

一九六八年ごろには、脱塩化で飛躍的な方法を考案した政府系企業ＩＤＥが、今度は省エネルギーに関する画期的なプロセスを開発、これを現実の世界で応用したいと切望していた。(28)ちょうどそのころ、イラン空軍は基地の水に関して、安全で清潔なものを確保したいと考えていた。アリエ・イサール教授によれば、当時テヘランの大使館付武官だったヤーコヴ・ニムロディ大佐は、イスラエルの水の専門知識を介して、イラン－イスラエルの軍事的な結びつきが強化される好機と見なしていたことを記憶していた。ＩＤＥがイランに招聘されるように手配したのが大佐だったのだ。それから約一〇年をかけ、ＩＤＥはイラン空軍向けに三六基の小型脱塩装置を設置するとともに、一九基をイラン国内に建造した。(29)

この脱塩装置の設置が始まってから四〇年近くが経過した二〇〇七年、イランがイスラエルとの関係をいっさい断絶してから長い年月を経たころのことである。ＩＤＥの上級役員フレディ・ロキエクがヨーロッパで開催中の展示会にいると、一人のイラン人エンジニアがロキエクのほうに静かに寄ってきた。そのエンジニアはロキエクにこう告げる。イスラエルが設置した脱塩装置は、老朽化しながらもなお数基が稼働し、イランの技術者はうち一基を分解した。そうすればイラン国内でもゼロからコピーを組み立てられる。結局、コピーは完成したが、イスラエル製のように稼働することは決してなかった[30]。

一九七九年の革命後、イランでは国王を支持していたと目された大勢の高官や関係者が、ホメイニやその支持者に裁かれていた。バハイ教の信者も窮地に追い込まれ、大勢が処刑されている。アリエ・イサール教授とFAOのシュムエール・アバーバックの二人にはイランの水事業にイラン人の友人や同僚がいたが、多くはイスラム教徒で、バハイ教徒は数えるほどしかいなかったものの、その彼らも革命の初日に国外に逃れていまも亡命生活を送っている。悲劇だったのは、あずかり知らない罪で処刑された二人がよく知る関係者だった。イランに在留していたイスラエルの技術者は国外に追いやられ、イラン側の専門家の多くも国外に追放されるか処刑された。こうしてイランの水事業はとどめの一撃をくらい、水をめぐるイランの惨状の種子はまかれていった。

一〇〇カ国以上の途上国に

一九五〇年代後半にさしかかるころから、イスラエルは途上国に向けて自国の灌漑方法と水利技術を供与するようになり、当初はアフリカ諸国を中心に技術共有が進められていった。旧植民地や開発途上国との関係を深めることは、外交や貿易上のメリットになるという一面もあったが、しかし、当初は利他的な動機やシオニストが抱く理念の副産物という思いにもっぱら根ざしていた[31]。

シオニズム運動の提唱者だったテオドール・ヘルツルは、一九〇二年発表の政治論集兼小説『古くて新しい国《アルトノイラント》』のなかで主人公にこう発言させている。母国をつくりあげたあかつきに、われわれがアフリカの人びとを助けなければならないのは、彼らは「ユダヤ人のみが知りえる問題を抱えて恐怖に脅えている」からなのだ。国として「イスラエルの回復」が実現したのち、ヘルツルの小説の登場人物はこう口にする。次なる任務は「(アフリカの)黒人が(国として)回復する道を切り開いていくことなのだ(32)」。

イスラエルの建国を指導した世代は、イデオロギー的にはヘルツルの考えに従い、忠告を心に刻んだ(33)。一九五〇年代、イスラエル自身がまだ途上国であったころ、社会主義者にしてシオニストであったイスラエルの初代首相ダヴィド・ベン＝グリオンは、「分かちあうものがたとえなくとも、第二次世界大戦以降の時代に誕生した国は、友好と理念とともに苦難も共有しなくてはならない(34)」とよく語っていた。

一九五八年、当時、イスラエルの外務大臣だったゴルダ・メイアは、省内に途上国の支援を任務とする部門を創設して、アフリカを中心に水、灌漑、農業、教育、女性の地位向上などの問題克服に取り組んだ。この機関はMASHAVと呼ばれ、「国際協力センター」を意味するヘブライ語の頭文字を略称としている。イスラエルの特使として海外に送り込まれるのは、おもに農民や技術者で、多くは第二次世界大戦中、イギリス陸軍内に置かれたユダヤ人旅団の兵役経験者であり、委任統治時代には、経済的には未発展のイギリス植民地で働いた経験をもっていた。

当初、MASHAV(とイスラエル)はアフリカをはじめ、アジア、南アメリカの国々でも温かく迎え入れられた。アメリカやヨーロッパの援助プログラムのような、現金供与や助成金をMASHA

Vでは提供しない点をイスラエルは明言していた。「私たちはこの取り組みを開発協力と呼んで、援助とは決して言いませんでした。私たちが現地にきたのは、指導や訓練によって支援するためで、財政的な補助による支援ではありません」。大使のイェフダ・アヴネルは言う。アフリカに対するメイアの思い入れもあり、MASHAVのプログラムはわずか数年のうちにアフリカで普及し、水をはじめとする各分野において、何百名という数のイスラエルの専門家がこの大陸に住みついて指導に明け暮れていた。一九六九年、ゴルダ・メイアが首相に就任すると、メイアはMASHAVとアフリカ支援事業が引きつづき必要とする援助が得られるようにとりはからっていた。

アヴネルが言う「イスラエルとゴルダ・メイアの双方にとって心痛む出来事」となる事件とは、一九七三年の第四次中東戦争（ヨム・キプル戦争）の影響で、アラブ連盟とイスラム諸国機構の説得を受け、サハラ砂漠以南のアフリカの国という国がイスラエルとの外交関係を打ち切ってしまったことだった。MASHAVの指揮下にあった専門家はことごとく国外に追いやられる。「イスラエルにはよくないことであり、ゴルダ本人の心に傷を残しました。本人は救世主の思いでアフリカの支援事業にかかわってきましたが、それがまったくの無に帰してしまったのですから[35]」とアヴネルは言う。しかし、メイアとイスラエルはともかくとしても、支援を受けてきたアフリカの多くの国にとっても不幸な転機だったのは、改良してきた水や灌漑や食糧計画が前ぶれもないまま幕を降ろしてしまったからである。

一九八〇年代になると、アフリカの国のなかから、新たに国交を結ぶことに関心を表明する国が現れてくる。一九八九年にエチオピアが国交回復、エチオピアを除くサハラ砂漠以南の国もイスラエルの水をはじめとする他分野の専門家の復帰を切望したが、実現したのは一九九三年、イスラエルとパレスチナのあいだでオスロ合意が調印されてからである。今日、イスラエルは一〇〇カ国を超える開発途上国に向け、水資源の管理、灌漑などの各分野の専門家育成に必要な訓練を提供しているが、そのうち二九カ国はアフリカだ。こうした訓練の多くはイスラエル国内で実施され、当事国でも訓練はおこなわれている。全体で見ると、水と灌漑の訓練に関しては、現在でもなおＭＡＳＨＡＶの出先機関のプログラムが四〇パーセントを占めている。[36]

大使のハイム・デヴォンは一一年の歳月をＭＡＳＨＡＶのトップとして務め、その間、数多くの開発途上国を旅してきた。「開発途上国に対しては、アメリカやヨーロッパは、イスラエルよりも緻密な支援プログラムをもっているかもしれません。しかし、現場主義で解決するというイスラエルのほうが、柔軟性の点では実際にはまさっているでしょう。私たちはこうした国に対し、水と他分野でイスラエルが五〇年の年月をかけて遂げてきたものを提示できるのです。こうした国にとって、イスラエルは成功モデルであると同時に、手の届くところにある国なのです。アメリカのようなやり方を目にしても、自分たちにもかならず達成できると彼らは考えていません」。

ＭＡＳＨＡＶが発足してから一三〇カ国、二七万人の人間がプログラムに参加してきた。[37]「本当に膨大な数に達しました」とデヴォンは言う。「しかし、まだまだバケツのなかの一滴にすぎません。何十億という人間が十分な食糧もなければ水もなく、将来の保障もないまま生きているのですから。まだまだやらなくてはならないことは山ほど残っていますよ」[38]。

最貧層への支援

イスラエルの水のテクノロジーと製品は現在、世界一五〇カ国以上で見ることができるが、とりわけTAHALは水のエンジニアリングと開発途上世界における活動に関係してきた。TAHALは国内企業のなかでもとくにこの分野に通じ、途上国に対しても強い影響力をもっている。その仕事は貧困にあえぐ世界中の何億人という人たちの生活の質を向上させてきた[39]。

TAHALは政府系企業として一九五〇年代早々に設立され、水管理の複合設備の立案・設計を目的にしていた。しかし、設立から一〇年近くになると、開発が予定されていた国内の大型プロジェクトの大半は設計を終えていた。レイオフをなんとか逃れようと上級役員を植民地から独立したばかりの国へと送り込み、こうした国に自国での業務と同様な仕事があるのではないかと調べさせたのだ。その読みにまちがいはなかった[40]。

一九六〇年代のなかごろまでには、TAHALの五〇〇名の職員は、アフリカ、アジア、南アメリカへと配置され、世界の開発途上国において、主要都市の水道施設や下水処理の開発はもちろん、大規模農場の灌漑の設計に携わった。

国によっては、数年のうちでTAHALはなくてはならない存在となり、採用先の国の準政府機関のような位置づけになっていた。重要な将来収益を考え、アフリカの数カ国の政府がインフラ関連のプロジェクトに関して意見を聞こうとTAHALに依頼したが、なかにはTAHALが直接かかわっていない案件さえあった。第四次中東戦争以降、政府の支援活動に従事するイスラエル職員がアフリカから一掃されていたときも、TAHALのコンサルタントという業務が、プロジェクトの細部に及ぶ中心的な役割を担うことから、アフリカの仕事で重大な混乱に巻き込まれることはなかった[41]。

多くの案件にアドバイザーとして仕えることで、TAHALに対する発注国の評価はいや増しに高まった。これによってTAHALの専門性も高まり、その後、受注価格の低い設計やエンジニアリング業務だけでなく、高額な施工業務や調達業務、プロジェクト管理業務へと企業としての成長をうながしていく。TAHALの業務が著しく拡大していく種子が植えつけられたのだ。業務領域は上下水道や灌漑にとどまらず、他分野のなかでもとくに環境関連やアグリビジネスへと進出して、最近では天然ガスにまで仕事を広げた。

一九九〇年代を迎えると、イギリスのサッチャー政権の民営化を手本に、イスラエルにおいても政府系企業の売却が始まり、国営航空会社、国営銀行、独占企業だった電話会社などが払い下げられた。TAHALも一九九六年に売却、今度は独立系企業としていっそうの成長を目ざした。現在、TAHALの従業員数は一二〇〇名、この人員で年間二億五〇〇〇万ドルの収益をあげ、これらはもっぱら開発途上国三〇カ国における数十件のプロジェクトによるものであり、このほかにも多数の案件にTAHALはかかわっている。水関連のプロジェクトであれば、イスラエル国内のデザインコンペでは約七〇パーセントの受注率に達するものの、先進国での水関連の施設の施工案件となるとまだ落札したことはない(42)。

「TAHALの成功はイスラエルとのつながりによるものです」とTAHALのCEO、サール・ブラハは語る。「イスラエルが独自の方法で得た水で砂漠に実りをもたらしたのは誰もが知っているし、特殊な灌漑法を使い、わずかな水で豊かな収穫を得ている事実もよく知られています。しかし、この国の水を考えたとき、たとえ当社の役割が正確に伝わっていないにせよ、国が達成したすばらしい業績の多くに対して、当社がなんらかの貢献を果たしたことは認められてしかるべきで、正当に評価されてもおかしくはありません。よその国に水の件で問い合わせると、それまでいっしょに仕事をしたことがなくとも、当社について知っているのは、相手がイスラエルの業績を理解しているからなのです」[43]。

TAHALと国の関係は、この会社の出先国で時に不利に作用することもある。インドはたくさんの水問題を抱える国だが、中国と同じようにインドもまた独立した当初から四〇年間というもの、イスラエルとの交易と外交上の関係を結ぶことを拒んだ。一九四〇年代、両国は一年とあいだをあけずに独立をしている。インドは反西側陣営の非同盟運動において主導三カ国の一国だった。運動に加盟するアラブ諸国への配慮（さらに、イスラエルとの関係によって、少数派とはいえ国内に多数存在するイスラム教徒を刺激することへのおそれ）から、インドとの国交樹立を求めるイスラエルの提案は拒絶されていた。

国連決議の場で、インドは今日でもイスラエルの国益に反する票を投じる場合が少なくないが、両国は現在、貿易と防衛事項に関する提携を通じて親密な関係を温存させている[44]。しかし、貿易が始まる一九八〇年代後半まで、インドはイスラエルといっさいの交渉を拒んでいた。国交が樹立したのは一九九二年で、TAHALがインドで初めて案件を受注したのは一九九四年だった[45]。国交が樹立して最初の案件を勝ち得てからというもの、インドの水関連システムの近代化事業のかなりの部分についてTAHALは大きな役割を担ってきた。ラージャスターン州とクジャラート州の基本設計の策定、アーンドラ・プラデーシュ州とタミル・ナードゥ州の灌漑施設の施工と運営、あるいはアッサム州の下水施設の設計と施工などの案件において、世界銀行とインド政府の連携による入札を経て、TAHALはこれらのプロジェクトに携わってきたのだ[46]。

最近では別ラインのビジネスでも頭角を現してきた。インドにおける主要水道事業の運営である[47]。通常、自治体の公営企業は政府が管掌するが、世界の他の政府と同じようにインフラの各部門のなかでも、インドでは道路や橋梁についてＰＰＰ（官民連携手法）が採用されて経験が積まれてきていた。二〇一二年、採算重視の発想を育成するうえでも、主要水道事業に関しては民間企業に運営させたほうがいいという決定を政府はくだしていた。

ＴＡＨＡＬはエルサレムの水道事業体とインドのインフラ会社と共同して、二〇一三年に首都デリーの水道事業という新たな整備プロジェクトに参入した。デリー（ニューデリー）は、インド亜大陸を長く植民地支配したイギリスによって支配後期に人口八〇万人の都市として建設した。一九四七年のイギリスの撤退以降、道路、電気、水道はくり返し拡充されてきたものの、現在、デリーの人口は一六〇〇万人を超えてインフラを圧倒している。

デリー全域を通じて、水の手配は給水車での購入にかぎられる場合が少なくない。この共同企業体（ＪＶ）で、ＴＡＨＡＬと協力企業は二つの地区を担当——上流層が住むシックな街ヴァサント・ヴィハールと、人口が過密して低所得者が多いメヘラウリーで、両地区の人口を合わせると一〇〇万人をうわまわる。両地区の水道整備について、再検討を加えたうえで建設しなおして運営をおこなうというものだ。両地区の事業がうまくいけば、デリーの他地区の工事へと拡大して、おそらくはインド国内のほかの地区へと広がっていくだろう。いずれＴＡＨＡＬは対象カテゴリーのリストに、開発途上国における基礎自治体の水道事業という項目をつけくわえることになりそうだ[48]。

インドへの参入が許可される前、ＴＡＨＡＬは周辺地帯で事業を経験していた。一九七五年にネパールの低ヒマラヤ地域で始まった事業は二五年以上に及んだ。ＴＡＨＡＬの担当地区はバイラワと釈迦の誕生地ルンビニで、現地の貧しい農民が新たな水を農業に利用できるように、地下水源の開発と灌漑装置を建設するというものだった。

「あそこがどんなところか、おいそれと想像はできないでしょうね」。TAHALの元役員モーシュ・ゲブリンガー博士は言う。「道もなければ電気もきていない。これ以上の原始的な生活はありませんでした。チームの一人が朝目を覚ますと、部屋にはヘビがとぐろを巻いていましたよ」。博士にはTAHALの仕事で世界各国に駐在した経験がある。南アメリカでは一〇カ国、アフリカは五カ国に及び、ギニアの案件ではプロジェクトの運営を指揮した。しかし、それでもネパールで迎えた最初の数年に匹敵するような経験はなかった。「ネパールをあとにする二〇〇〇年ごろには、このプロジェクトはかつて手がけたなかでももっともうまくいった事業のひとつであると断言できるようになりました。この事業で現地に住む多くの貧しい人びとの生活が一変したのですから」。

イスラエルがなぜ世界の水利開発プロジェクトで成功したのか、それに対するおもな理由は、博士が「悲惨な地域」と呼ぶ土地にあえて出向いていくTAHALやイスラエル人の意志の力にあると博士本人は考えている。目的地がいかに未開の土地であろうと業務を請け負うことはいとわない。博士自身がなに不自由のない中流家庭の出身であり、博士号はアメリカのアイビーリーグで取得している。なぜTAHALで働く職員や一般のイスラエル人がこうした事業にあえて携わってきたのか、そこには三つの理由があると博士は考える。

自分はともかく、「ひとつには、豊かな才能に恵まれた人間が多いことです」と博士は言う。「この国では得られない、さらに大きな挑戦をひたすら求めている人間です。彼らにとってイスラエルは母国にほかなりませんが、この国が差し出せる限界が見えるような事業は望んではいません。とくに、水利関連のインフラの大半が建造され、砂漠に水が流れ込むようになってからはなおさらです」。

二番目の動機は、イスラエルとシオニズムとユダヤの伝統に向けられた誇りだ。「出向いたいずれの土地においても、自分がイスラエルからきたこと、自分がユダヤ人であることを相手に知ってほしいと願いました。そして、これがユダヤ人の仕事なのだと誰の心にもそう刻み込んでもらおうとしました。私たちはイスラエルから訪れたのです。ですから、どこに行こうと、常に最善を尽くそうとそう自分たちに言い聞かせてきました。ＴＡＨＡＬが国とのつながりで恩恵を受けているにせよ、国もまた私たちが積み上げてきた業績を通じて評判を高めてきたのははっきりさせておきたいですね」。

この二つの理由と変わらずに重要な点が、意外かもしれないが利他主義だと博士は言う。「私たちが出向く先は、いまどきの便利さなど微塵もうかがえない場所で、必要としているのは現地の人たちの存在です。貧しい人たち、貧しい国を支援して、こうした人たちの生活の質を改善できることこそ名誉です。私たちが抱く世界中の人びとを助けたいという思いとは、聖書に記された戒律のようなものなのですよ[49]」。

遠隔でアフリカのポンプを操作

イスラエルでは開発途上国向けの革新技術は、政府や企業の独壇場ではない。その意味ではシヴァン・ヤーリは好例だろう。ヤーリは全身火の玉のような女性で、手で触れられるような意志のオーラを発散させながら、物事をなし遂げるタイプだ。そして、設立されてからまだ日も浅いＮＧＯ、イノベーション：アフリカは――通称「ｉ：アフリカ」――この小柄な三十代のイスラエル人女性の意志によって設立された。太陽光発電とイスラエルの技術力を利用して、アフリカの僻村に住む人びとにきれいな水と電力を提供するのが目的である。

シヴァン・ヤーリはイスラエルに生まれ、子供のころに両親とフランスにわたった。大学のために渡米したが、学費を稼ぐために仕事を探していたところ、紹介されたのがデニムブランドの「ジョルダーチェ」のオーナーの一人で、製造設備が置かれたアフリカの工場検査のためにヤーリを雇い入れた。前任者同様、ヤーリもまたこの旅行で目の当たりにしたものと、自分が知るイスラエル、ヨーロッパ、アメリカの生活との容赦ないちがいに愕然とした。とりわけ、最低限の必需品である清潔な水と電気の欠乏がはなはだしい。

この経験が契機となり、将来それがどうなるかわからないまま、本人は大学院の学位として国際エネルギーマネジメントを専攻した。これが縁となって国連で夏休みの仕事を得たヤーリはセネガルの遠隔地に出向く。そこで見たのは壊れた送水ポンプか、もしくはポンプを動かそうにも重油をあがなう余裕のない村人の現実だった。「ポンプはたしかにあります。しかし、使えないので何キロか離れた場所に穴を掘り、濁った水を汲み上げていますが、水はかついで村に帰るしかありません」。本人は胸を締めつけられる経験を語るようにそう説明する。[50]

ニューヨークに戻って大学に通ったが、イスラエルへの帰国を考えるよりも先にイノベーション：アフリカを始めていた。本人がこの組織に託したのは、太陽光によって発電、灯りとともに診療所でワクチンを保存できる冷蔵庫を設置、あわせて送水ポンプを稼働させようというものだった。二〇〇九年一月、ヤーリはささやかな資金を用意すると、ウガンダにあるプッチ村がNGOの進める太陽光発電送水プロジェクトの最初の導入地となった。事業はそれからほかの村へと続いていき、現在ではアフリカの七カ国で進められている。

ウガンダにおけるイノベーション：アフリカの活動は、まともな水もないまま生きるこの国の何百万という村民の本当にわずかな割合にしか届いていないが、アフリカの指導者のなかには活動に関心を向ける者がいた。ウガンダのルハカナ・ルグンダ首相はあるインタビューで、ヤーリとイノベーション：アフリカの活動に感謝を表明するとともに、「イスラエルとウガンダの協力関係をみごとに反映したものだ」(51)と答えている。

ヤーリ本人はまだ幼い三児の母親で、創業したニューヨークスタイルのネイルサロンを全国でチェーン展開し、イスラエルで一五〇名を超える従業員を雇用している。多忙のなか、プロジェクトを大幅に拡大する計画を立てているが、それでも〝たった〟数万人にしか達しないと本人は嘆いている。

ヤーリが考えていたように、水を発見すること自体は難しくはなかった。「アフリカはたくさんの地下水に恵まれていることはわかりました。どこを探せばいいのか、それさえわかっていればいいのです。それよりも、アフリカの水支援プログラムが直面しているもっと大きな問題は、支援団が村を去ったとたん、装置が正常に動かなくなり、結局以前と変わらない生活に戻ってしまう点です」。ヤーリはハイテクを活用してこの問題を克服しようと、装置をすべてイスラエルから遠隔操作しようと決断した。(52)

故障や破壊行為、装置の盗難という、ほかの支援組織が設置した給水システムが直面する問題に対して、イノベーション：アフリカはこうした被害を免れるシステムを生み出しつづけてきた。そして、今度も解決策はあっけにとられるほど単純だった。良質の地下水を特定、レンタルしたディーゼルエンジンの掘削機で掘り下げる。竪穴にポンプを挿入。ソーラーパネルを設置、ポンプに接続する。パネルはポンプを稼働させるために必要な発電量に合わせた大きさになっている。ポンプによって帯水層から水を汲み上げ、隣接する専用の給水塔に揚水する。給水塔の水は必要に応じ、重力によって村中の目的地へと流れていく。

村人には、清潔な水と同じぐらい十分な食糧を得ることも問題だったので、イノベーション：アフリカでは、ソーラーパネルの設置と同時に点滴灌漑の配水管も導水管につないでいる。地元では灌漑の滴下装置のそばに種子をただまくだけでいい。そして、収穫作業を除けば、あとはここから何千マイルも離れたイスラエルですべて面倒を見てくれるのだ。

イノベーション：アフリカのチーフエンジニア、メイア・ヤーコビは電気関係のエンジニアで、アメリカの大手テクノロジー企業のイスラエル研究開発センターに勤務していた。現在は立ち上げた技術系企業とイノベーション：アフリカの仕事をかけもちしている。ヤーコビがつくった装置は簡単な部材からできているが、この装置を使うことで、アフリカに設置した個々の給水システムが、テル・アヴィヴにあるイノベーション：アフリカの施設からモニターできる。アフリカの村でも利用可能なデータ通信や携帯電話――「村の人たちは靴ははいていないけれど、大人は携帯電話を使っている」とヤーコビ――など、ワイヤレスサービスを利用して、給水塔のタンク内の残量、ポンプや灌漑装置、ソーラーパネルのなんらかの不調などといった問題について、絶えずメッセージが送られ、主要な情報がアップデートされていく。

アフリカから送られたデータにヤーコビが常時加えるのは、現地の気象条件についての情報だ。普段より気温が高かったり、あるいは曇りがちな日が続き、発電に必要な太陽光が閉ざされていたりしたら、用心のため水を多めに汲み上げてタンクにためておく。雨が降りそうなら、作物ごとの生育状況や作物の生育サイクルの段階によって、点滴灌漑の給水をとめたり、再開したりしているが、そのタイミングはヤーコビにもよくわかっている。システム上、どこかの機械に問題が発生した場合、わずか数分後にはヤーコビも異常を把握し、地元の技術者のもとにも自動的に連絡がいき、異常箇所の修理に関する詳しい情報が伝わる。システムのあらゆる部分が自動化できるので、このシステムは無限の拡張性をもっているとヤーコビは語る。[53]

また、点滴灌漑法も、食糧の増産と飢えへの不安をぬぐったばかりか、予想もしなかった効果を村にもたらしている。ヤーリによると、「村人は必要なぶんを食べ、余剰分は市場で売るようになりました」と、ウガンダのプッチ村を例にしてなにが起きたのかを説明する。「点滴灌漑法でできた作物の販売で得た余分なお金でニワトリを買い込み、養鶏を営むようになったのです。村人の栄養状態もこれで改善され、金銭面でもある程度の安定を得られるようになりました。このシステムで手に入れた水は経済的な自立をうながす手段として使えます。そして――」とヤーリは言葉を続ける。「正常に作動する給水システムと結びついた村の成功で、これでだいじょうぶなのだと誰もが自信をもてるようになったのです」。

現在、イノベーション：アフリカの給水システムは、アフリカ大陸の数十カ所の村ですでに導入されているが、その結果はただちに実感することができるだろう。「水の供給がいったん開始されると、子供たちがきれいになるのは、空き缶でドロ水を汲むことをやめ、体をきちんと洗えるようになるからです。健康なままでいられるのは、それまで大勢の子供が衛生的ではない水を飲んで病気になっていたからです」とヤーリは言う。そして、もうひとつ起きた変化は「子供たち、とくに女の子が一日に二時間も三時間もかけ、水を汲みに出かける必要がなくなったことです。くたくたになって帰ってきて、体も汚れます。でも、いまではポンプで水を汲み上げているので、子供たちも学校に行けます。水汲みからは完全に解放されました。子供たちには、水は飲むものであり、浴びるものになったのです」。[54]

第11章 豊かなはずの国の水危機——ブラジル、カリフォルニアの場合

新たな時代に生きていることに世間は気がつかなくてはならない。
手入れの行き届いた緑の芝生の庭に日ごとに水をやる。
そんな時代はもう過去の話なのだ。
——ジェリー・ブラウン（カリフォルニア州知事）

そのままであってほしいのなら、物事は変わらなければなるまい。
——ジュゼッペ・トマージ・ディ・ランペドゥーサ『山猫』

最近までイスラエルが海外で展開してきた水のプロジェクトは、多くが経済的に困窮する地域や開発途上国を対象におこなわれてきた。しかし、国内の発明家や起業家が水に関連する新たなテクノロジーを開発するにつれ、この分野でイスラエルが残した足跡は、水が豊富に流れ、水不足とは無縁の国やコミュニティーに及ぶようになってきている。いまやイスラエルの水のテクノロジー企業は世界中でビジネスを展開し、単に富める国はもとより、豊富な水資源に恵まれた国に対してさえ水のソリューションを提供している。

イスラエルのこうした技術革新は、水に関連する分野のほぼ全域に及び、海水淡水化、精緻な灌漑

法、下水処理の先進コンセプト、最先端の伝送メーターと漏水の検知システムなどのほか、水に関連するあらゆるシステムについて、高い安定性とエネルギーの効率性で稼働するかずかずの優れた新技術に及ぶ。これらシステムを使う目的が、節水のためにせよ、あるいはコストやエネルギーの節減のためにしても、イスラエルが富裕な国に対してますます変化をうながしているのは、開発途上国に対した場合と少しも変わりはしない。

しかし、豊かな世界に対し、イスラエルは物やサービスの提供にまさるものをもちあわせている。イスラエルには世界と分かちあえるほどの経験の恩恵があり、とりわけ、問題が顕在化する前にイノベーションを図り、事態に取り組んでいくという役割がそれだ。

通常、水に恵まれた社会では、公益企業体も農家も、水の管理や活用について新たな技術の導入には出遅れがちである。同様に、国の指導者が水問題の前兆について数年前に気づいたにせよ、危機を未然に封じるために必要な変革を熱心に推し進める者はめったにいない。なにごともこれまでと大差なく機能しているように見えるかぎり、水のためだとはいえ、選挙民や企業のトップに事実上の料金に見合った金額や、なにがしかの犠牲を求めるような真似をわざわざやりたいと願う者はいないのだ。市民や産業界が望んでもいない変化なら――もっとも市民も産業界もその必要性を知る術はないが――選挙で選ばれた政府もまた、あえて断行するほどの興味は抱いていない。

西側諸国ではいずれの国も精巧な水道インフラをもち、必要に応じて利用できる安全な水を享受しているが、こうした国の多くでは水が豊富にあって当たり前だと見なされている。だが、知らないうちに非生産的な法制度や規制システムに陥り、市民も農業部門も産業界もうかつにも無駄の多い――時には破滅的ですらある、水の消費パターンを受け入れてきてしまった。

水への向き合い方を改めることは、世界のほぼどの国においても必要だが、豊かな国の場合、開発途上国にはない形で変化をもたらす手段をもっている。こうした国の農家や利用者なら、実質費用をさらに余裕をもって支払うことができ、水のインフラもさらに精密だ。政府の対応もはるかに柔軟だろう。国民も行動することには慣れている。なにより有利なのは、国民の教育水準が高いので、変革の意義も了解してもらうことができるという点である。水というものが事実上有限な資源であるという理解と、現時点で穏やかではあるがなんらかの制限を受け入れなければ、消費者も農家も水の使い方について間もなく——そして、おそらくは突然——厳しい規制が課されることになってしまう。国が豊かであることは有利な条件だが、やがて到来する地球規模の水危機を免れるものではない。

水資源の乏しい国には一九五〇年代のイスラエルがモデルになるように、先進的な水管理と政策によってもてる国になった今日のイスラエルは、水が豊かな国や地域の格好のサンプルにもなるだろう。こうした国や地域には、水問題をまだ痛感していないところ、懸念がその兆しを見せるにはまだ時間があるところも含まれている。イスラエルは水資源がかぎられた地帯に位置するにもかかわらず、人口と経済の発展を見届け、その一方であり余るだけの水を生み出してきた。この事実は、時間的な余裕、投資資金、危機に向かいあう態度を整えたいずれの国や地域なら、誰もが快適な水を将来も享受できるという希望になるはずだ。

しかし、最悪の事態に対する計画がなければ、豊かな水もまったく気づかれることなく消えていってしまうかもしれない。そして、その典型がブラジルにほかならなかった。

アマゾン川の国、ブラジルの悪夢

一世代で急激な経済成長を達成するという経験をしたのち、ブラジルは何千万もの国民を貧困層から引き上げて快適な中流層の生活に送り込んできたが、それは同時にこの国が達成した南米の大いなる経済成功の物語となり、投資家にとってブラジルは食指をそそる国のひとつになっていた。ここはまたアマゾン川が母国とする国だ。しかし、世界最大の河川として圧倒的なアマゾンを抱えている事実は、この川の向こう側に位置するブラジル経済の中心地サンパウロの住民にとって、おそらくなんとも皮肉なことにちがいない。干ばつと水政策の失敗が重なり、サンパウロは現在水不足に苦しんでいるにもかかわらず、市内の高層のオフィスビルや豪華ホテル、一等地の街区は、かつては渇水とは無縁のように建ちならんでいた。

二億の人口を擁するブラジルでは、一〇パーセントが州都サンパウロに住み、さらに国民の二〇パーセントが州都と同じ名前をもつサンパウロ州内に居住している。サンパウロはブラジルのGDPの三分の一を生み出し、工業生産の四〇パーセントを占めている。[1] しかし、現在見舞われている水危機を契機に、問題がただちに解消されない場合、世界有数のこの金融都市と周辺地域はどうなるのかという疑問が頭をもたげてくる。

二〇一五年早々、サンパウロの基幹貯水池は、容量の約五パーセントまで水量を減らしていた。この地域の大半は水力発電で電力が供給されている。だが、発電機のタービンをまわそうにも十分な水力を得られない。サンパウロ州をはじめとする八つの州に停電の波が押し寄せ、影響は何千万人もの住民の健康や安全、経済活動に及んだ。[2] ポンプを稼働させようにも電気はなく、その電気を発生させるには水圧が減少していたので、多くの世帯で何日にもわたっていっせいに水道がとまり、電気が使えるときにだけとぎれとぎれに水は流れてくるだけだった。レストランでは料理を盛りつけようにも皿を洗う水にさえ事欠いた。シャワーに使える水はなく、トイレで流す水さえない。水不足の恐怖が、サンパウロで暮らす毎日の第一の問題になっていたが、こんなことはアメリカの大都市の中心部ではありえはしない。

この水不足に応じ、地域の住民は許可も得ないまま、井戸を掘りはじめて地元の帯水層から水を汲み上げていたが、水源は将来に及ぶ汚染の危機にさらされていた。漏水した市の水道管を破壊し、そこから水を盗みとった泥棒もいたが、そのために供給できる水も涸れはてた。家屋やアパートでは即席の貯水槽が設けられ、一滴でも多い雨水や蛇口の水をため込んだが、ひとつの問題の解決をきっかけに別の問題がもちあがる。こうした貯水槽のいくつかでボウフラが湧き、デング熱の発症が報告されたのである。(3)

市民生活が破綻していなければ、政府や地元の水道局に対する募りに募った怒りは燃え広がり、失政を糾弾していただろう。政府や水道局は、八年に及んでいた干ばつの前はもとよりその期間においても、問題予測やインフラ整備、適切な水管理の策定にも手抜かりを重ねていた。サンパウロからの大量脱出という笑えない話さえ交わされていたが、すでにこの地を後にしていた者には〝水難民〟のレッテルが授けられていた。

カリフォルニアからの支援要請

アメリカの都市で、サンパウロのような水不足——水危機——を経験した大都市はまだない。だが、西部でほんの数年前に干ばつが発生したことで、これからも現在のようなライフスタイルが保証され、節水を強要されることもないと考えるのは不可能になった。少なくとも、いまのところブラジルの人口最多の州都と州を見舞ったほどの規模の干ばつには見舞われていないにしてもだ。

ブラジルやサンパウロの住民と同じように、つい数年前まで、アメリカ最大の人口を抱えるカリフォルニア州が水不足に無力だと考えた人間は一人もいない。カリフォルニアといえば、思い浮かべるのは芝生になみなみとそそがれた水、たっぷりの水で洗われてピカピカに光る自動車、裏庭のプールと隣に設けられたジャグジーバスの泡といった風景だ。

州最大都市のロサンゼルスを見ればよくわかるように、カリフォルニア州は各地域で砂漠に隣接しているにもかかわらず、身の丈以上の豪勢な生活ぶりはこの州があらゆる点で豊かであることをうかがわせる。それは水についても例外ではない。カリフォルニア州の農家に関していうなら——作物によってはここの産物は世界でも指折りの高品質で、どこの国でもそうであるように、農家がもっとも多量の水を消費(4)——希少種の魚類保護のため、河川からの取水は制限されたが、かわりに利用可能なほかの地表水や帯水層を水源として使うことが認められていた(5)。

十分な警告はなく、備蓄されてきた帯水層の多くは過剰な取水で涸れつつあったことから、現在、州政府はまったく異なる将来を策定しているさなかにある。かつて水に事欠くことのなかった州は、さらに深刻化する渇水に備え、つい最近、水の使用制限をめぐる一連の対応策を発表した。州政府から各世帯に対して劇的な給水制限が出されると、農家は、課された制限はこれまで以上に大規模で強制的なので応じられないと声をあげた。同様に州内の全リゾート施設に対し、ゴルフ場のコース、噴水、テーマパークのアトラクションには再生水の使用が強化される。そして、州が次に打って出たのは、水問題を抱えた国が何十年も前からおこなってきたまさにその通りの方法だった。カリフォルニア州はイスラエルに提携と支援を要請したのである。

イスラエルとは、経済関係の強化でそれまで数年に及ぶ交渉を重ねていたが[6]、今回のカリフォルニアの干ばつに関しては交渉が急がれた。二〇一四年一月、州知事のジェリー・ブラウンは、州民に非常事態を宣言。「雨はつくれません。しかし、いま州を脅かす干ばつによる最悪の結果には完璧に備えられます」と宣言のなかで知事は語っていた。そして、現状がどれほど深刻であるのかはっきりさせようと、知事は農家と日々の生活で〝水が激減する〟リスクについて滔々と語った。飲み水にさえ事欠くどころか、日照りによってリスクが高まった山火事の備えに必要な水はどうするのか、この宣言によって州民らはそんな思いをまざまざと呼び起されることになった[7]。

段取りは大変だったが、二カ月とたたないうちに知事は「経済関係強化のための戦略的パートナーシップ」の創設の一環として覚書（MOU）の調印で来訪したイスラエル首相ネタニヤフをシリコンバレーの式典に迎えていた[8]。掲げられた目的の狙いはイスラエルと新しい技術を共有する点に焦点が置かれていたが、リストのトップにあったのは水だった。

演壇に立った知事は、カリフォルニアが地球規模の問題をめぐり、ともに事に当たる相手として、なぜイスラエルと真っ先に関係を樹立することを望んだのか、その理由について触れていた。「私たちはとほうもない規模の干ばつのさなかにいます。この危機に遭遇してつくづく思い知らされたのは、水の管理の重要性、すなわち効率的で賢明な水の使い方です」。知事はそうした必要性は認めつつも、挑戦もまた必要であると語った。「水の保全やリサイクル、脱塩装置の使用、地表水と地下水の管理など、われわれが歩むべき道のりは長く、すぐに到達できるものではありません。そして、水に関して国がいかに効率性を実現できるかについて、イスラエルは手本となる国であり、協調するには絶好の機会にほかなりません」[9]。

対してネタニヤフは挑発的に問い返した。「イスラエルには水問題は存在しません。問題が存在しなければ、どうお答えすればいいのでしょうか」と言うと、建国時に比べるとイスラエルの降雨量は半分にまで減り、一方で国の人口は一〇倍に増え、GDP——通常、水の消費量を算定するにはもっとも確実な方法——は七〇倍にまで成長したと数字を並べたてた。ネタニヤフは、それに対するイスラエルの解答は、農業における再生水の使用、点滴灌漑法、漏水防止、海水淡水化にあると言う。そして、「イスラエルには水問題は存在しません」とくり返すと、「カリフォルニアも水問題を抱え込む必要などありません。手を携えることで、この問題は克服できるのだと考えています。イスラエルがその見本です。これは可能性のたぐいとして話しているのではありません。まぎれもない結果なのです」[10]と答えていた。

この覚書では、通常の政府間合意のようにフォローアップ活動は当局に任されていない。かわりに求められた組織は、カリフォルニア州の産学とイスラエルの連携を支援するものだった。また州内の各市に対しては、水問題をはじめとするほかの問題について、イスラエル側とどう協力しあうのか、その方法を検討することが要請された。

覚書の調印から間もなく、カリフォルニア大学（UC）システムの上位校、カリフォルニア大学ロサンゼルス校、バークレー校などの大学がどのような事案であれば覚書に基づいてイスラエルの研究者や大学と協力できるのか、プロジェクトについて検討を始めた。さらに州内の二都市で、イスラエルのソリューションを具体的にどの問題に活用するのか、それを協議する特別委員会が設立された。そのひとつがロサンゼルスであり、市の一部に飲料水を供給していた帯水層が汚染され、対策についてイスラエルの支援を求めていた[11]。

知事の一番の側近がキッシュ・ラジャンだ。知事が推進する州のビジネスと経済開発の責任者がラジャンで、州をひとつの国と見なすとカリフォルニアは世界で八番目の経済規模をもつ。「水問題の影響をこうむらない経済部門などこの州のどこにもありません。農業が最たるものであるのは言うまでもありませんが、農業だけの問題でもありません」。カリフォルニア州では農業の産業規模は七〇〇億ドル。「世界中で中流層が増え、この層向けに高品質の食糧に対する需要が高まり、カリフォルニアは生産物の販売を拡大していく機会を得ました。しかし、それも生産高をあげ、水があってこその話です」。

海外の消費者は、自分が買ったのは果物であり、野菜であり、ナッツにほかならなくとも、見方を変えれば農産物の輸出とは水の輸出にほかならない。水が無料でしかも無尽蔵の資源なら、輸出代金に水のコストを織り込もうとは農家も考えない。しかし、水の供給量が欠乏すれば、少なくとも新たな水資源が見つかり、確保できるまでのあいだ、輸出のための栽培は是非を問われる政策問題になってくる。すでに過剰取水である帯水層から再生不能な水を大量に汲み上げ、それによって州や地域あるいは国の水の将来を、今日明日の商売のために危うくするなど明らかに理不尽にほかならないだろう。そうではあるが、それが現実に起きているのがカリフォルニア州であり、世界の国々なのだ。

輸出主導型の業種である農業と異なるのが観光業で、カリフォルニア州のもうひとつの主要産業だ。州経済には一〇〇〇億ドルの貢献をしている。「観光業の目玉はカリフォルニア流のライフスタイルで、このライフスタイルは旅行客にとっても、州の住民にとっても重要です。そのなかにはレクリエーション、ゴルフ、水泳、緑したたる景観も含まれており、どれも大量の水が欠かせません」とラジャンは話す。

カリフォルニアがライフスタイルと経済成長を維持していくうえで、イスラエルの連携が支援に果たす意義は大きい。「イスラエルの水管理のシステムは筋が通っています。水道料金の徴収法を知っているし、水の効率的な使用を高めるテクノロジーの利用法もわかっています。この国がいまのように成功したのはその点を理解しているからなのでしょう。カリフォルニアに住む私たちには新時代の到来ですが、イスラエルはこれをずっと続けてきました。どの分野でも学ぶべき点は少なくありません[12]」とラジャンは言う。

カリフォルニア州の水を復活(ラジャンもたぶんそう言うだろう)させるうえでイスラエルが提案したのが、現在、サンディエゴ近郊のカールスバッドで建造中の海水淡水化プラントだ。訴訟と認可の遅れで着工が一〇年ずれ込んだが、施工はイスラエルのIDEテクノロジーズが手がけている。この最先端プラントには、IDEが国内外のプロジェクトの施工・運営で得た最新テクノロジーがあまさず採用され、竣工すればアメリカ大陸最大のプラントとして、現在、カリフォルニア州で消費される水量の日産五〇〇〇万ガロン(一九万立方メートル)の水を生産、三〇万人分の需要が余裕でまかなえる。かりに、干ばつの影響が激しく、また州をあげて野放図に使ってきた積年の水不足の影響を覆すには十分でなかったとしても、このプラントの建設は意味ある一歩前進で、問題をこれ以上悪化させないうえでも必要な数多くの対策のひとつなのだ。

アメリカ全土に拡大していく水不足

減少した水を復旧させようと、現在、カリフォルニアは州独自の改善策を進めるとともにイスラエルの協力を仰いでいるが、合衆国のほかの州や豊かな水に恵まれた世界のほかの国々にとってもこれは無関係な話ではないだろう。カリフォルニアの場合、多くの注目がこの問題に注がれたが、水量の減少に直面している土地はここだけではない。近年ではテキサス州も大半の地域で深刻な水不足に陥り、国立気象局のある職員は、渇水時の制限が一部地域で解除になったあとも、「ふたたびこのような事態に陥らないとは断言できない」[13]と語った。テキサス州の何十もの町村では慢性的な農業用水の不足に瀕し、地域によっては日常用水に事欠いているところさえ存在する[14]。

カリフォルニア同様、テキサスの好景気も深刻な渇水に脅かされた。二〇一一年にピークに達した水不足は、完全に解消されないまま今日まで影響が続く。農業をはじめとする産業へのダメージで、二〇一一年だけでも州は約一二〇億ドルの損失をこうむった。州内で三億本を超える樹木が枯死して、多くの町が何週間にもわたって断水、約五〇の地区ではいまもまだ復旧を遂げていない[15]。

二〇一三年十月、当時テキサス州知事だったリック・ペリーはイスラエルを訪問した。カリフォルニアと同様の関係をテキサスも結び、最悪の水問題への支援をとりつけるためにイスラエルの高官と話し合った。滞在中、ペリーが「テキサスにとって、この協力関係はすでに峠を越えた今回の渇水被害だけではなく、かならず起こりうる次の渇水に備えるためにも必要だ」[16]と発言していた点は見逃せられないだろう。この発言が示唆するのは水不足による経済的損失、何百万というテキサスの住民が受ける被害は、計画を立ち上げ、早期にインフラを整えておくことで規模を減らせるばかりか、あるいは避けられるかもしれないという点だ。

だが、カリフォルニアやテキサスが直面した種類の渇水だけが、この国の多くの州の土地で働く者の生活や繁栄を脅かす唯一の脅威ではない。ハイ・プレーンズ帯水層と呼ばれる巨大な地下水層のうえに広がる八つの州――サウスダコタ、ワイオミング、ネブラスカ、コロラド、オクラホマ、カンザス、テキサス、ニューメキシコ――の農家は、いずれも共通するある不安を覚えている。規制のないまま汲み上げられる水は、汲んでも尽きぬ無尽蔵の用水としてアルファルファ、トウモロコシ、小麦の灌漑に供給されているが、こうした日が終わったのを農家は知っていた。これらの作物が過去何十年と同じように生育するにしても、それは水が涸渇するまでの時間の問題にすぎない。大陸にも等しい巨大な帯水層は数千年をかけて水を満たしてきたが、その水がここ数十年で涸れつつあるのだ。

こうした農家が探しあぐねている答えに対しては、少ない水でも生育可能な作物の開発や栽培技術、帯水層への汚染を控えた肥料の開発技術で応じることができるだろう。イスラエルの農家がそうだったように、ハイ・プレーンズの農家もまた一滴一滴の水を惜しみ、その一滴を残らず再利用する方法を考えることで、帯水層に残った水を将来にわたってさらに使いつづけていける。

農業用水と工業用水で頭を抱えている州はほかにもある。ネバダ州、アリゾナ州は慢性的な水不足と格闘のさなかにある。コロラド川は、約一〇〇年前に始まった川の切り回し事業以来、アメリカの西部地区の大半の水需要を支えてきたが、干ばつや過剰取水、不適切な水利計画が原因で水量はかつてないほど貧弱になってしまった。アイダホ州、オレゴン州、ワシントン州もまた干ばつがもたらす厳しい影響に直面している。(17)

ここで概略した一四の州だけではない。合衆国会計検査院（GAO）の報告では、全米五〇州の水道事業管理者――既述の一四州も含め――のうち四〇州が、今後一〇年以内のうちに自州でも真水が不足すると予測している。想定される州の地理的範囲や必要とされる水の量も州ごとで異なるものの、各州で一致しているのは、適切なデータを持ち合わせていないこと、来るべき水問題に対する最善の対策が確立されていないこと、国による一貫した計画が欠如していることなどである[18]。

これらの州のうち、水が豊富な州で対策が遅れているのは、規制体制が原因で、管理方法について大勢の人間に発言を認める一方、強制的な指針がほとんど存在しないからだ。何千という数の組織からなる巨大な官僚体制のもとでは、意思決定を調整することはほぼ不可能に等しい。各水道局、管理公社、水評議会、そして関連する政府機関は、いずこも官僚主義の例に漏れず、組織の権益死守に走るばかりだ。あまりにも統制機関が多すぎることで計画の推進能力、管轄を横断して現時点での問題に対処する能力、起債や課税なりでインフラ整備に必要な事業予算を調達する能力は混乱している。

将来への道

カリフォルニア州をはじめ、水問題が予測される全米四〇州、豊かな水に恵まれながら需要と供給に齟齬が感じられる世界の国々など、水をめぐっては好ましからざるニュースばかりだが、一方で、こうした問題それぞれに解決策があるのは朗報だ。そして、いずれのケースにおいてもイスラエルがモデルであるのは、イスラエルがまさにそれらの問題の当事者であり、この解決策はイスラエルが試行錯誤と失敗を経たうえで獲得してきたものにほかならないからである。

ちょっと考えてみてほしいのは、水の使い方に関して、イスラエルが直面してきた難題とそれをどう克服してきたのかであり、この経験がアメリカの水資源の改善をもたらし、農家や消費者、環境のためにどんな意味をもつのかである。

イスラエルでは灌漑農地の七五パーセントで点滴灌漑法が用いられ、用水量を減らしながら収穫を高めている。アメリカでも降雨量が十分でない土地では、点滴灌漑法の導入を積極的に進めていくべきだ。カリフォルニア州の導入例は、ここわずか数年で急増して良好な結果をもたらした[19]。カリフォルニア州では今後もさらに増加していくだろうし、それはほかのどの土地でも同じだ。政府も初期費用が導入の妨げにならないように政策を講じるべきだろう。灌漑装置への原価償却や政府の融資プログラムなどの優遇税制を通じて、節水を手がけようとする農家の能力を押し上げられるし、国の標準農法としては、湛水灌漑のほうがむしろ例外的な農法だと切り替えていくうえで弾みにもなる。

イスラエルの農家には、再生水はいまや貴重な水源で、処理して再使用するために国の廃水の八五パーセントが集められている。今後五年以内に九〇パーセントまで高めるのが目標だ。アメリカでは圧倒的な量の下水が処理されているが、その後、大半の処理水は湖や河川、海洋に投棄され、全国的な再利用は全体の八パーセントに満たない[20]。公共事業では最新の技術が用いられるが、予算はのびのびだ。だが、この水を水源として使うことで、農家は真水の需要を減らせると同時に、ロサンゼルスのような人口集中地域の下水処理水は、ゴルフコースや公共施設の芝生などにもっと幅広く利用できるだろう。

イスラエルでは比較的短い海岸線沿いに五基の海水淡水化プラントが建造され、うち一基は世界でも屈指の規模とエネルギーの効率性に優れた施設だ。さらに、脱塩する以外に用途がない半塩水を活用しようと数基の淡水化プラントが用意されている。沿岸の海水淡水化プラントの建造にかかった期間は、カリフォルニア州がカールスバッドのプラントを建造するために法的な問題を処理している期間よりも短かった。アメリカの場合、海水淡水化プラントを利用しようにも大半の地区が内陸部にある。だがカリフォルニア州、ワシントン州、オレゴン州などの海岸に面する州は、こうしたプラントを増設すれば地元の水不足にもひと役買える。さらに、州政府や連邦政府が認可を迅速に処理できる基準を設ければ、訴訟なども制限され、必要とされる脱塩水を天然の水に加えることができるようになるだろう。

イスラエルの水管理は、水が最大限に使えるようにしようと、法体制や規制体制によって支えられている。アメリカの場合、州政府や連邦政府の規制や管理を整理することはほぼできそうにもないが、国の水の将来に関しては、州議会も連邦議会も構造的にプラスの効果をもたらしそうなアクションはほとんど起こしてはこなかった。

給水システムに関するあらゆる面で、イスラエルはイノベーションとテクノロジーの推進をうながしてきた。イスラエルに比べれば、アメリカははるかに豊かで科学分野の各ジャンルも技術的には進んでいるので、州政府、地方自治体、農家、公益企業体に対して、節水や省エネについての技術を提供する仲を取り持つことができるはずだ。

最後に、イスラエルは、国民が中流の生活を謳歌している一方で、水の保全を日々の生活の一部として受け入れ、それを賞賛する文化を生み出し、いまなおそれを継続して後押ししている。水を大切にするために苦しむ必要はないと納得させる点で、アメリカにはこの文化に匹敵する国民的な発想は存在しない。水が制限された世界では、今日の節水をするから快適な明日の生活を送ることができるのだ。

すでに十分整備されている国の水道インフラを向上させようとしたとき、イスラエルはその原資として水道料金を実質価格で請求する決定をくだした。すると農村部と都市部で水の消費量が全国的に低下した。もともと節水を目的とした料金値上げではなかったが、しかし長い目で見た場合、消費行動に変化をもたらすというプラスの結果をもたらした。カリフォルニア州だけでなく、ほかの地域においても、水道料金が合理的で普遍性のあるものなら、農業政策は向上して、イノベーションが図られていくばかりか、さらに多くの市民が節水にかかわり、見境のない水の使い方にもかかならず終わりがくるはずだ。

現在、アメリカをはじめ水の豊かな国で水不足が席巻している。来るべき地球規模の水危機から最善の結果が得られるなら、それは水に関するイスラエルの長期計画や保全法、料金設定、使用法などから、各人がなんらかの触発を得られることにあるのかもしれない。一方で最悪の結果は、事なかれの官僚主義、自己の利益しか眼中にない圧力団体、優柔不断な議員、リスクを嫌う公益企業体、無関心な市民などの都合で、対処すべき問題のいくつか、あるいは課題という課題が後日の問題として先送りされてしまうことにほかならない。

イスラエルは水問題の解決法に関して数多くの発明を生み出し、世界の水のありかたを変えてきたが、この国を格別な存在にしているのはこうした技術ではなく——技術はどの国にも開かれて利用できる——こうした技術を国がどの程度まで取り込めるのかという〝程度の問題〟なのだ。「一滴の水も大切に」と国民や外国人に呼びかけるポスターはこの国のいたるところで目にできる。渇水にあえぐ世界に向けた解決策のなかでも、決め手となる解決策とはこうした気構えなのかもしれない。

ブラジルのように遠く離れた国ではなく、あるいは発展途上国ならまだしも、アメリカが水不足に陥ることはたぶん衝撃的で、非現実的でもあるが、それはこの国が長きにわたって豊かな資源国だったからである。太陽の光や空気と同じくらい、無尽蔵の資源には常に事欠かず、豊かさはアメリカが生まれながらにもつ権利の一部とさえ思われてきた。しかし、渇水はすでにこの国のここかしこで発生し、残された選択肢は一九三〇年代にイスラエルが着手したように、最悪の被害に見舞われる前に対策を講じるしかないだろう。さもなければ、かつて経験したこともない未曾有の結果になると腹をくくらなければならない。世界的な水危機が進行の度合いを加速し、ぼやぼやしている時間などもはや残されていないのだ。

第4部

イスラエルのソリューション

第12章　水の哲学

どこに向かっているのか迷ったら、どれかの道が連れていってくれる。
――ルイス・キャロル『不思議の国のアリス』

イスラエルは、新世紀が始まって間もない約一〇年で乏しい水資源と干ばつの脅威を克服し、それどころか豊かな水をもつ、気象の制約から解放された国になった。こうした劇的な変化は、それに先立つ七〇年の年月をかけて実現され、この間、イスラエルの有能なエンジニアや科学者、政策立案者からなる集団が、水に関連する専門知識、テクノロジー、インフラの開発を進めてきたおかげだ。これら指導者や先覚者によって築かれた水をめぐる実際的な考えは、後進の道を歩む者には格好の指針となってきた。

イスラエルには古い国家と若々しい国の二つの顔があり、分裂したそれぞれの個性がこの国に安定を与えて成功をもたらした。苛酷で容赦のない土地と地勢に生きていく土着性とたくましさは、数千年の伝統とパレスチナの地への愛着を通じて育まれてきた。そして、国としての近代的なアイデンティティー――新興国として斬新な理念と既成概念にとらわれない発想――を通じ、実験と変化を好ましいものとして受けとめる、たゆみない活動力が授けられてきた。イスラエルの元大統領シモン・ペレスは、就任中に受けたあるインタビューで、「ユダヤ人が世界にもっとも貢献してきたのは不平を申し立てることだった」と語り、「国の指導者としてはこの不平は厄介だったが、科学と進歩のためには多大な貢献を果たした」と語っている。[1]

〝たゆみないイスラエル〟は、最善の水の管理方法について、幅広く受け入れられる基本の原理を生み出した。水をめぐり、イスラエルが今日見られる成功を遂げられたのもそのおかげだという説がある。そればかりかこの国はたくさんの成功を謳歌してきた。軍事、テクノロジー、社会システム、経済など、成功は多方面に及ぶが、水も決してひけをとるものではない。「今日、世界の七〇億人のうち、確実に安全で、恒常的に利用でき、しかも高い品質の水をもつのはわずか一〇億の人間にすぎません」とヘブライ大学で水文学を研究するハイム・グヴィリツマン教授は語る。そして「一〇億人の大半は北米大陸やヨーロッパの湿潤な地域の住民です。イスラエルが並はずれているのは、この国が乾燥地帯にありながら、水の安全と信頼できるシステムのいずれをも実現した点にあります。おいそれと実現できるようなものではありません」。

もちろん、イスラエルが遂げてきた水に関する事業という事業――その成功も含め――がどのような国においてもそのまま真似できるというわけではない。豊富な天然の水資源と降雨に恵まれている国なら、水の脱塩処理やつかの間の雨季に備えた貯水池など必要とはしていないだろう。また、イスラエルが投入してきたように、現代的な水利対策を促進させ、豊富な水資源を確保しようにも、財政的な問題から必要な全設備を整備する余裕がない国も存在する。しかし、イスラエルで現在採用されている技法やインフラ、あるいはテクノロジーのなかで万人向けとは言いがたいものがあるにしても、水のガバナンスに込められたこの国の哲学はどの地域でも通用する。

いずれの国と同じように、イスラエルにも国としての独自のアイデンティティーがある。しかし、イスラエルの水の哲学——その国なりの水の世界観の礎——のすべて、あるいは一部を採用するからといって、イスラエルの歴史や文化まで取り込む必要などはない。それにイスラエルの水の理念は、さまざまな経済や社会状況のもとでも適応させていける。

以下に紹介する一二の原理は、ひとつひとつがイスラエルの水に関する哲学（と成功）を理解するうえで本質的な要素であると同時に、この一二の項目が連携してひとつの鍵となっている。

水は国家のもの

イスラエルはきわめてダイナミックな自由市場経済のもとにあるが、水は公有で政府が管理したほうが万事うまくいくと考えている。一九三〇年代に始まり、さらに将来を見据えた一九五九年の包括的水管理法の成立にともない、イスラエルの水資源は一滴残らず共有財産となった。これによって社会で必要とされる水は、利用可能な水資源をすべて踏まえたうえで、全体として最大化した見地から計画が立てられるようになる。

水の管理を政府に委ねる意思にぶれがないので、自由市場主義のある意味で無秩序な水への取り組みは、イスラエルの経済や政治の分野においてはむしろ困惑をきたす。「水の使用に関し、この国では最高最善であるかが最優先されています」とグヴィリツマン教授は語る。教授は先端研究をカリフォルニア州のスタンフォード大学で修めた。「アメリカは制約のない自由競争ですが、それでどんな結果となりましたか。一例をあげましょう。カリフォルニア、アリゾナの町では水不足に陥っているにもかかわらず、よその土地でも栽培が可能な作物に膨大な水が使われています。湛水灌漑で農業用水が濫用されながら、下流域のロサンゼルスやほかの町の住民は給水が制限されるなど、なんとも筋が通っていません。イスラエルでは水は国家のものなので、最大の利益が得られる最善の方法を選びます[2]」。

水の哲学に根づいたこうした側面が、水以外の分野では市場原理が広く尊重されているイスラエルで、計画を一極化するうえで重要なのだ。「最初の一滴から最後の一滴の使い道まで全工程が管理されています」。水管理公社の元理事長ユーリ・シャニ教授は言う。水管理公社は水の生産量、取水地点と供給先の決定、そして価格に関して調整と認可をおこなう独立した政府系機関だ。「水の管理は完全に集権化されています。揚水ポンプと掘削孔のひとつひとつにいたるまで、またいずれの水の配分先についても認可が不可欠です。一滴の水にいたるまで計画を立て、その配分先を決めてきたことこそ、この国が成功した鍵だったのです[3]」。

安い水ほど高くつく

商品の値段には通常、原価と利潤が反映しているので、消費者も価格が安いほど購入した満足度は満たされると考えるようになった。この場合、買い手も売り手も双方が利益を得ている。しかし、この不動の経済原理も、水は例外というのが国際的な標準だ。世界の国々では水に助成金が投じられているのが普通で、使用した水に対して実質価格が支払われている国はほぼ皆無に等しく、食糧生産に必要な農業用水ではとくに著しい。しかし、イスラエルの場合、使ったぶんだけ利用者は実費を支払い、政府の助成金はまったく支払われていない。

経済の専門家でイスラエル水管理公社の上級職員、ギルアド・フェルナンデスはこんなふうに説明する。「実質価格には、水源開発、給水に必要なインフラ整備、水の安全性を確保するために必要な水質試験や浄水などの費用、また各家庭に給水して常時使用可能にする送水費用と、さらに廃水処理と河川や帯水層が汚染されないための費用が含まれています」。実質価格を課している国はほかにも数カ国あるが、世界の多くの国では、消費者は自宅への送水コストにわずかに毛の生えた程度の料金か、かりに支払っているにせよ月額固定料金が普通だ(4)。

水道料金や下水道料金を実質料金に設定する最大の理由は、市場原理を導入するためだ。実質料金だから利用者は必要なだけの水を使いきり、それ以上の利用は控える。イスラエルは、実質料金こそ水の保全手段としてもっとも効果的だと実証してきた。

市場原理が働くイスラエルでは、農家――どの国でも最大の水の利用者――は作物の生産にともなう全経費を織り込んだうえで栽培作物を決定する。不要な経費や冗費を削るため、節水に一番効果的なテクノロジーを使おうと動機づけられた。利用者のコスト削減に応え、イスラエルでは節水ビジネスの市場が発展し、さらに多くの起業家が節水能力を向上させる方法を開発しようと資本とアイデアをつぎ込むようになった。こうして節水と技術上のイノベーションをめぐる好循環が生まれたが、実質料金があまねく普及していくなら、この循環はますます大きく育っていくはずだ。

超高額なミネラルウォーターになじんだ消費者にも、正価の真水は相当な負担のように思えそうだし、日常用水として目の玉が飛び出しそうな料金を支払うことに恐れを感じるのももっともかもしれない。しかし、現実の世界では、正味の水道料金は多くの人たちがイメージするよりはるかに安い。とはいえ、非常に低額だとしても、水の消費量に対して実質料金はとても強力で持続性のある影響力をもっている。

イスラエルでも以前までは水に助成金が出されていた。しかし、近年、定価での請求を図るために助成金はとりやめられた。だが、大半の世帯では、水道料金は一ガロン（三・八リットル）当たり一セント以内で収まり、普通にシャワーを使うのなら一回について二五セントを超えるようなことはない。水の使用量がかなり多い世帯でも、一ガロン当たり約一・五セントで、この料金体系のもとでは、使用量が少ないほど料金も低くなる。金額的にはこのように少額であるにもかかわらず、全面的に助成金を打ち切ったことで、国の水の需要は一変した。イスラエルの水の使用量は二〇パーセント近く低下していた(5)。

この料金体系を説明する際、イスラエルの役人がよく引き合いに出すのが太陽光で、太陽光も無料で無限のように思える資源だ。水も無制限に使用できる無料の商品のように思われていたが、定価販売することで、有限の商品としてコモディティ化できたのである。

水で国を統一

小国であることでイスラエルが受ける恩恵はめったにないが、水の管理という点では都合はよかった。必要とされる場所に水は、建国以前に設立された国営水道会社メコロットによって輸送されてきた。「競合を通じてたしかにコストは下落します」とローネン・ウルフマンは言う。ウルフマンは現在、中国‐イスラエルの合弁企業ハチソン・ウォーターの役員の一人で、企業間の競争原理についてはおおむね肯定している。「しかし、複数の組織が存在するために業務が重複して、サービス低下やコスト的にも割高になっているかもしれません。その点、メコロットはどの分野でも公益を優先した活動が可能です(6)」。

イスラエルの水は多くの水源から汲み上げた水がブレンドされていて、個人は水質や水量の点で優遇措置を受けることはできない。そのかわり、支払い能力しだいで、誰でも希望するだけの水は手にできる。低所得者には、家賃や食費、医療費を補助している同一の社会保障機関によって水道料金がまかなわれている——しかし、とくに問題がなければ、一滴の水に対しても支払いは生じる。

同様に、消費者は住む場所にかかわりなく、誰もが同一料金で使用量に応じて支払っている。たとえ自宅から目と鼻の先に井戸があろうが、あるいは山間部に住み、送水に高額なコストがかかろうと支払う料金に変わりはない。国として一本化した料金とは、必ずしも個々の実情に合わせて使用した料金が課されているわけではないが、これによって、誰もが同一の料金を支払い、水の保全とイノベーションの点では、国民がひとつになれる共通の利害関係のもとに置かれるようになった。

水がもうひとつの手段として国の一体化を図っているのだ。イスラエルの国民にとって、これは誇りで、自分たちの国はあらゆる障害を克服して中東地域でもっとも精緻な水道網を整備したばかりか、基幹設備は世界でもっとも豊かな国の設備に少なくとも匹敵しているのだ。しかも、富裕国の大半は水が豊富な地域にある。

メコロットでも最大級の施設を管理する上級役員のヨッシ・シュマヤーは、取材中に何度もこう話していた。「水で遂げた業績は私にとって誇りです。この国で関係者と会うのなら、誰もがやはりそう言うでしょう。ただの仕事ではなかった。国に課された任務でした。中東の周辺諸国と比べるだけではなく、世界中の国々との比較で考えてみてください。私たちにまさる業績を残した国はどこにも存在しませんよ」(7)。

「水を支配できたことは、私たちには二度目の独立戦争に勝利したようなものでした」と政府の元高官で起業の経験をもつオリ・ヨゲヴはそんなふうに語った(8)。

世界の大半の国にとって、水は不和の源泉だ。だが、イスラエルは、国家が団結する源として水を用いる方法を見つけ出していた。

政治家ではなく規制機関に

水に関する決定は政治家に任せるのがうってつけかもしれない。誰がなにを手に入れるのか、その分配を日常的に取り決めているのが政治家だからだ。理屈としては、資源の分配を政治家が誤った場合、少なくとも彼らは選挙で追われ、新任された者が問題の解決を図る。しかし、イスラエルでは、水はあまりにも重大な問題で、政治家の気まぐれに委ねることはできないと考えられている。

現実の選挙を考えれば、どの国の政治家も水問題でよけいな時間を費やすことに乗り気ではないのが普通だ。水道インフラを新造しても、恩恵が実感されるのは将来の話で、当の政治家が引退するころ、早くてもそのポストを離れたあとの話になる。莫大なインフラ整備をまかなうために現時点で増税や起債をしても、功績は後任者に授けられては政治的な意味はほとんどない。そうではなく、公的な資金はもっと絵になる事業、公園や学校、病院などに使ったほうが一般の支持にはただちに結びつく。上下水道で得た料金は、水道事業とは無関係のほかの政府事業の予算不足を補うために使うことさえできるのだ。

しかし、市民主導型の政治運動——とくに顕著なのは環境問題——がそうであるように、政治家の優先順位は、参画する市民の関心しだいだ。ただ、そうした日が訪れるまで、政治家がやりそうなことは、水の問題などないものとして無視するか、あるいはこの問題に特別の利害関係をもつ政治的な支援者らにとくに手厚く水を割り当てるか、十中八九いずれかの方法で応じてくる。

政治家が特別な利害関係にある集団、あるいは懇意にする知人に対して優遇を図るようなことがないようにするとともに、インフラやテクノロジーやイノベーションへの出資を高く維持させようと、イスラエルでは水に関連する事案には、政治と政治家がかかわれないように取り決めた。そして、権限を一極集中した技術官僚からなる規制機関を創設、それがイスラエル水管理公社であり、水を監督する権限が関連省庁からここに移譲された。

こうした国の判断を受け、各市や町でも政治とは無縁の水道事業体を組織するようになる。市長は理事会を任命、しかし、各候補者は任命に先立って具体的な技術を有することが求められている。地方レベルでも目的は変わらない。水道事業に関連する決定から、政治と政治家を排除するためなのである。(9)

水を敬う文化を育む

イスラエルのいたるところに、消費者に節水を訴えるポスターが掲示されている。節水をめぐる市民一人ひとりの役割に関する教育はごく低学年のうちから始まり、その原則はしっかりと根づいている。一般の人びとは水の制限や弱々しいシャワーの勢いに決して満足しているわけではないだろうが、どうしてそうしなくてはならないのかはよくわかっている。

水を大切にする文化にともなうプラス面は、国と市民とのあいだに協力関係を生み出してきた点だ。周期的に起こる干ばつに見舞われるごとに、自分たちはどうすればいいのか市民にはわかっていた。節水に努める考えはこの国の市民に広く受け入れられている。

いまも続けられている節水への取り組みを通じ、水への関心は渇水時期以外にも発揮されてきた。

運命共同体という思いがあるから、節水と水の浪費を抑制するための新たな方法をめぐって、市民による活動をうながすきっかけにもなった。

イスラエルでは水は国の領分だが、水に関するイノベーションは、それを達成しようと望むこの国の個人、企業、組織の領域にあり、市場も新しい発想の登場を常に待ち望んでいる。こうした取り組みを通じ、水に関する国と市民の協調意識は深まっていった。

すべての資源とすべての技術をひとつに

清潔で安全、そして二十四時間いつでも利用可能な水を得るために、イスラエルが手がけていることについて考えてみよう。

・帯水層、井戸、河川、ガリラヤ湖から天然の水を汲み上げて浄水
・海水の淡水化
・半塩水を汲み上げるために掘削
・塩分を含む水でも生育する種子の開発
・下水のほぼすべてを高度に浄化して農業用水に再使用
・雨水をためて再使用
・水を消費する公園や庭での撒水を抑制
・人工降雨による雨
・全器具（とくにトイレ）に水効率の高い製品を使用するように指導

・漏水に先立って設備を置き換えるとともに、漏水時に的確な修理を実施
・学校教育を通じて節水の大切さを周知
・節水をうながす水道料金
・節水に関する技術開発への奨励金
・蒸発量の減少をうながすアイデアの実験
・水効率のよい作物への転作
・灌漑方式として点滴灌漑法の全面的な導入

このリストが異色なのは、幅広い項目に及ぶ徹底ぶりのせいだけではない。リストはむしろ、水に対する不安について確実な対策などなにひとつないという、イスラエル国民の覚悟の現れなのだ。このうちのいくつかは、水を生産したり、保全したりする技術としては、ほかのものよりも明らかに確実なものがある。だが、海水淡水化で、容易に手持ちの水が生産できるようになっても、この国の専門家は〝上記一括方式〟とでもいう手段、つまり水の保全を図るため、全資源と全技術をひとつにすることで効率よく推し進めてきた。

「余裕のうえに余裕をもたせる方針で国の水供給を整備するには費用もかかり、多岐にわたる専門知識も必要です」と、イスラエルの水委員会の委員長を最近まで務めたシモン・タールは語る。「管掌する範囲が限定された場合に比べ、官僚制度はどうしても大きくなります。その一方で、この国では誰もがいつでも上質の水を手に入れられるようになり、経済と農業は成長し、今後も移民と何百万という観光客を迎え入れることができます。さらにいまも世界中の人びと、とりわけ中東が直面する水

不足の不安に脅えることからほぼ解き放たれました。淡水化プラントが戦争で攻撃を受けるとか、あるいは帯水層が干上がるなどして、プログラムの一部が不能になっても、それで水を飲めなくなる者は誰もいません[10]」。

水道料金を水のために使う

イスラエルでは、自治体ごとに水道事業体を設けることで、上下水道の管理を市当局から切り離し、地方の技官組織に集中させてきた。新たな管理体制のもとで、徴収した上下水道の料金の一〇〇パーセントが意図した目的に使われるようになり、地方と国の水道システムの優位性が確実になった。潤沢で安定した歳入を確保したことで、水管理公社は二大目標への投資が可能になる。ひとつは、地中海沿岸部で脱塩した水の送水事業を国として進めつつ、地方の漏水対策のために十分な予算を欲していた。もうひとつは、公社は自治体の事業体に対し、技術とイノベーションの導入をさらに促進させることが求められていた[11]。

この二点について、いずれもこれまで以上の予算が投じられ、現在、結果が待たれているところだ。漏水を防止した結果、年間何十億ガロンもの水が供給サイドに加わる。そして、水道事業体は有望なアイデアに対し、ハイテクのベータサイトになっている。ある自治体の施設で成功を収めた新技術は、イスラエルのほかの町でもただちに採用される。こうした対応を通じ、この国のどの町も水のイノベーションの実験場になる可能性があり、官民の提携関係にアクセスできることは発明家にも知られるようになった。

大半の地域において、公益企業体はイノベーションに疎く、技術の採用には腰が重いことで知られるが、イスラエルの場合、公益企業体はリスクを毛嫌いする伝統主義からイノベーションの中心に変貌を遂げた。そして、消費者もまた、支払った水道料金が自国の水のニーズを先取りしつづけるために使われているのを知っている。

求められているイノベーション

多くの同意のもと、イスラエルの水の管理部門は集中管理され、水道料金、水の割り当て、水利計画は、国の技術官僚の手に委ねられている。そうではあるが、民間によるイノベーションや官民の提携関係の促進は国の政策だ。

過去一〇年だけでも、イスラエルでは二〇〇〇を超える水主体の企業がスタートしており、これは同時期、全世界で起業した水関連企業の約一〇パーセントに等しい。[12]新企業の多くは既存技術のイノベーションに基づくものの、上下水道に関するまったく新しい革新的なアイデアの企業も少なくない。一九六〇年代から七〇年代にかけ、政府がキブツによる起業を奨励したのとまさに同じように、数多くのベンチャー企業の創立を後押しした。国は新たな構想を歓迎する覚悟で臨み、失敗の汚名を着せることはなかった。前述したように、この世代の新興企業に対しては、奨励金が提供されている場合が少なくない。

イスラエルには一種独特な持ち株会社――インキュベーター――が存在して、起業家のアイデアが順調なスタートを切れるように、イノベーションを発掘して政府の支援をとりつける事業をおこなっている。[13]同様に国営水道会社メコロットも有望なアイデアをもつ新興企業に融資するだけではなく、民間企業の製品について、社の上級役員が何千時間にも及ぶ時間を提供して開発の支援に協力している。[14]また地方の水道事業体は、政府からの助成金をもとに、新規のアイデアに関しては実環境での試験の場となっている。これら事業体は自社エンジニアの支援を無償で提供、一番優れているアイデアについては、他地区の水道事業体と共有することが奨励されている。[15]

考え抜かれた水の経済を発展させていくうえで、水管理公社は民間部門をパートナーと見なすことで、世界各国の政府や官僚組織に共通する障害を未然に防止できた。革新的なアイデアをめぐる縄張り争い――つまり斬新なアイデアを抹殺するＮＩＨ症候群（自社開発主義症候群）や官僚主義――などは皆無に等しい。

民間部門のほうが技術的に優れ、価格面や革新性の点でもまさっていると考えられた場合、イスラエルでは国家事業でも民間が優先される。メコロットは海水淡水化部門に精緻な技術をもつが、それにもかかわらず施設の建造に際して政府がもっぱら発注先として選定してきたのは民間のコンソーシアムで、民間部門のほうがさらに安い金額で水を提供できると判断したからである。それでありながら、最大の成果を得るために、メコロットは自社の先端技術を民間の受注企業と共有するように求められている。[16]

一般には水は政府が管掌するものと見なされているにしても、民間部門の役割を奨励するのは賢明な産業政策にほかならないだろう。

水の計測とモニター

一九五〇年代さなか、イスラエルでは、水道メーターが設置されていないまま井戸から水を汲み上げたり、個人宅、企業、農場へと供給したりすることはいっさい禁止するという法案を通過させた。[17]

ビッグデータが当たり前のものになるはるか以前、ロンドンのような大都市では水道メーターに切り替えるため、月額固定料金制をやめる数十年も前のことだった。イスラエルでは水道の使用パターンについて詳細なデータの集積を開始、消費傾向を調べるためにパターンの分析を始めていた[18]。データベースに基づく高度な分析手法を駆使して、計画担当者は、水資源の調査、開発、設備建設の必要性と時期——いずれもこうした対応が必要だと国民が知る以前——に関し、それらを決定するうえで必要なデータをはるか前から手にしていた[19]。

「水資源を管理する場合、利用者の消費パターンを知る必要があります。水の使用量と用途は、この国では正確に把握されています。その知識に基づいて、開発者が賢明な判断をくだすことができるのです[20]」とメコロットのディエゴ・ベージャ博士は言う。

広範な水資源の探査のような決定はともかく、この国の水道事業体は水道の使用パターンを使い、漏水と思われる異常を検出している。パターンに疑いが生じた場合、ただちに通知が発せられる。当の家や土地のオーナーが貯水槽やプールに水をためているのであれば通知は終了。水は目的に従って使用されている。しかし、そうした説明がつかない場合、修理チームはただちに作業にとりかかる。こうした対応で、利用者は無駄な料金を抑えることができるだけでなく、流失する水も可能なかぎり抑制することができる[21]。

記録しているのは水量だけではなく、同じように水質に関する一連の情報についても精緻に追求して、それを集積するために調査の網を張り巡らせている。「システムに関する現在のデータをフルに使うことで、実際の発生に先立って問題を予想できるようになりました。一年のうちの所定の期間、あるいは特定の気温のもとでの正常値を把握しています」とメコロットの上級役員であるヨッシ・シユマヤーは言う。

イスラエルの水の安全保障がどのように管理されているのか、それについてヨッシ・シュマヤーの口は硬い。「水が攻撃目標になることに苦慮する国は、イスラエルだけではありません。毒物の投入が可能な水源は多く、しかも攻撃はテロリストからだけとかぎりません。システムが脅かされているなら、それが誰にもわかるようにしておく必要があります。汚染された水をただちに停止し、安全が確認されている水源と置き換えられるように全員がならなくてはならず、そうでなくては、利用者も自分が飲む水は安全だと考えなくなってしまうはずです[22]」。

ほかの国でも水道の計測と監視は実施されているが、「イスラエルが独特である点は、その包括性と統一性にあるでしょう」とディエゴ・ベージャ博士は語る。「データが集積するにしたがって、早期警報システムが整備されていき、給水地域をくまなく統合することがますます容易になっていくのです[23]」。

未来を見据えたプラン策定

過剰な取水が原因で、わずかここ数十年で世界の帯水層は涸れはてるか、あるいは化学物質の影響で水質は汚染されつづけてきた。帯水層は数千年もしくは数百万年の歳月をかけて水を湛えてきた。この水に依存してきた農家や自治体は、間もなく大幅な取水制限を受け入れるか、あるいは涸渇による経済コストしだいでは、新たな水源を探すことになるだろう。

長期に及ぶ計画を立案してこなかった結果、こうした帯水層はいまや消滅の危機に瀕している。イスラエルでは一九三〇年代から周年的な基本計画を策定し、現在は二〇五〇年に向けた水利計画に基づいてすでに数年を経た時点にある。水管理公社のストラテジック・プランニング部門の責任者マイケル・〝ミキ〟・ツァイーデによると、「基本計画に従って調整をしていかなければなりません。世界の多くの国でも基本計画に沿って進められています。その点ではイスラエルも変わりはありませんが、よその国の計画には強制力をともなうものはまれです。この国では立案されれば、確実に実現させなくてはなりません」[24]。

「イスラエルは卓越した計画に取り組んでいます。しかし、それは計画だけにとどまりません」と語るのはメコロットで脱塩部門を率いるメナヘム・プリエルだ。「最新の技術もこうした計画には取り込まれています。計画と新たな手法、新たなアイデアがひとつに統合されています。きわめて斬新な計画なので、現時点ではまだ存在はしないものの、今後、必要とされるテクノロジーや設備を織り込むことができます。何十年先を見据えているから、こうしたアイデアを開発してまとめあげることができるのです」[25]。

しかし、予想外の事態が起こる可能性は常にともなう。長期に及ぶ干ばつ、人口の急上昇、大量の水を使う新技術が出現すれば水不足は加速するだろうし、しかもそれらは往々にして前ぶれもなく発生する。だが、周期的にこうむる影響を計画に取り込んでおくなら、その衝撃を和らげられる。どの程度の水不足に陥るのかまったく想定されていなければ、豊富な水の供給も幻に終わってしまうだろう。同じように、水質についても標準が定まっておらず、基準が遵守されているかモニターされていなければ浄水に支障をきたしかねない。

計画というと普通、数カ月や数年単位と考えられがちだが、水利関連の計画はおもに数十年にわたる活動を組み立てていく必要がある。帯水層や湖は一年や二年で干上がることはないが、しかし、汚染や過剰揚水、気候変動で、水源として使うには何十年にもわたって回復不能なダメージに見舞われる可能性もあるだろう。おのおのの世代が豊かな水源を子孫の代まで残していくには、考え抜かれた手法で策定された長期の計画は欠かせない。

求められている人材

世界では、水がメディアの関心をひいたり、あるいは一般の話題になったりすることはめったにない。水道管が破裂して、水浸しにでもなれば夕方のニュースに登場するぐらいか、それとも長期化した干ばつのときぐらいだが、その場合も警告なしに突然水不足に陥ったかのように紹介され、テレビやラジオの関心はやはり薄い。同様に水問題が世間の関心事として語られることもあまりないだろう。それだけに情報に通じた市民――ビジネスや地域のリーダー、あるいはメディアに従事している人間も含め――は水の必要性に関する対策と計画については当事者のひとりとしてかかわっていく必要がある。ラスベガス周辺地区の水道局の責任者を長く務めたパトリシア・ムルロイは、「エネルギー問題に関しては政府も強い関心を示します」と言う。「なぜかと言えば、エネルギー関連の企業は、必要に応じて政治家たちを教育することができたからです。水管理は公益企業体や水道局でおこなわれ、将来の問題について政治家を教育する人間が誰もいません」[26]。

ムルロイが言うには、その結果、水の予算や計画に対する政治家や企業の関心は、エネルギー関連に比べてほんの微々たる程度でしかない。これを正すには、政府内で水について発信する独自の提唱者が必要なのだという。

イスラエルでは、はるか以前から政府の上層部に提唱者がいた。建国したばかりのころ、水利政策の提唱者として中心人物だったのが初代首相のダヴィド・ベン＝グリオンその人だった。三代目の首相レヴィ・エシュコルはメコロットの創業にかかわり、長くトップの座にあった。

今日、イスラエル水管理公社、メコロットなど強力な権限をもつ政府系機関や農民団体が政府の政策決定者と話し合うように、基礎自治体でも、五〇を超える市や町の水道事業体が地元の政策決定者と意見を交わしている。さらに閣僚の一人は水利問題について責任を負うなど、公衆の水の利益に関しては政府高官がこの問題を公式に担当している。各人がしっかりとした考えに基づく水の管理政策を主張することで、全体として力のある、よくまとまった提唱グループが生まれ、水利事業をめぐる適正な予算と立案に専念している。ほかの国とは異なり、力のある水のエリートを幾重にもまとめあげたことで、現実の水危機に直面する以前に水のニーズに対処できるようになった。イスラエルでは通常のメディアでも水の話題がよくとりあげられていて、世間も水をめぐる関心事にはおおむね通じている。

きちんと発言できる優れた提唱者をもつことで、水利事業に必要な関心と資金が集まるばかりか、起業家も水に関連するテクノロジーの開発に対し、ふさわしいインセンティブが抱けるようになった。イスラエルが水のテクノロジー、マネジメント、ガバナンスの面で世界のリーダーになれたのは、こうした提唱者が、水の問題とは政府と社会に関係する課題のなかでも、政策上もっとも重要な意思決定であると説きつづけたおかげなのだ。

行動すべきはいま

世界規模の水危機が迫りつつあるとき、大胆な一歩を踏み出していこうとしているイスラエルの方針は、拡大する世界の水不足に対し、水の哲学という点においてもっとも重要な貢献になるかもしれない。地平線の向こうに危機が潜んでいる場合が多いことをわきまえ、危機に先立って手を打つことは、イスラエルの水のガバナンスの核をなしている。そして、この心がまえはイスラエルの水の世界に浸透している。その結果、少なくとも一九三〇年代から現在にいたるまで、この国では危機が本格化する以前に、問題に対して先手を打ちつづけることができた。

水源が地方にかぎられていたころ、ユダヤの社会は、水に恵まれた土地から水を一番必要とする地域に輸送する計画を考え、国をあげて輸送網の建設にとりかかった。農業では再生水の国内市場などない時代に、国は再生水を製造する施設の建設に着手すると、その使用では世界の筆頭へと成長していくことになる。そして、従来の水利政策の継続がもっとも無難な選択だった時代、強硬な建造反対の声を押し切ってまで、国は高価な海水淡水化プラント事業を決断、その後、四カ所でプラントの建造が立てつづけに続いた。こうした英断こそ、水不足に対処する世界にとってなにが必要なのかというモデルなのだ。

イスラエル水管理公社の上級職員で海水淡水化と再生水の権威であるエイブラハム・テンネはこう言う。「イスラエルの経験から他国が学びえる教訓があるなら、解答という解答が出そろうのを待っていてはならないということです。それぞれの事業について、スタートが可能だという理解を得た時点で着手しますが、パーフェクトでないことはわきまえています。完璧である必要がないのは、事業の進行中、われわれにはその問題を解決できる力があるのだと知っているからなのです」。

すべてが完璧に整うのを待つという考えは遅滞を長引かせるとテンネは言う。「さらに悪くなると、手つかずのまま終わる場合も少なくありません。水の需要は高まる一方で、環境に負わされた深刻な影響で、天然の水資源の涸渇は今後も続いていきます。行動を起こさないということも、ある種の行動にはちがいありませんが、それは現状維持という選択にほかなりません[27]」。

水危機が眼前に迫りつつある現在、行動のときはいましかない。その取り組み方は、すでにイスラエルが示してきた。

謝辞

迫りくる世界の水危機と危機にともなう最悪の事態を避けるため、イスラエルが世界に貢献できる役割に関して、多くの方たちのご協力でそれを知り、またお話を聞かせていただけたことは本当に幸運だった。

結局、本書のインタビューに応じていただいた方は二一〇名を超えたが、そのうちの大半の方がたのインタビューは一度で終わるものではなかった。私の質問に貴重な時間を割いていただいたご厚意と、関係者を紹介していただけたご厚情に改めて感謝の意を申しあげたい。インタビューの相手はもっぱらイスラエルで水と専門的にかかわる方たち——官僚、規制機関の関係者、公益企業体の役員、研究者、民間のビジネスピープル、起業家、NGO代表、エンジニアといった方たちだ。いずれの方がたにも共通するのは、イスラエルが水の自給体制確立に果たした役割と蓄積した専門技術を世界と共有することに、大いなる自負を抱いているという点である。その熱意と誠実ぶりは私には刺激的だった。

お会いしたどなたも本当に多くを語ってくれた。なかでもとくに際立った方たちが何名かいた。イスラエル水委員会委員長だったシモン・タールには、九回に及ぶロングインタビューにつきあっていただき、イスラエルの水業界についてもれなく話を伺えたが、結局インタビューは一年越しに及んだ。

ご厚情と忍耐と人柄についてはまさに理想的な方だった。モーシュ・ゲブリンガー博士は、TAHALの仕事で世界を旅した際の貴重な話ばかりか、地質学と水に関する科学分野について私の教師になってくれた。こみいった問題が多いなかでも、イスラエルとヨルダンとパレスチナ自治政府の関係、それと土壌学という二つの複雑な問題に関し、私の理解をうながしてくれたのがユーリ・シャニ教授だった。ネタフィムのCSO（最高サステナビリティ責任者）ナティ・バラクは点滴灌漑法の技術について黎明期からずっとかかわってきた。知識を惜しみなく分けあたえていただけたばかりか、取材を通してご本人とは家族ぐるみのつきあいとなった。ウォルター・クレー・ローダーミルクと妻アイネズの息女ウエスター・ヘスからは、夫妻のたぐいまれなる生涯の物語についてご教示を賜った。近代イスラエルに最初に登場した水の天才シムハ・ブラスの実像について、さらに詳しく語ってくれたのは息子のイツハク・ブラスである。

こうした以外の形でも、多くの人たちからご協力を得ることができた。ニューヨークのイスラエル総領事であるイードゥ・アハロニ、イスラエル経済省の北米担当ニリー・シャルヴのお二人からは、イスラエルの水業界で鍵となる人物を何名か紹介していただいた。ダヴィド・グッドツリーの招きを受けてイスラエルで開催された水のセミナーに参加、そこでこの世界に古くから携わる関係者に会えたばかりか、主要な施設を訪問する機会を得た。アサフ・シャーリヴは、イスラエルに立ちはだかる扉を何度となく開け放ってくれたばかりか、イスラエル大統領（当時）シモン・ペレスと午前いっぱいに及ぶインタビューの機会を設けてもらうことができた。オデッド・ディステルはこの国の水ビジネスには本当に顔が広く、大勢の関係者を紹介していただいた。

イスラエルの水問題に尽きない洞察力を発揮していたのがユダヤ国民基金アメリカ支部のラッセ

ル・ロビンソンとツェヴィ・カハノヴァの二人である。本書の準備中、ツェヴィ・カハノヴァが逝去されたのがなんとも心残りだ。ベン・グリオン大学のドローン・クラコウからは多岐の分野に及ぶ研究者を紹介していただいた。

メコロットの記録官オスナット・マロンは、資料としてファイルキャビネット一杯分の報告書を送ってくれた。報告書のなかには一九五〇年代前半にさかのぼるものがあったほか、数十点に及ぶ写真があり、古い記録に命を吹き込んでいた。彼女の同僚のウジー・ザッカーマンは、インタビューに応じてくれただけでなく、メコロットの専門家のなかでもとくに卓越したスタッフとのインタビューを調整してくれるとともに、通訳の労までとってくれた。同様にイスラエル水管理公社への取材を調整してくれたのがオルガ・スレップナーで、度重なる私の問い合わせに対し、ユーモアたっぷりに終始辛抱づよく応じてくれた。ロサンゼルスのイスラエル総領事館に勤務するディーロン・ホッシャーにはイスラエルとカリフォルニアの協力関係の舞台裏について話を聞かせてもらうとともに、両政府の関係者を紹介してもらえた。キャロリン・スターマン・ハッセルには節目となる重要なアドバイスをいただいた。ダン・ドクトロフ、フィル・ラーナー、ヤーナ・リュークマン、マイク・ペヴズネル、マイケル・ソネンフェルド、パトリシア・ユーデルにお力添えをいただいた。娘のタリア・シーゲルには工業製品のデザインについて教えてもらった。

インタビューした多くの方たちのお話は、ぜひ書き記さなければならないと思わせるものばかりだった。そうした大勢の方たちのなかには、シュムエール・アバーバック、ロテム・アラド、ディエゴ・ベージャ、イラン・コーエン、ショーシャン・ヘイラン、アリエ・イサール、ユージン・カンデル、ブーキー・オレン、ホアゲン・パン、ケミ・ペレス、サンドラ・シャピラ、ヨッシ・シュマヤー、ターミ・ショル、エイブラハム・テンネ、ローネン・ウルフマン、シヴァン・ヤーリなどがいる。

また、何名かの方には運よく本書の原稿を読んでいただき、感想を聞かせていただいた。サム・アデルスベルグ、ローリーン・グリーボウム、オリヴァー・フェルツフェルト、ダン・ポリサー、ピーター・ラップ、そして私の息子サム・シーゲルらの貴重なコメントに従って、私は仮説を再考したうえで、原稿の一部あるいはまるまる数章を書き直して、全体の論旨を再構成した。本書のために六名が費やした時間と手間には恐縮するほかない。彼らの指摘や意見によって本書に一段と磨きをかけることができた。

原稿を通読していただいた六名のほかにも、章ごとのテーマに関して専門家の批評を仰ぐことができた。トゥヴィア・フリーリンク教授には国営水輸送網に関する章を、ロニー・フリードマン教授とナティ・バラクには点滴灌漑法、土木技師であるイーリー・グリーンベルグとテディ・フィッシェルには廃水処理と再生水について、ラフィ・セミアト教授には脱塩に関して、ダヴィド・パーガメント博士とクライヴ・リプチン博士には河川に関する章を閲読していただいた。各章のニュアンスが深まるとともに明晰なものになった。

イスラエル研究を専攻するドナ・ヘルゾーキには、歴史的事実を含めて本書のほぼすべての章に目を通してもらい、洞察に富んだ感想を聞かせてもらうことができた。また、保管資料と利用法についても教えてもらえた。ヘブライ語で記された重要記録の多くを英語に翻訳してくれたのも彼女で、いずれしかるべき大学が彼女のために席を用意してくれるはずだ。

イスラエルとパレスチナを取り巻く政治的環境を考えると、双方の主張と怒りはもちろん、どうしても知りたかったのは両者が互いに手を携えられるチャンスだった。パレスチナ自治政府の元首相サラーム・ファイヤードとは三度にわたるインタビューの機会を得た。パレスチナ水道局のアルモタズ・アバーディはたびかさなる私の質問に答えたり、資料に言及してくれたばかりか、パレスチナの研究者や水道局の上級役員、NGO代表とのインタビューをセッティングしてくれたりした。ガザ地区に住むヨセフ・アブ・メイラ教授とは直接お目にかかれはしなかったものの、電話やメールで何度も意見を交わした。親切にもパレスチナに関連する一連の章についてお読みくださり、多くの点についてコメントを付していただいたことで、この問題に対する私自身の理解を一層深められたと思う。イスラエル側からは、なかでもエイロン・アダール教授、ギドン・ブロンバーグ、ナダフ・コーエン大使、クライヴ・リプチン博士らが、お会いするたびにそれぞれ何度となく質問に答えてくれた。同じくデイヴ・ハーデンにも質問への回答や見識を披露してもらったことに礼を述べたい。

第一作目の著作を刊行するにあたり、私ほど恵まれた者もいないかもしれない。版権エージェンシーであるウィリアム・モリス・エンデヴァーのメル・バーガーは今回の出版に際して、執筆後早々に版権が売れたことに興奮を隠しきれなかった。また、担当編集者（本書の版権取得者）マルシア・マークランドは、刊行に我を忘れて取り組んでくれた。しかし、いったん書き上げた部分を没にして、リライトするという私の判断を信じてくれたばかりに、彼女のスケジュールを散々なものにしていたにちがいない。だが、彼女も友人の一人となった。本書の版元であるトーマス・デューン・ブックスとセント・マーチンズ・プレスの関係者には心から感謝の意を表す。すばらしい経験に恵まれたことに、ジェフ・キャプシュー、ローラ・クラーク、トム・デューン、トレーシー・ゲスト、アラステア・ヘイズ、キャサリン・ハフ、クレッサ・ロビンソン、ピート・ウォルヴァートンらにお礼を申し上げる。

本書の調査アシスタントとしてジェイミー・ブラックを採用したとき、自分以外の誰かが著者と同等の深い思いを寄せてくれるとは想像もしていなかった。ジェイミーはまれに見るほどの知性に恵まれた青年で、組織化の達人でテクノロジーにも精通している。本書の刊行では日々こうしたスキルが駆使された。倦むことなく常に完璧を目ざし、原稿あるいは調査に関するポイントについては、私を巻き込んで絶えず再考をくり返していた。彼とは今後もともに仕事をしていきたい。

最後に、過去何年にもわたり水の物語を聞かされつづけてきた私の家族——とくに妻に対して感謝する。まずなににもまして、私たちの生きがいである子供たちへ——アラナ、サム、タリア。そして、私の妻で子供たちには母親であるレイチェル・リングラーは、友人であり、パートナーで、私にインスピレーションをもたらしてくれる。彼女の聡明と優しさ、すばらしさには心から尊敬を寄せている。本書をその証として妻に捧げたい。

訳者あとがき

水危機とは無縁の国にいて水について考えることは、なぜこの国はこれほど水の恩恵にあずかれるのかと改めて問いなおすことであり、同様に国際河川とは無縁の国に暮らしていて、水を他国や他民族と共有することに思いをめぐらせるのは、水という資源は国境問題や軍事衝突の可能性を常に抱えているのだと思いしることでもある。本来は循環資源であるものが、利権をめぐって有限の涸渇資源に転じると、水はやすやすと沸点に達して火種をあおるものになってしまう。あって当然であるはずなのに、なければ血の一滴にもまさる貴重な資源こそ水なのだ。

しかし、対岸の問題のように思えた〝水紛争〟だったが、二十一世紀を迎えると「水と安全はタダ」と言われつづけてきた国でも危機は現実味を帯びつつある。一九九五年、世界銀行の元副総裁イスマイル・セラゲルディンは、「二十世紀は石油をめぐって戦争や紛争が起こったが、二十一世紀は水紛争の世紀になるだろう」と予測していた。新世紀を迎えて以来、水は〝新しい石油〟となって、まさに予測された通りの様相を呈しつつある。

日本では外資による水資源の買収と水循環基本法の有効性、水利や水道インフラの老朽化、あるいは水道事業をめぐる民営化という問題がニュースとしてとりあげられるようになった。気候変動による水循環パターンの変動、あるいは治水への影響もすでに現実のものになってしまった。しかも、豊かな水の恩恵に浴せると思い込んでいたこの国で、利用可能な一人当たりの水源量は世界平均の半分以下であるという現実、それでいながら水不足だと感じないのは、日本が世界有数の「水の輸入国」

だったからにほかならない。二〇〇五年、日本は推定値約八〇〇億立法メートルのバーチャルウォーター（仮想水）を輸入している（調査：東京大学生産技術研究所沖大幹研究室）。

バーチャルウォーターの大半は工業製品ではなく食糧に由来する。日本の場合、その総量は国内で使用される生活用水、工業用水、農業用水を合わせた年間の総取水量とほぼ等しい。生活用水、工業用水、農業用水はいずれも需要が横ばいなので急な水不足への懸念はないとされるものの、食糧供給の点を踏まえれば、危機は対岸の問題ではなく、間接的に「誰もがなんらかの影響をこうむることは免れない」。逃れようにも逃れられないのがグローバリゼーションのもとで生きていく宿命なのだ。海外で発生する水不足や水質汚染は、日本の食卓を直撃する問題なのである。

その一方でこうした危機は水ビジネスの拡大をもたらし、二〇二五年、その市場規模は一〇〇兆円に達すると予測されている。水ビジネスは、①浄水と造水、②配水と給水、③顧客サービス、④下水処理などの四分野から構成される。ヨーロッパでは民間企業がノウハウを蓄積してきたが、日本の場合、民間への水道業務が委託されるようになったのは二〇〇二年になってから。小さな政府に関連して各分野で民営化が堰を切って進められていたころでも、水だけは官への依存が根強く残った。これも水ならではの思いからなのだろう。

さて、本書はセス・M・シーゲルの *Let There Be Water: Israel's Solution For A Water-Starved World* を全訳したものだ。原題は「そこに水あれかし——渇水する世界に向けたイスラエルのソリューション」となる。二〇一五年九月に原書が刊行されると、翌月にはニューヨーク・タイムズのベストセラーリスト（サイエンス部門）にランクインするとともに、ロサンゼルス・タイムズのハードカバーノンフィクション部門でもベストテン入りを果たした。原題の Let There Be Water は、『創世記』の第一章六「神言たまひけるは水の中に穹蒼ありて水と水とを分かつべし」(Let there be an expanse in the middle of the waters, and let it divide the waters from the waters) の章句を踏まえたもので、ご存知のように「天地創造」を記した『創世記』第一章では、神は一日目に光をつくって夜と昼ができると、二日目、水のあいだに神は大空をつくられ、上の水と下の水が分かれてそのあいだに空(天)が誕生した。

本書もまた「水と水とを分か」って建国した小国をめぐる〝天地創造〟の物語とも読めるだろう。水を足がかりにイギリスから独立を果たすと、国土の大半が砂漠という苛酷な環境のもとで水を分ちあうべく、イスラエルは緑豊かな北部の水を南部の砂漠地帯に転じる事業に取り組んだ。そして、水は代替性のない、有限な資源であるという考えのもと、廃水から水を分けたばかりか、海水から真水を分離して飲料水を製造している。現在では、こうした技術や灌漑法を経済資源として他国と分かち、本格化する水危機へのソリューションとして開発・販売を展開している。さしせまる水危機のもと、砂漠の小国がイノベーションとハイテクを基軸に、いかに水資源立国あるいは技術立国へと変貌していったのかが当事者や関係者らの証言によって描かれている。

第八章にあるように、今日のイスラエルは起業国家《スタートアップ・ネーション》と評されることが少なくない。世界の名だたるIT企業やハイテク企業が研究開発の拠点をイスラエルに求めているのは本書にも書かれている通りで、M&A(企業の合併・吸収)も貪欲に進められている。最近では3Dプリンターのトップメーカー、米ストラタシス社によるイスラエルのオブジェクト社との合併、また、アップルもプライムセンス、アノビット・テクノロジーズ、リンクス・コンピュテーショナル・イメージングなどの各社をあいついで買収したことが報じられている。米誌フォーブスは、イノベーションの巨人として変貌したイスラエルを「シリコンバレーのライバルだ」と記事にした。

「中東のシリコンバレー」「シリコンワジ」はともにイスラエルの異名だ。ワジは雨季の一時的な豪雨で奔流となってつかの間姿を現しては消えていく「涸れ川」のことである。二〇一五年八月、フォーブスの現発行人であるスティーブ・フォーブスがネタニヤフ首相にインタビューした記事がネットにアップされている（http://forbesjapan.com/articles/detail/7567）。この国でスタートアップ企業が誕生するエコシステムが首相じきじきのトップセールスで端的に語られている。

イスラエルに向けられた各国の関心は高いが、日本の場合、企業進出の点では欧米諸国はもちろん、アジアのなかでも大きく出遅れているとこれまで指摘されてきた。二〇一四年五月に来日したネタニヤフ首相との会談で二国間投資協定の準備が決まると、翌年一月、イスラエルでおこなわれた首脳会談で予備協議の開催が確認、十二月には投資協定が実質合意に達している。合意に先立ち、七月にはイスラエル－成田間の航空機の運航枠も決定している。直行便が就航することで、今後は二国間の交流が経済的にも人的にも深まっていくのだろう。

だが、記憶に生々しいのは、一五年一月の安倍首相のイスラエル入りに合わせ、イスラム国は人質にしている日本人二人の動画を公開して身代金を要求した。中東はやはり紛争を抱え込んだ地域なのだ。その紛争は歴史や宗教、資源や民族、さらに国際政治の思惑などさまざまな原因にねざすものだが、本書を読めばこうした紛争の一因として、地政学上の水をめぐる領土と流域の問題がかかわっていることがわかるだろう。パレスチナとヨルダンに対するイスラエルの水と平和の交換という戦略が説明されている一方で、パレスチナ自治政府、とりわけガザ地区の水事情に対するイスラエルの見解は、まぎれもない紛争関係の当事国であることをまざまざと感じさせる。イスラエルの国土は二・二万平方キロで日本の四国程度、ヨルダン川西岸地区の面積は三重県、ガザ地区にいたっては種子島ほどの大きさでしかない。

安定した飲料水の確保は水汲みの重労働から子供と女性を解放し、子供の通学率は高まり、女性の社会進出をうながし、やがては経済発展へとつながっていく。こうした好循環の例こそ第10章に書かれているイノベーション：アフリカの活動にほかならない。だが、ガザ地区の高い人口増加率とそれにおとらぬ高い失業率は不公平や不平等をあおり、社会に対する不満と怒り、そして貧困はイスラム原理主義に吸収されていく素地をさらに押し広げてしまうことになりかねない。

ナショナル・アイデンティティーが担保されたまま、イスラエル人はイスラエル人として、パレスチナ人はパレスチナ人として、地域主義にねざした協力課題としてこの問題をとらえられるのに越したことはないが、民族問題や宗教問題などといっしょになって論じられてしまうのが水紛争であり、見通しはますます混迷を深めていくばかりのようである。

最後になるが、本書の制作にあたっていただいた草思社の藤田博氏にお礼を申し上げたい。原註を含め詳細に原稿を読んでいただくことができた。

二〇一六年五月

訳　者

11. Nir Barlev への電話によるインタビュー。April 11, 2013.
12. Yossi Yaacoby へのインタビュー。Tel Aviv, May 6, 2013.
13. Yossi Smoler への電話によるインタビュー。March 18, 2014.
14. Yaacoby, 前掲 .
15. Zohar Yinon へのインタビュー。Jerusalem, April 24, 2013.
16. Menachem Priel へのインタビュー。Tel Aviv, May 6, 2013.
17. Water Measurement Law, 5715-1955.
18. 第 2 章で触れたアメリカの土壌学者で 1944年に *Palestine, Land of Promise* を刊行した Walter Clay Lowdermilk は、1960年代後半「イスラエル国は祖国の土地と水源をくまなく調べあげたが、私が知るかぎりその徹底ぶりにまさる国はほかにはない」と書き残した 。[Walter Clay Lowdermilk, "Water for the New Israel,"late 1960s.]
19. 使用パターンを丹念にモニターする一方で、降雨から帯水層やそのほかの水源にいたるまで、イスラエルでは天然の有効な水資源の量に関してくり返し計測が続けられてきた。この計画ツールは、Uri Shani 教授が水管理公社のトップだったときに新たな重点方針として導入された。イスラエルの天然の水資源が当初の予測よりも少ないと判断されると、人工の水資源開発がこれまでになく急がれることになった。[Shani, 前掲]
20. Diego Berger との E メール。April 30, 2013.
21. Barlev, 前掲 .
22. Shmaya, 前掲 .
23. Berger, 前掲 .
24. Michael Zaide へのインタビュー。Tel Aviv, April 25, 2013.
25. Priel, 前掲 .
26. Patricia Mulroy への電話によるインタビュー。July 15, 2013.
27. Abraham Tenne へのインタビュー。Tel Aviv, April 25, 2013.

9 . Edmund G. Brown, *Speech after Signing the California-Israel Cooperation Agreement* (Mountain View, CA, March 5, 2014).
10. Benjamin Netanyahu, *Speech after Signing the California-Israel Cooperation Agreement* (Mountain View, CA, March 5, 2014).
11. Glenn Yago への電話によるインタビュー。October 23, 2010.
12. Kish Rajan への電話によるインタビュー。November 25, 2014.
13. Rebecca Salinas, "Texas Drought Will Lighten Up by Winter, Report Says,"*My San Antonio*, August 22, 2014.
14. Udi Zuckerman へのインタビュー。Tel Aviv, January 6, 2014.
15. Texas Comptroller of Public Accounts, *Texas Water Report: Going Deeper for the Solution* (Austin, TX: Texas Comptroller of Public Accounts, 2014).
16. Rick Perry へのインタビュー。Tel Aviv, October 22, 2013.
17."Another Warm Winter Likely for Western U.S., South May See Colder Weather,"National Oceanic and Atmospheric Administration, 2014年11月25日にアクセス：www.noaanews.noaa.gov/stories2014/20141016 _winteroutlook.html.
18. U.S. Government Accountability Office, *Freshwater: Supply Concerns Continue, and Uncertainties Complicate Planning*, GAO-14-430 (Washington, DC: U.S. Government Accountability Office, May 2014), 28.
19. Gwen N. Tindula, Morteza N. Orang, and Richard L. Snyder, "Survey of Irrigation Methods in California in 2010,"*Journal of Irrigation and Drainage Engineering* 139, no. 3 (August 2013): 237.
20. U.S. Environmental Protection Agency, *2012 Guidelines for Water Reuse*, EPA/ 600/ R-12/618 (Washington, DC: U.S. Environmental Protection Agency, September 2012), 5-1.

第12章　水の哲学

1 . Shimon Peres へのインタビュー。Tel Aviv, April 25, 2013.
2 . Haim Gvirtzman へのインタビュー。Tel Aviv, October 23, 2013.
3 . Uri Shani への電話によるインタビュー。March 17, 2013.
4 . Gilad Fernandes へのインタビュー。Tel Aviv, October 28, 2013.
5 . 同上.
6 . Ronen Wolfman へのインタビュー。October 24, 2013.
7 . Yossi Shmaya へのインタビュー。Beit Netofa Valley (Israel), April 30, 2013.
8 . Ori Yogev への電話によるインタビュー。March 19, 2013.
9 . 国および基礎自治体の給水制度において、非政治化への取り組みが依然十分でないと認められた場合、閣僚による水管理公社の代表の任命、あるいは基礎自治体では首長によって水道事業体の代表者が任命される。いずれのケースも理屈のうえでの話だが、政治家の干渉や依怙贔屓をもたらす可能性を残している。ただ、これまでのところ水管理公社と水道事業体の多くはおおむねうまく機能していて、将来においても利益重視の行政サービスを提供できそうだ。
10. Shimon Tal へのインタビュー。Tel Aviv, January 6, 2014.

42. Saar Bracha への電話によるインタビュー。October 5, 2013.

43. 同上 .

44. インドはイスラエルの軍需産業にとって大口の取引先であり、2014年10月にはイスラエル製のミサイルの購入に関して5億2000万ドル規模の商談を結んだ。2014年の当初9カ月でイスラエル－インドの二国間貿易の取引金額は34億ドルを記録した。[Tova Cohen and Ari Rabinovitch,"Under Modi, Israel and India Forge Deeper Business Ties," *Reuters*, November 23, 2014.]

45. TAHAL は Rajasthan 州における水源開発事業の基本計画の策定業務を受注した。[Shilo and Navo, 前掲 , 244.]

46. 同上 , 244-248.

47. MVV のウエブサイトには「MVV Water Utility Pvt Ltd. はインドの Mehrauli および Vasant Vihar 地域の給水改善事業をおこなうため、SPML Infra、Tahal Consulting Engineers、イスラエル最大の水道事業体 Hagihon Jerusalem Water と Wastewater Works で結成された企業連合です」と記されている。["About Us,"MVV Water Utility, 2015年2月7日にアクセス :mvvwater.com/about-us.html.]

48. Alon Yegnes への電話によるインタビュー。November 5, 2014.

49. Moshe Gablinger への電話によるインタビュー。October 23, 2014.

50. Sivan Ya'ari への電話によるインタビュー。October 19, 2014.

51. Ruhakana Rugunda への電話によるインタビュー。October 24, 2014.

52. Ya'ari, 前掲 .

53. Meir Ya'acoby への電話によるインタビュー。October 20, 2014.

54. Ya'ari, 前掲 .

第11章　豊かなはずの国の水危機——ブラジル、カリフォルニアの場合

1 . Caroline Stauffer, "Election-Year Water Crisis Taking a Toll on Brazil's Economy,"*Reuters*, October 31, 2014.

2 . Luciana Magalhaes, Reed Johnson, and Paul Kiernan, "Blackouts Roll through Large Swath of Brazil,"*The Wall Street Journal*, January 19, 2015.

3 . Claire Rigby, "Sao Paulo—Anatomy of a Failing Megacity: Residents Struggle as Water Taps Run Dry,"*The Guardian*, February 25, 2015.

4 . 修景用に使用される水を除くと、カリフォルニア州では水の80% が農業用水として使用され、OECD 諸国の平均をうわまわっている。[Jeff Guo,"Agriculture is 80 percent of water use in California. Why aren't farmers being forced to cut back?"*The Washington Post*, April 3, 2015.]

5 . Dan Keppen への電話によるインタビュー。June 4, 2013.

6 . Hillel Koren, "California, Israel to Join on Renewable Energy,"*Globes*, November 15, 2009.

7 . 2014年1月17日、カリフォルニア州知事 Edmund G. Brown Jr. は干ばつに関する非常事態宣言を発した。["Governor Brown Declares Drought State of Emergency,"The Office of Governor Edmund G. Brown Jr., 2014年11月25日にアクセス : gov.ca.gov/news.php?id=18379.]

8 . California-Israel Cooperation Agreement (Mountain View, CA, March 5, 2014).

19. Alex Weisbergへの電話によるインタビュー。April 18, 2014.
20. Aberbach, 前掲 .
21. Moshe Gablingerへの電話によるインタビュー。April 16, 2014.
22. Issar, 前掲 . 教授はイランの水利施設の建設事業を推進しようとイラン国内を数度にわたって視察した。地震で破壊したQazvin州の水利施設の再建で同地に長く滞在した教授は、その後、イランの水・電力省の副大臣Iraj Vahidi博士の礼状を受け取る。1965年7月28日付けの手紙には「水・電力省は、イラン滞在中に貴殿が水文地質学の分野で果たされた貴重な貢献に対して心から感謝を申し上げます。貴殿の親密で心からのご協力はイラン国民すべての心に刻まれ、誰一人として忘れることはないでしょう。貴殿の帰国に際し、イラン滞在の思い出となるささやかな品を喜んでお贈りいたします」。教授に贈られたのはトルクメン絨毯だった。[Iraj Vahidi, *Letter to Arie Issar*, July 28, 1965.]
23. Gablinger, 前掲 .
24. Issarへのインタビュー。前掲 .
25. Uri Lubraniへの電話によるインタビュー。May 4, 2014.
26. Moshe GablingerとのEメール。April 17, 2014.
27. Patten, 前掲 , 42-43.
28. Nathan Berkman, "Back in the Old Days,"*Israel Desalination Society*, 2007.
29. IDE Technologies, *Reference List* (Tel Aviv: IDE Technologies, 2013).
30. Fredi Lokiecへのインタビュー。Kadima (Israel), May 1, 2013.
31. Yehuda Avner, *The Prime Ministers: An Intimate Narrative of Israeli Leadership* (New Milford, CT: Toby Press, 2010), 104-107.
32. Theodor Herzl, *Old New Land (Altneuland)* (Minneapolis, MN: Filiquarian Publishing LLC, 2007), 193.
33. Avner, 前掲 , 105.
34. Haim Divonへの電話によるインタビュー。June 25, 2014.
35. Yehuda Avnerへの電話によるインタビュー。March 19, 2013.
36. Israel Ministry of Foreign Affairs, MASHAV—Israel's Agency for International Development Cooperation, *Annual Report 2013* (Jerusalem: MASHAV), 18-23.
37. "About MASHAV,"MASHAV—Israel's Agency for International Development Cooperation, 2015年3月24日にアクセス : mfa.gov.il/MFA/mashav/AboutMASHAV/Pages/Background.aspx.
38. Divon, 前掲 .
39. Netafimをはじめとするイスラエルの点滴灌漑企業は、貧困に苦しむ世界の農民の生活を大幅に向上させ、とくにインドにおいて顕著だった。TAHALのほうは水関連インフラの設計と建設を手がけ、これら設備を通じて世界の多くの国で点滴灌漑が活用できるようになった。
40. Paul H. Doron, *Seldom a Dull Moment: Memoirs of an Israeli Water Engineer* (Tel Aviv: Paul H. Doron, 1987), 202-414.
41. Joshua SchwarzとのEメール。November 9, 2014.

第10章　水の外交——中国、イラン、アフリカ諸国の場合

1. 短期間ではあるがソ連はイスラエルに支援の手を差し伸べ、国連入りに際しても賛成票を投じた。だが、イスラエルが西側陣営に組するようになると、間もなく執拗な敵意を向けるようになる。イスラエルとソ連の関係、ソ連の中東政策については Galia Golan, *Soviet Policies in the Middle East: From World War Two to Gorbachev* (Cambridge: Cambridge University Press, 1990) を参照。
2. Zeev Shilo and Nissan Navo, *TAHAL: Chamishim Ha-Shanim Ha-Rishonim*（『TAHAL50年史』）(Israel: Shinar Publications, 2008), 241-242.
3. 同上, 243.
4. Yosi Shalhevet への電話によるインタビュー。October 3 and 13, 2014. Shalhevet 博士からは寛大にも中国滞在中の回想録の英訳版を提供していただいた。*China and Israel: Science in the Service of Diplomacy* という表題である。
5. Danny Tal への電話によるインタビュー。October 22, 2014.
6. Huageng Pan へのインタビュー。New York, March 10, 2013.
7. Sharon Udasin, "Bennett Announces Water City for Israeli Technologies in Shougang, China," *The Jerusalem Post*, November 24, 2014.
8. イランでは2000年から2010年にかけ92% の水が農業部門に使われた。[Food and Agriculture Organization of the United Nations, *Food and Nutrition in Numbers 2014* (Rome: Food and Agriculture Organization of the United Nations, 2014), 48.]
9. Jeremy Sharp, *Water Scarcity in Iran: A Challenge for the Regime?* (Washington, DC: Library of Congress, Congressional Research Service, April 22, 2014).
10. Sediqeh Babran and Nazli Honarbakhsh, "Bohran Vaziat-e Ab Dar Jahan va Iran"（「世界とイランの水危機」ペルシャ語）, *Rahbord*, no. 48 (2008).
11. Masoud Tajrishy, "National Report of Iran,"in *Mid-Term Proceedings on Capacity Development for the Safe Use of Wastewater in Agriculture*, eds. Reza Ardakanian, Hani Sewilam, Jens Liebe (Bonn, Germany: UN–Water Decade Program on Capacity Development, August 2012), 123.
12. Masoud Tajrishy and Ahmad Abrishamchi, "Integrated Approach to Water and Wastewater Management for Tehran, Iran,"in *Water Conservation, Reuse, and Recycling: Proceedings of an Iranian-American Workshop*, ed. National Research Council (Washington, DC: The National Academies Press, 2005), 224.
13. Shmuel Aberbach への電話によるインタビュー。March 10, 2014.
14. Arie Issar へのインタビュー。Jerusalem, April 24, 2013.
15. Arie Lova Eliav, *Letter to The New York Times*, March 1, 1979.
16. Judith A. Brown, "The Earthquake Disaster in Western Iran, September 1962,"*Geography* 48, no. 2 (April 1963): 184-185.
17. Howard A. Patten, *Israel and the Cold War: Diplomacy, Strategy and the Policy of the Periphery at the United Nations* (New York: I. B. Tauris, 2013), 42.
18. 同上, 43.

45. World Bank, Red Sea–Dead Sea Water Conveyance Study, *Draft Feasibility Study Report*, (Washington, DC: World Bank, July 2012), 12.

46. Uri Shani へのインタビュー。New York, December 10, 2013.

47. 環境問題の専門家のなかには、膨大な量のブラインがそそぎ込まれることで、理論上、新たな環境問題がさらに死海に加わるのを懸念する者がいる。ブラインがそそがれて湖水の蒸発が予想を超えて早まり、湿潤な微気候が発生して意図しない影響が出るとか、あるいは塩分濃度が異なるブラインが湖水と混じり合わないまま成層化して未知の影響を及ぼすかもしれない。取りざたされているさらなる懸念は、ひとたびブラインの放出が本格化して今後何年も続けられた場合、時間の経過とともに新たなミネラル分が加わり、その結果、湖面が白く変化していくことがとりわけ心配されている。また、白変しないとしても、塩分の濃度低下で死海に水の華（藻類ブルーム）が発生、湖水は赤色や緑色に変わるかもしれない。[Julia Amalia Heyer and Samiha Shafy, "Dead Sea: Environmentalists Question Pipeline Rescue Plan," *SpiegelOnline*, December 19, 2013.]

48. Shani, 前掲 .

49. 同上 .

50. Seth M. Siegel, "A Middle East Accord – No Diplomats Needed," *The Wall Street Journal*, January 6, 2014.

51. Shani, 前掲 .

52. Alon Tal and Alfred Abed Rabbo, *Water Wisdom: Preparing the Groundwork for Cooperative and Sustainable Water Management in the Middle East* (New Brunswick, NJ: Rutgers University Press, 2010).

53. Alfred Abed Rabbo への電話によるインタビュー。October 5, 2014.

54. Adar, 前掲 . 教授のこのコメントは、水への課金をベースに、紛争解決の一助として重要な機能を果たすようになるかもしれない。Franklin M. Fisher and Annette Huber-Lee, *Liquid Assets: An Economic Approach for Water Management and Conflict Resolution in the Middle East and Beyond* (Washington, DC: Resources for the Future, 2005) を参照。

55. Lipchin, 前掲 .

56. 同上 .

57. パレスチナ自治政府は下水処理場の建設許可を得ているが、施設はまだ完成していない。[Cohen, 前掲 .]

58. Leila Hashweh への電話によるインタビュー。July 2, 2014.

59. 2009年の世界銀行の報告書に記された状況は、その後多くの点で変わったが、エリアＣ地区の開発について、調査は足かせとなっていると考えられるものに焦点を当てている。[World Bank, *West Bank and Gaza: Assessment of Restrictions on Palestinian Water Sector*, Report No. 47657-GZ (Washington, DC: World Bank, April 2009), 34, 54, 55, 59, 135.]

60. Gidon Bromberg への電話によるインタビュー。March 1, 2015.

61. Lipchin, 前掲 .

21. Alon Tal への電話によるインタビュー。September 19, 2013.
22. Abadi, 前掲 .
23. UNSCO, 前掲 , 11-12.
24. Yousef Abu Mayla への電話によるインタビュー。September 16, 2013.
25. Ahmad Al-Yaqubi, *Sustainable Water Resources Management of Gaza Coastal Aquifer* (Presentation, Second International Conference on Water Resources and Arid Environment, 2006), 2.
26. Palestinian Central Bureau of Statistics の調査では、2014年のガザ市の人口は60万6749人、ガザ地区全体で176万37人と推計される。["Estimated Population in the Palestinian Territory Mid-Year by Governorate, 1997-2016,"Palestinian Central Bureau of Statistics, 2015年3月23日にアクセス :www.pcbs.gov.ps/ Portals/_Rainbow/ Documents/gover_e.htm.]
27. Yousef Abu Mayla との E メール。May 30, 2014.
28. 註4参照。
29. Fadel Kawash への電話によるインタビュー。December 22, 2013.
30. Israel Central Bureau of Statistics, 前掲 , ix.
31. Palestinian Central Bureau of Statistics, 前掲 .
32. UNSCO, 前掲 , 8.
33. Abdelrahman Tamimi へのインタビュー。Ramallah, January 9, 2013.
34. UNSCO, 前掲 , 11-12.
35. イスラエルは2005年にガザ地区から入植者を撤退させたあとも年間13億ガロン（490万㎥）の水を供給。2015年、イスラエルは供給量を年間26億ガロン（980万㎥）に倍増すると公表。[Tovah Lazaroff, Sharon Udasin, and Yaakov Lappin, "Israel Helps Relieve Water Crisis in Gaza Strip by Doubling Supply," *The Jerusalem Post*, March 3, 2015.]
36. Kawash, 前掲 .
37. Zvi Herman への電話によるインタビュー。August 5, 2014.
38. 同上 .
39. Shannon McCarthy との E メール。October 15, 2014.
40. Nadav Cohen へのインタビュー。Tel Aviv, October 20, 2013.
41. 同上 .
42. CINADCO（イスラエル農業国際開発協力局）や MEDRC（中東淡水化研究センター）が提供するプログラムのほか、本文では紙面の都合で紹介できなかったが、イスラエル－パレスチナ間、イスラエル－パレスチナ－ヨルダン間の給水に関する協力を育む貴重なプログラムが存在した。EXACT (Executive Action Team) プログラムは、水に関するデータベースの構築を援助するプログラムで、データベースはイスラエル、パレスチナ、ヨルダンの専門家が共同使用を目的に制作した。MERC(Middle East Regional Cooperation) は、水問題に関してイスラエルとパレスチナの対話をうながすことにひと役買っていた。さらに「紅海－死海パイプライン事業」を契機にイスラエル、ヨルダン、パレスチナの専門家が結集した。
43. Avi Aharoni との E メール。July 7, 2014.
44. Olga Slepner との E メール。November 27, 2014.

度の関心を抱いていたが、Ephraim Snehはこうした内幕の話も西岸地区がイスラエルの給水網に結ばれてからはなくなったと語る*。一方、西岸地区に住むドイツ人で水文学の博士号を取得中のClemens Messerschmidtは、イスラエルの西岸地区占領の第一の目的は安全保障などではなく、西岸地区の水源を手中に収め、使用するために占拠していると考えている**。

* Ephraim Snehへの電話によるインタビュー。June 20, 2014.

** Clemens Messerschmidtへの電話によるインタビュー。July 9, 2014.

12. Palestinian Water Authority, *Annual Status Report on Water Resources, Water Supply, and Wastewater in the Occupied State of Palestine—2011* (Ramallah: Palestinian Water Authority, 2012), 44. この章の執筆では、パレスチナの人口に関してその数値には同意できなかったものの、公式の数字を額面通りに採用した。Palestinian Central Bureau of Statistics（パレスチナ中央統計局）の人口数に異を唱える調査は、援助をさらに引き出し、1人当たりの生活水準を押し下げるため、人口数はかさ上げされていると主張する。[Bennett Zimmerman, Roberta Seid, and Michael L. Wise, *The Million Person Gap: The Arab Population in the West Bank and Gaza* (Ramat Gan, Israel: The Begin-Sadat Center for Strategic Studies, 2005).]

13. Palestinian Water Authority（パレスチナ水道局）によると「西岸地区に供給されている水はMekorot（イスラエルの国営水道会社）からの輸入にはなはだ依存」しているが、こうした水の55%は西岸地区内の水源で構成されている。[Palestinian Water Authority, 前掲, 28-32.]

14. Alon Talへのインタビュー。前掲.

15. 2008年6月、テル・アヴィヴのアメリカ大使館によると、「パレスチナ自治政府内のハマスとファタハの緊張は、Palestinian Water Authority（PWA）の取り込み先をめぐって始まったが、PWA自身は現在まで政治問題化されることに抵抗してきた」。[Embassy of the United States Tel Aviv, Israel, "Trilateral Water Meeting: Planning to Meet Scarcity," *Wikileaks*, 08TELAVIV1400 (June 30, 2008).]

16. Almotaz Abadiへのインタビュー。Ramallah, January 9, 2014.

17. Israeli-Palestinian Interim Agreement on the West Bank and the Gaza Strip (Washington, DC, September 28, 1995), Annex III—Protocol Concerning Civil Affairs, Appendix 1—Powers and Responsibilities for Civil Affairs, Article 40—-Water and Sewage.

18. Bashar Masriへの電話によるインタビュー。March 4, 2015.

19. Anne-Marie O'Connor and William Booth, "Israel to Let Water Flow to West Bank Development at Center of Political Feud," *The Washington Post*, February 28, 2015.

20. 公表を前提にしたこのインタビューの引用に関し、後日それを確認する機会があった際、取材に応じた本人もこの発言を認めたが、当初のインタビューにはなかった「自分が言及しているのは、1993年から1995年のことで、技術面における当時の協議だ」というコメントをつけ加えた。また、追加したこの発言についても自分の名前は控えるよう求められた。同じく当初のインタビューで語っていたパレスチナの水の専門家も「両国政府によって支援環境が整えられれば、技術レベルの共同作業で適切な解決策は容易に見つかるはずだ」と語っていた。

54. Ministry of Economy, Office of the Chief Scientist, *Research and Development 2012-14* (Jerusalem: Office of the Chief Scientist, September 2014).
55. 同上 .
56. Yossi Smoler への電話によるインタビュー。March 18, 2014.
57. 同上 .
58. Ministry of Economy, Office of the Chief Scientist, *Technological Incubator's Program*, ed. Yossi Smoler (Presentation, October 17, 2010).
59. Yossi Yaacoby へのインタビュー。Tel Aviv, May 6, 2013.
60. Oren Blonder への電話によるインタビュー。March 25, 2014.
61. Yaacoby, 前掲 .
62. Adi Yefet との E メール。March 18, 2014.
63. Booky Oren へのインタビュー。前掲 .
64. Distel, 前掲 .
65. Cohen, 前掲 .

第 9 章　水の地政学――イスラエル、ヨルダン、パレスチナ

1.「はじめに」の註31を参照。
2. Mekorot によると「Mekorot の飲料水を市街地に供給（採掘、浄水、モニター、送水、輸送、各施設の建設、運営、維持その他を含む）する場合、平均1㎥当たりの経費は4.16新シェケル（1.2ドル）だが、ヨルダン川西岸地区では全利用者が Mekorot から供給される水に支払っているのは1㎥当たり平均2.85新シェケル（0.8ドル）にすぎない」。[Mekorot, *Mekorot's Association with the Palestinians Regarding Water Supplies* (Tel Aviv: Mekorot, 2014), 13.]
3. Clive Lipchin へのインタビュー。New York, June 19, 2014.
4. UNSCO（国連中東和平プロセス特別調整官事務所）, *Gaza in 2020: A Liveable Place?* (Jerusalem: UNSCO, August 2012), 12.
5. Shimon Tal へのインタビュー。Tel Aviv, October 18, 2013.
6. Haim Gvirtzman, *The Israeli-Palestinian Water Conflict: An Israeli Perspective* (Ramat Gan, Israel: The Begin-Sadat Center for Strategic Studies, January 2012), 3.
7. 同上 , 2-3.
8. Central Bureau of Statistics, *Census of Population 1967: West Bank of the Jordan, Gaza Strip and Northern Sinai Golan Heights* (Jerusalem: Central Bureau of Statistics), ix.
9. Gvirtzman, 前掲 , 3
10. Gidon Bromberg との E メール。March 13, 2015.
11. 西岸地区の民生管理の元代表でイスラエルの副国防相を二度務めた Ephraim Sneh は、西岸地区の水管理は当初、高品質な水を 1 滴でも多く供給することに専念していたが、1970年代後半から1980年はじめにかけてイスラエルの入植が本格化すると、パレスチナの水の確保に関心が高まったと語る。しかし、その試みは、かならずというわけではないにせよ、政治的敵対勢力やメディアによる報道、中央政府の管理方針の変更などによってしばしば阻まれた。いずれにせよ、イスラエルはパレスチナの水にある程

WhiteWater の COO である Mira Rashty、マーケティングコンサルタントの Bob Rosenbaum、IDE の元 CEO である David Waxman、Applied Materials の創業者 Dan Wilensky、WhiteWater 会長の Ori Yogev らがいた（肩書は2005年当時）。
28. Mira Rashty への電話によるインタビュー。May 9, 2013.
29. Trigger Consulting, *Seizing Israel's Opportunities in the Global Water Market*, ed. Noam Gonen (Tel Aviv: Trigger Consulting, 2005).
30. Noam Gonen への電話によるインタビュー。April 2, 2013.
31. "Gov't Launches New Water R&D Program," *Globes*, October 30, 2007.
32. 同上 .
33. イシューブの指導者 Arthur Ruppin は「問題は個人入植よりも集団入植のほうが望ましいということではなかった。どの集団にするのか、それとも入植そのものを断念するのかだった」と語った。[Paula Rayman, *The Kibbutz Community and Nation Building* (Princeton, NJ: Princeton University Press, 1981), 12.]
34. Michael Palgi and Shulamit Reinharz, *One Hundred Years of Kibbutz Life: A Century of Crises and Reinvention* (New Brunswick, NJ: Transaction, 2011), 2.
35. Gabriel Kahaner, *History of the Amiad Factory—In the Words of the Founder*, December 18, 2007.
36. Amiad Water Systems Limited, *Results for the Twelve Months to 31 December 2013*, 8.
37. 同上 .
38. Ran Israeli へのインタビュー。Tel Aviv, October 23, 2013.
39. 同上 .
40. Amos Shalev へのインタビュー。Tel Aviv, October 24, 2013.
41. 同上 .
42. Ariel Sagi との E メール。August 4, 2013.
43. "Company Profile of the Plasson Group," Plasson, 2014年11月26日にアクセス : www.plasson. com/content/page/Profile-Plasson-group.
44. Booky Oren との E メール。November 10, 2014.
45. Rotem Arad へのインタビュー。Tel Aviv, October 24, 2013.
46. 同上 .
47. Peleg は YaData の売却価格を公開していないが、Microsoft は同社が何千万ドルもの金額を出しても買収する価値があると考えていた。Amir Peleg はこの会社の株式の60% を保有していた。[Guy Grimland, "Microsoft Buys Startup YaData," *Haaretz*, February 28, 2008.]
48. Amir Peleg へのインタビュー。Tel Aviv, October 23, 2013.
49. Elie Ofek and Matthew Preble, "TaKaDu," Harvard Business School, Case Study 514-083 (January 2014).
50. Joshua Yeres へのインタビュー。Jerusalem, April 24, 2013.
51. Zohar Yinon へのインタビュー。Jerusalem, April 24, 2013.
52. Ofek, 前掲 .
53. David Benovadia, "Using Water to Power Itself," *ISRAEL21c*, January 16, 2012.

10. Paul Rivlin, *The Israeli Economy from the Foundation of the State through the 21st Century* (Cambridge: Cambridge University Press, 2011), 19.

11. Jacob Metzer, *The Divided Economy of Mandatory Palestine* (Cambridge: Cambridge University Press, 1998), 122.

12. イスラエルの人口は1948年５月15日時点で80万6000人*。1952年には163万人**。

* Central Bureau of Statistics, *Israel in Statistics: 1948-2007* (Jerusalem: Central Bureau of Statistics, May 2009), 2.

** Israel Ministry of Foreign Affairs, *Population of Israel: General Trends and Indicators* (Jerusalem: Ministry of Foreign Affairs, December 24, 1998).

13. 西ドイツの戦時賠償金、海外からの援助や寄付がイスラエル経済に果たした役割に関しては Bruce Bartlett, "The Crisis of Socialism in Israel,"*Orbis* 35 (1991): 53-61に詳しい。

14. Alan Dowty, "Israel's First Decade: Building a Civic State,"in *Israel: The First Decade of Independence*, eds. Selwyn K. Troen and Noah Lucas (Albany: State University of New York Press, 1995), 46.

15. Mark Tolts, *Post-Soviet Aliyah and Jewish Demographic Transformation* (Presentation, Fifteenth World Congress of Jewish Studies, 2009), 3.

16. 同上 , 14-15.

17. Dan Senor and Saul Singer, *Start-Up Nation: The Story of Israel's Economic Mirade* (New York: Twelve, 2009).（邦訳『アップル、グーグル、マイクロソフトはなぜ、イスラエル企業を欲しがるのか？』（宮本喜一訳、ダイヤモンド社、2012年）

18. 世界銀行によると2013年のイスラエルの国防費は対 GDP 比5.6% で OECD 諸国ではトップだった*。Central Bureau of Statistics（イスラエル中央統計局）の調査では、2009年、イスラエルは国家予算の18.7% を国防費に投じており、これはイギリスの３倍、ドイツの５倍に当たる**。

* World Bank, *Military Expenditures (% of GDP).*

** Moti Bassok, "Israel Shells Out Almost a Fifth of National Budget on Defense, Figures Show,"*Haaretz*, February 14, 2013.

19. Organization for Economic Co-operation and Development, *Main Science and Technology Indicators 2014*, Issue 2 (Paris: OECD Publishing, 2015).

20. Inbal Orpaz, "R&D Culture: Israeli Enterprise, Chinese Harmony,"*Haaretz*, January 7, 2014.

21. David Waxman への電話によるインタビュー。February 21, 2013.

22. Lux Research, *Making Money in the Water Industry*, LRW I-R-13-4 (New York: Lux Research, December 2013), 2.

23. Waxman, 前掲 .

24. Oren, 前掲 .

25. Ori Yogev へのインタビュー。Tel Aviv, April 19, 2013.

26. Ilan Cohen への電話によるインタビュー。March 29 2013; Oren, 前掲と Yogev, 前掲 .

27. Waterfronts の尽力もあって錚々たる顔ぶれがそろった。そのなかにはヘブライ大学の Avener Adin 教授、首相府長官の Ilan Cohen、商工省局長の Raanan Dinur、Israel Seed Partners のベンチャーパートナーKalman Kaufman、Mekorot 会長の Booky Oren、

39. Shimon Tal へのインタビュー。Tel Aviv, October 18, 2013.
40. Mike Rogoff , "The Ancient Galilee Boat,"*Haaretz*, December 19, 2012.
41. Diego Berger and Meir Rom へのインタビュー。Sapir Pumping Station (Israel), April 29, 2013.
42. 湖のモニターによって近年、新たに発見されたこの国ならではの心配のひとつが、顕微鏡で見なければわからないほどの大きさの外来種のカタツムリの存在だった。このカタツムリそのものは湖や湖水を飲用する人体の健康にとくに有害というわけではないが、ユダヤの食事規定を奉じる者には貝類は禁じられた食べ物なのだ。このカタツムリを捕食する特別な外来魚が放流されるまで、イスラエルの敬虔なユダヤ教徒は、良心の呵責なしに蛇口の栓をひねることができなかった。[Bonnie Azoulay へのインタビュー。Eshkol Filtration Plant (Israel), April 30, 2013.]
43. Yossi Shamaya へのインタビュー。Eshkol Filtration Plant (Israel), April 30, 2013.
44. Azoulay, 前掲 .
45. 人工降雨はアメリカで開発された。発明者の Bernard Vonnegut は作家の Kurt Vonnegut の長兄で、人口降雨の種は弟カートの黙示録的作品『猫のゆりかご』のベースになっている。作品のなかでヨウ化銀には「アイス・ナイン」という印象的な名称が授けられている。[Wolfgang Saxon, "Bernard Vonnegut, 82, Physicist Who Coaxed Rain from the Sky,"*The New York Times*, April 27, 1999.]
46. Nati Glick への電話によるインタビュー。June 13, 2013.
47. Dan Zaslavsky へのインタビュー。Haifa, January 7, 2014.
48. Joshua Schwarz への電話によるインタビュー。October 7, 2014.
49. Azoulay, 前掲 .
50. Tal, 前掲 .

第8章　グローバルビジネスとなった水

1 . Oded Distel へのインタビュー。New York, March 7, 2013.
2 . Booky Oren へのインタビュー。New York, March 20, 2013. Oren のほかに Dov Pekelman 教授が入社を要請した神童が Ilan Cohen だった。
3 . Dalia Tal, "Netafim VP Baruch Oren to Be Appointed Mekorot Chairman,"*Globes*, September 7, 2003.
4 . Oren, 前掲 .
5 ."Frequently Asked Questions: Pricing Water Services,"U.S. Environmental Protection Agency, 2014年6月10日にアクセス :water.epa.gov/infrastructure/sustain/pricing_faqs.cfm.
6 .Oren, 前掲 .
7 . Fanny Gidor, *Socio-Economic Disparities in Israel* (Piscataway, NJ: Transaction Publishers, 1979), 52.
8 . Ministry of Agriculture, "Israel's Agriculture at a Glance,"ed. Arie Regev, in *Israel's Agriculture*, ed. The Israel Export and International Cooperation Institute (Tel Aviv: The Israel Export and International Cooperation Institute, 2012), 8.
9 ."Industrial Palestine,"*The Economist*, August 15, 1942.

11. Water Law, 5719-1959.
12. Streams and Springs Authorities Law, 5724-1965. 河川の生態系に関してとくに取り決めたものではないが、イスラエルの河川は the Drainage and Flood Control Law, 5718-1957 によって保護されている。
13. Shoshana Gabay, "Restoring Israel's Rivers,"*Ministry of Foreign Affairs*, 2001.
14. Mekorot, *Masskinot Veh-ah-dat Ha-Yarkon* (「ヤルコン川に関する調査委員会の最終報告」), ed. Simcha Blass (Tel Aviv: Mekorot, March 18, 1954). 地中海に流れ出る沿岸河川の1本。イスラエル最長の川はヨルダン川で死海に流れ込んでいる。
15. Alon Tal, *Pollution in a Promised Land: An Environmental History of Israel* (Berkeley, CA: University of California Press, 2002), 8-9.
16. David Pargament へのインタビュー。Tel Aviv, April 26, 2013.
17. David Pargament との E メール。March 14, 2015.
18. 同上 .
19. David Pargament との E メール。November 22, 2014.
20. Pargament へのインタビュー。前掲 .
21. 同上 .
22. この川の正式名称は Hebron-Besor-Beersheba River で、流れる場所によって、3カ所のいずれかの地名を冠している。しかし、いずれも同一の河川系である。
23. Richard Laster and Dan Livney, "Basin Management in the Context of Israel and the Palestinian Authority,"in *Water Policy in Israel: Context, Issues and Options*, ed. Nir Becker (Dordrecht, Netherlands: Springer, 2013), 232.
24. Nechemya Shahaf へのインタビュー。Beersheba (Israel), April 21, 2013.
25. 同上 .
26. Jewish National Fund, *Blueprint Negev— Business Plan* (New York: Unpublished, 2004).
27. Russell Robinson へのインタビュー。New York, March 9, 2013.
28. Itai Freeman への電話によるインタビュー。September 10, 2014.
29. 同上 .
30. Israel State Comptroller, *Report for 2011* (Jerusalem: State Comptroller, December 2011).
31. この種の法律に関してさらに一例をあげるなら "The Food Quality Protection Act Background,"U.S. Environmental Protection Agency, accessed on December 1, 2014:www.epa.gov/pesticides/regulating/laws/fqpa /backgrnd.htm.
32. Israel State Comptroller, 前掲 .
33. Eytan Israeli へのインタビュー。Kibbutz Kfar Blum (Israel), April 29, 2013.
34.「ジョンストン使節団」についてさらに詳しくは Jeffrey Sosland, *Cooperating Rivals: The Riparian Politics of the Jordan River Basin* (Albany: State University of New York Press, 2007), 37-61を参照。
35. Jeffery Sosland への電話によるインタビュー。December 10, 2013.
36. Sosland, *Cooperating Rivals*, 前掲 , 179.
37. Ram Aviram へのインタビュー。New York, February 7, 2014.
38. 同上 .

源（帯水層やガリラヤ湖）の水をブレンドすることで得られるメリットは、塩化物やナトリウムを軽減できる点ではなく、硝酸塩や帯水層に含まれる工業汚染物質（人間の活動によって地下の帯水層の汚染は拡大中）を減らせられる点にあると思います。たとえば、沿岸帯水層を汲み上げる井戸の大半で、硝酸塩のレベルはヨーロッパの上限値45〜50 ppm を超え、さらにアメリカの上限値10 ppm を確実に超えています。現在、イスラエルの一般的な飲用水の硝酸塩は70 ppm。硝酸塩が高レベルだと妊娠中の女性にはとりわけ危険で、いわゆる青色児症候群を抱えた赤ん坊の出生率が高まります」。[Daniel Hoffman とのＥメール。August 16, 2014].

82. Tenne, Hoffman, and Levi, 前掲 , 26-27.

83.「はじめに」の註31を参照。

84.“Human Settlements on the Coast: The Ever More Popular Coasts,”UN Atlas of the Oceans, 2015年3月25日にアクセス :www.oceansatlas.org/servlet/CDSServlet?status=ND0xODc3JjY9ZW4mMzM9KiYzNz1rb3M~.

85. Cohen, 前掲 .

第７章　豊かな水の国に

1 .“History,”Maccabiah, 2014年2月4日にアクセス : www.maccabiah.com/master/know-us-history.

2 . Chuck Slater, “First-Hand Report of Maccabiah Tragedy,”*The New York Times*, August 3, 1997.

3 . Serge Schmemann, “2 Die at Games in Israel as Bridge Collapses,”*The New York Times*, July 15, 1997

4 . Parliamentary [クネセト] Commission of Inquiry with Regard to Lessons to Be Learned from the Maccabiah Bridge Disaster. *Report* (Jerusalem: Knesset: July 9, 2000).

5 .“Death Tied to Pollution,”*The New York Times*, July 28, 1997.

6 . Serge Schmemann, “Israelis Turn Self-Critical as Mishap Kills Two,”*The New York Times*, July 18, 1997.

7 . David Pargament とのＥメール。September 10, 2014.

8 . ヘブライ語聖書には土地や創造主への崇敬の例が数多く記されている。『レビ記』25章23-24、『イザヤ書』24章 4 - 6 、『イザヤ書』43章20-21、『エレミア書』 2 章 7 、『詩編』24章 1 、『詩編』96章10-13。

9 . A. D. Gordon の *Our Tasks Ahead* (1920) を参照。自然への回帰とユダヤの祖国の土地で働くことを求めるシオニズムの開拓者の姿が描かれている。「ユダヤの民は自然からことごとく切り離され、2000年にわたって市壁の内側に閉じ込められてきた（略）。額に汗する習慣をわれわれはなくした（略）。土地と国民文化に個人を結びつけるものこそが労働なのである」。[A. D. Gordon, “Our Tasks Ahead,”in *The Zionist Idea: A Historical Analysis and Reader*, ed. Arthur Hertzberg (Philadelphia: Jewish Publication Society, 1997).]

10. John Stemple, “Viewpoint: A Brief Review of Afforestation Efforts in Israel,”*Rangelands* 20, no. 2 (April 1998): 15-18.

61. Alan Philps, "Drought Forces Israel to Import Turkish Water," *The Telegraph*, June 28, 2000.
62. Ram Aviram へのインタビュー。New York, February 7, 2013.
63. Uri Shani への電話によるインタビュー。March 17, 2013.
64. Ronen Wolfman へのインタビュー。Ramat Gan, Israel, October 24, 2013.
65. 同上 .
66. Miriam Balaban への電話によるインタビュー。October 3, 2013.
67. Coalinga（コーリンガ）という地名はこの町にそもそも課された役目の名残。1880年代、カリフォルニアで鉄道工事が進展していたころ、当時の機関車のいずれも石炭を燃料としていた。Coalinga は1番目の給炭所（コーリングステーション）つまりコーリングAで、機関車はここで石炭を積み込むと引きつづきコーリングB、コーリングCで給炭した。燃料が石炭から石油に変わると小さな町は名前の由来をなくしたが、しかし、そのころまでには町名として確立していた。Coaling A は Coalinga と呼ばれるようになっていた。
68. Mickey Loeb へのインタビュー。Omer (Israel), January 16, 2014.
69. Eilon Adar へのインタビュー。Beersheba (Israel), April 21, 2013.
70. Loeb, 前掲 .
71. Berkman へのインタビュー。前掲 .
72. Loeb, 前掲 .
73. Tom Pankratz への電話によるインタビュー。August 12, 2014.
74. "Market Data, Technologies Used,"Water Desalination Report, accessed on March 30, 2015:www. desalination.com/market/technologies.
75. Fredi Lokiec, *South Israel 100 Million m³/Year Seawater Desalination Facility: Build, Operate and Transfer (BOT) Project* (Kadima, Israel: IDE Technologies Ltd., March 2006). 2015年の時点でアシュケロンのプラントは2500億ガロン（9億5000万㎥）を超える淡水を生産して世界記録を樹立した。["IDE's Israel Seawater RO Desalination Plant Sets World Record for Water Production," *WaterWorld*, February 10, 2015.]
76. 海水淡水化業界に詳しい Tom Pankratz は次のように語る。「イスラエルの海水淡水化事業が優れている点は、性能が安定して信頼でき、高品質な真水を生産できるプラントを建造してきた点です。 電力の変動料金制をうまく利用し、稼働は電力が安い深夜やオフピークに重点的におこないます。この国ほど電力のオフピーク時に稼働を集中させているプラントは世界のどこにもないでしょう。容易そうですが、これを実現するにはプラントの稼働と計画策定に驚異的なバランスを保ち、そのうえで電力にアクセスしなくてはなりません」。[Pankratz, 前掲 .]
77. Abraham Tenne との E メール。July 30, 2014.
78. Shimon Tal へのインタビュー。Tel Aviv, April 18, 2013.
79. Ilan Cohen, 前掲 .
80. Abraham Tenne, Daniel Hoffman, and Eytan Levi, "Quantifying the Actual Benefits of Large-Scale Seawater Desalination in Israel,"*Desalination and Water Treatment* 51, 1-3 (July 2012), 26-37.
81. 海水淡水化が専門の Daniel Hoffman は次のように記す。「高品質の脱塩水と天然の水

カに海水を提供する――Berkman の職場では、Eshkol の帰国後、そんなジョークがはやっていた。だが、そうしたジョークにかかわらず、イスラエルが融資を得られる唯一の手段は、画期的なアイデアを思いつく以外にないことは一人残らずわかっていたと Berkman は語った。

42. Berkman, 前掲 .

43. Nathan Berkman, "Back in the Old Days,"*Israel Desalination Society*, 2007.

44."U.S., Israel Finally to Build Horizontal Tube Prototype at Ashdod,"*Water Desalination Report* 11, no. 27 (July 3, 1975).

45. Jeremy Sharp, *U.S. Foreign Aid to Israel* (Washington, DC: Library of Congress, Congressional Research Service, April 11, 2014), 28.

46. Eliot から Kissinger への覚書。前掲 .

47. Berkman へのインタビュー。前掲 .

48. IDE は1980年代に Israel Chemicals と合併*。Israel Corporation の系列会社である Israel Chemicals は1999年に Ofer Brothers Group に売却されている**。2000年、Delek Group は IDE の株式を50%取得*。

* IDE Technologies Ltd., *IDE Technologies Limited* (Presentation, Gal Zohar, CFO Forum, 2011).

** Orna Raviv, "Israel Corp Sale Completed; Ofer Family Expected to Restructure Group," *Globes*, April 15, 1999.

49. Fredi Lokiec へのインタビュー。Kadima (Israel), May 1, 2013.

50."Carlsbad Desalination Plant to Utilize IDE Technologies' Reverse Osmosis Solution,"*Water World*, January 2, 2013.

51. "Toanjin SDIC Project: China's Largest Desalination Plant,"IDE Technologies, 2015年 2 月 4 日にアクセス : www.ide-tech.com/blog/case-study/tianjin-china-project-ide/.

52."Gujarat Reliance Project: India's Largest Desalination Plant," IDE Technologies, 2015年 2 月 4 日にアクセス : www.ide-tech.com/blog/case-study/reliance-project-2/.

53. "Sorek Project: The World's Largest and Most Advanced SWRO Desalination Plant, "IDE Technologies, 2015年 2 月 4 日にアクセス : www.ide-tech.com/blog/case-study/sorek-israel-project/ .

54. Ronen Wolfman への電話によるインタビュー。February 20, 2014.

55. 同上 .

56. Rafi Semiat へのインタビュー。Haifa, May 2, 2013.

57. 同上 .

58. イスラエル水管理公社の上級役員 Tami Shor へのインタビュー。Tami Shor によると、閉鎖されていた井戸の復活、汚染されていた水源の浄化（高額な費用がかかる）によって、一時的にせよ水の生産量の向上に寄与する要因は常に存在すると指摘する。しかし、恩恵があるとはいえそれは短期間にかぎられ、持続可能な方法ではないと言う。[Tami Shor へのインタビュー。Tel Aviv, January 6, 2014.]

59. Ilan Cohen への電話によるインタビュー。March 29, 2013.

60. Avraham Baiga Shochat へのインタビュー。Tel Aviv, January 8, 2014.

26. Foreign Relations of the United States の編集後記、1964-1968, Volume XXXIV, Energy Diplomacy and Global Issues, Document 130および Levi Eshkol の未亡人 Miriam Eshkol へのインタビュー。Miriam Eshkol によると、Levi Eshkol はよく「国家にとって水とは、人間にとって血液のようなものである」と口にしていた。[Miriam Eshkol への電話によるインタビュー。April 29, 2013.]
27. 会話に関する覚書 (Washington, DC, June 1, 1964), Foreign Relations of the United States, 1964-1968, Volume XVIII, Arab-Israeli Dispute, 1964-67, Document 65.
28. 同上 .
29. 合衆国国家安全保障会議スタッフ Robert W. Komer から Lyndon Johnson 大統領への覚書 (Washington, DC, May 28, 1964), Foreign Relations of the United States, 1964-1968, Volume XVIII, Arab-Israeli Dispute, 1964-67, Document 63.
30. MacGowan, 前掲 .
31. Lyndon B. Johnson, *Diary*, June 2, 1964.
32. 国務長官 Dean Rusk から合衆国原子力委員会委員長 Glenn Seaborg への書簡 (Washington, DC, December 9, 1964), Foreign Relations of the United States, 1964-1968, Volume XXXIV, Energy Diplomacy and Global Issues, Document 136.
33. Foreign Relations of the United States の編集後記 , 1964-1968, Volume XXXIV, Energy Diplomacy and Global Issues, Document 149.
34. Foreign Relations of the United States の編集後記 , 1964-1968, Volume XXXIV, Energy Diplomacy and Global Issues, Document 151.
35. "Bunker and Eshkol Confer About Desalting Plant," *The New York Times*, December 19, 1966.
36. 特別補佐官 Walt Rostow から大統領 Lyndon Johnson への覚書 (Washington, DC, January 5, 1968), Foreign Relations of the United States, 1964-1968, Volume XX, Arab-Israeli Dispute, 1967-68, Document 33.
37. 会話の覚書 (LBJ Ranch, Texas, January 8, 1968, Session III), Foreign Relations of the United States, 1964-1968, Volume XX, Arab-Israeli Dispute, 1967-68, Document 41.
38. 国家安全保障問題担当大統領補佐官 Henry Kissinger から大統領 Richard Nixon への覚書 (Washington, DC, February 10, 1969), Foreign Relations of the United States, 1969-1976, Volume XXIV, Middle East Region and Arabian Peninsula, 1969-1972; Jordan, September 1970, Document 4.
39. 国立公文書館 , Nixon Presidential Materials, NSC Files, NSC Institutional Files (H-Files), Box H-141, National Security Study Memoranda, NSSM 30.
40. 国務省秘書官 Theodore Eliot から国家安全保障問題担当大統領補佐官 Henry Kissinger への覚書 (Washington, DC, December 6, 1972), Foreign Relations of the United States, 1969-1976, Volume XXIV, Middle East Region and Arabian Peninsula, 1969-1972; Jordan, September 1970, Document 35.
41. Nathan Berkman へのインタビューでは、Berkman 本人は Weizmann Institute における Johnson のスピーチは覚えていないものの、1964年に Eshkol が帰国すると、イスラエル国内で海水淡水化事業の関係者は誰もが融資の承認をめぐる計画の進展に気をもんでいたと語る。アメリカは設備に1億ドルを供与し、そのかわりイスラエルはアメリ

nation, no. 50 (1984): 17.

6 . Lyndon B. Johnson, 前掲 .

7 . Charles F. MacGowan, *History, Function, and Program of the Office of Saline Water* (Presentation, New Mexico Water Conference, July 1-3, 1963), 24-33.

8 . Lyndon B. Johnson の水関連法案、とくに脱塩施設を含む法案例については the *Demonstration Plants Act of 1958, Public Law 85-883*, initially introduced by Senator Clinton Anderson of New Mexico を参照。

9 . Lyndon B. Johnson, *Remarks in New York City at the Dinner of the Weizmann Institute of Science* (New York, February 6, 1964).

10. Dana Adams Schmidt, " Johnson Speech Infuriates Arabs: They Attack Offer to Help Israel Utilize Sea Water," *The New York Times*, February 8, 1964.

11. 合衆国国家安全保障会議スタッフ Robert W. Komer と合衆国国務次官 George W. Ball との電話による覚書。(Washington, DC, June 2, 1964), Foreign Relations of the United States, 1964-1968, Volume XVIII, Arab-Israeli Dispute, 1964-67, Document 66.

12. Peres, 前掲 .

13. Nathan Berkman へのインタビュー。Tel Aviv, October 25, 2013.

14. 同上 .

15. 一例として Ben-Gurion の日記の1954年 8 月16日、同年 8 月20日、1956年 2 月 7 日、1957年 6 月11日、1961年 4 月 8 日を参照。

16."Israel to Remove Sea Water Brine," *The New York Times*, November 9, 1958.

17."Science: Salt Water into Fresh," *Time*, September 3, 1956.

18. Ben-Gurion の日記の1954年 8 月16日。

19. Zarchin とその理論に関しては、同時期に書かれた長大な記録として Yaakov Morris, *Masters of the Desert: 6000 Years in the Negev* (New York: G. P. Putnam's Sons, 1961), 240-252を参照。

20. Ben-Gurion の日記の1955年 9 月30日。日記には Zarchin 理論による凍結方式と多段フラッシュ方式の双方の方式にともなう費用も書かれていた。[David Ben-Gurion の日記、1956年 2 月 7 日]

21. Yosef Almogi, *Total Commitment* (East Brunswick, NJ: Cornwall Books, 1982), 198-199.

22. 自分の手法は政府案よりもはるかに優れていると考えた Alexander Zarchin は、「国営水輸送網にかわる淡水」と題する記事を1963年11月20日の *Haaretz* に寄稿。そのなかで Zarchin は国営水輸送網を鋭く批判して、国家的給水施設の建設に反対する政府閣僚らに手紙を書いたと述べている。本人は、国営水輸送網を解体し、それにかわってネゲヴ地区には海水淡水化施設を設置すべきとして、経費、塩分濃度、環境への影響などの関連項目を引き合いに出して提案していた。その後、Zarchin の手法はある程度は日の目を見たが、しかし、それは何十年という年月を経たのちのことである。

23. Berkman, 前掲 .

24. 同上 .

25. Avi Kay,"From *Altneuland* to the New Promised Land: A Study of the Evolution and Americanization of the Israeli Economy," *Jewish Political Studies Review* 24, no. 1-2 (2012): 103.

sumption for Water Supply and Treatment— The Next Half Century (Palo Alto, CA: Electric Power Research Institute, March 2002), vi.
42. Levy, 前掲 .
43. Noah Galil へのインタビュー。Haifa, January 7, 2014.
44. 同上 .
45. Refael Aharon とのＥメール。February 5, 2015.
46. 調理過程で塩が加わってどの国でも家庭から出る下水の塩分濃度は上昇するが、イスラエルの場合、塩分の濃度はさらに高い。ユダヤ教の食事規定で調理前の肉という肉には血抜きのために大量の塩を使うのが掟になっているからだ。この塩が洗い流されて下水に流れ込んでいく。
47. Dan Zaslavsky へのインタビュー。Haifa, January 7, 2014.
48. Steven Mithen, *Thirst: Water and Power in the Ancient World* (Cambridge, MA: Harvard University Press), 63.
49. 同上 , 44-74.
50. Dror Avisar へのインタビュー。Tel Aviv, January 6, 2014.
51. 同上 .
52. Sara Elhanany へのインタビュー。Tel Aviv, April 25, 2013.
53. Avisar, 前掲 .
54. Aly Thomson, " Birth Control Pill Threatens Fish Populations,"*The Canadian Press*, October 13, 2014.
55. Avisar, 前掲 .
56. Elhanany, 前掲 .
57. Oren Blonder とのＥメール。October 5, 2014.
58. Elhanany, 前掲 .
59. Efi Stenzler へのインタビュー。New York, February 1, 2013.
60. 砂漠化の影響に関する考察は Anton Imeson, *Desertification, Land Degradation, and Sustainability* (Hoboken, NJ: Wiley, 2012) を参照。
61. Stenzler, 前掲 .
62. Rophe, 前掲 .
63. Sharon Udasin, "Israel, Greek, Cypriot Environment Ministries to Cooperate on Mediterranean Pollution Prevention,"*The Jerusalem Post*, May 14, 2014.

第６章　海水を真水に変える

1 ."Weizmann Institute Erects Plant in Palestine to Desalt for Drinking Purposes,"*Jewish Telegraphic Agency*, March 1, 1948.
2 . Ora Kedem への電話によるインタビュー。December, 17, 2013.
3 . Shimon Peres へのインタビュー。Tel Aviv, April 25, 2013.
4 . Lyndon B. Johnson, "If We Could Take the Salt Out of Water,"*The New York Times Magazine*, October 30, 1960.
5 . James D. Birkett, "A Brief Illustrated History of Desalination: From the Bible to 1940,"*Desali-*

15. 同上 .
16. Moshe Gablinger への電話によるインタビュー。April 21, 2014.
17. Ori Yogev へのインタビュー。Tel Aviv, April 19, 2013.
18. Aharoni, 前掲 .
19. Shuval, 前掲 , 4.
20. Mekorot, *Wastewater Reclamation and Reuse*, eds. Batya Yadin, Adam Kanarek, and Yael Shoham (Tel Aviv: Mekorot, 1993), 9-14.
21. ネゲヴ地区への導水管敷設工事が完成するまで、イスラエル保健省は制限量以内なら、シャフダンの土壌帯水層処理法（ＳＡＴ）を経た水は飲用しても安全だと確信するようになった。1980年代の大半を通じ、保健省は国の飲用水に関して５％を上限にシャフダンで処理水を供給することを許可した。しかし、1989年に導水管工事が完成すると、保健省は処理水と真水は分離するのが最善だとしてこの運用も終わりを迎えた。[Israel Mantel へのインタビュー。Tel Aviv, May 6, 2013.]
22. Aharoni, 前掲 .
23. Taniv Rophe への電話によるインタビュー。October 7, 2013.
24. Aharoni, 前掲 .
25. 同上 .
26. イスラエルの2010年の農産物輸出は総額で21億ドル。[Ministry of Agriculture, " Israel's Agriculture at a Glance,"ed. Arie Regev, in *Israel's Agriculture*, ed. The Israel Export and International Cooperation Institute (Tel Aviv: The Israel Export and International Cooperation Institute, 2012), 8.]
27. Shimon Tal へのインタビュー。Tel Aviv, October 18, 2013.
28. Avi Aharoni とのＥメール。October 5, 2014.
29. Yossi Schreiber への電話によるインタビュー。September 21, 2014.
30. イスラエルで下水処理施設の建設が始まったころ、旧ソ連からの大量の移民がイスラエルに定住していた。移民吸収策の支援としてアメリカは債務保証を実施、下水処理施設の整備事業に限定したものではなかったが、一部は処理施設の資金に充当されると理解していた。低金利の融資を得たイスラエルは、この融資について債務不履行に陥ることはなく、結局、アメリカの納税者も懐を痛めることはなかった。
31. Schreiber, 前掲 .
32. 同上 .
33. Rophe, 前掲 .
34. 同上 .
35. Uri Schor へのインタビュー。Tel Aviv, April 25, 2013.
36. Olga Slepner とのＥメール。November 27, 2014.
37. Shaul Ashkenazy への電話によるインタビュー。October 6, 2013.
38. 同上 .
39. Slepner, 前掲 .
40. Aharoni, 前掲 .
41. Electric Power Research Institute, *Water and Sustainability (Volume 4): U.S. Electricity Con-*

ern, and Quentin Wodon (Washington, DC: World Bank, 2005), 1.]

61. Uri Shamir, *Management of Water Systems under Uncertainty* (Talk, WATEC Conference, Tel Aviv, October 22, 2013).

62. インドでは、点滴灌漑は水の管理法として最善の手段であり、この農法によって生産量は向上、貧困対策につながると一般に考えられている*。だが、点滴灌漑に対する助成金の効果と経済的成果をどう図っていくのかという点をめぐっては論議が続いている**。

 * Government of India, Ministry of Agriculture, *Report on the Task Force on Microirrigation* (New Delhi: Ministry of Agriculture, January 2004), vii-xxix.

 ** Hemant K. Pullabhotla, Chandan Kumar, and Shilp Verma, *Micro-Irrigation Subsidies in Gujarat and Andhra Pradesh: Implications for Market Dynamics and Growth* (Sri Lanka: IWMI-TATA Water Policy Program, 2012). Ravinder P. S. Malik and M. S. Rathore, *Accelerating Adoption of Drip Irrigation in Madhya Pradesh, India, AgWater Solutions Project* (Sri Lanka: IWMI, September 2012), 15-32も参照されたし。

63. Archana Chaudhary, "Netafim to Build Largest India's Drip-Irrigation Project,"*Bloomberg*, January 23, 2014.

64. Barak, 前掲 , March 18, 2013.

第5章　廃水をふたたび水にもどす

1 . Hillel I. Shuval, *Public Health Aspects of Waste Water Utilization in Israel* (Presentation, The Purdue Industrial Wastes Conference, May 1, 1962).

2 . 同上 , 4.

3 . Avi Aharoni へのインタビュー。Tel Aviv, January 6, 2014.

4 . 基礎自治体による下水処理の誕生をめぐる息もつかせぬ話については Steven Solomon, *Water: The Epic Struggle for Wealth, Power and Civilization* (New York: Harper Perennial, 2010), 249-265を参照。James Salzman, *Drinking Water: A History* (New York: Overlook Duckworth, 2010), 85-97も参照されたし。

5 . Eytan Levy への電話によるインタビュー。March 21, 2013.

6 . Joanne E. Drinan, *Water & Wastewater Treatment: A Guide for the Nonengineering Professional* (Boca Raton, FL: CRC Press, 2001), 159-168.

7 . 同上 , 169-173.

8 . 同上 , 175-204.

9 . 同上 , 207-220.

10. Adam Kanarek へのインタビュー。Tel Aviv, October 18, 2013.

11. 同上 .

12. Shuval, 前掲 , 9.

13. 同上 , 7.

14. シャフダンの処理施設では日産約9500万ガロン（36万㎥）の水の処理と濾過がおこなわれている。[Nelly Icekson-Tal へのインタビュー。Rishon LeZion (Israel), October 17, 2013.]

45. Amitへのインタビュー。前掲 .

46. Bar, 前掲 .

47. Haran, 前掲 .

48. Ami Shahamへのインタビュー。Central Arava (Israel), April 23, 2013.

49. Arie Issarへのインタビュー。Jerusalem, April 24, 2013. ネゲヴ砂漠のCentral Aravaの水源開発に関する詳細はGovernment of Israel, *The Central Arava: Proposals for the Development of Water Resources*, Report 69-093 (Jerusalem: Government of Israel, September 1969)と Government of Israel, *The Central Arava: Irrigation Water Development Scheme*, Report 69-173 (Jerusalem: Government of Israel, November 1969) を参照。

50. Naty Barakへの電話によるインタビュー。November 7, 2013.

51. International Commission on Irrigation and Drainage, *Sprinkler and Micro Irrigated Areas* (New Delhi: International Commission on Irrigation and Drainage, May 2012).

52. International Commission on Irrigation and Drainage, *World Irrigated Area-Region Wise/ Country Wise* (New Delhi: International Commission on Irrigation and Drainage, 2012).

53. International Commission on Irrigation and Drainage, *Sprinkler and Micro Irrigated Areas*, 前掲 .

54. 灌漑耕作地の15% はスプリンクラー灌漑を実施している。だが、用水料金が無料に近ければ近いほど農家は湛水灌漑を続けようとする。金を払ってまで灌漑装置を購入するインセンティブが皆無なままでは、ウォーター・ストレスに直面している地域でも、いたずらに水を浪費する湛水灌漑の抑制はできない。テキサス州水資源委員会の報告に記された「州内の点滴灌漑の導入農家はわずか３％」という事実はその好例だ。用水の原価意識をもって農家が栽培しないかぎり、この傾向は変えられない。[Todd Woody, " How Israel Beat a Record-Breaking Drought, With Water to Spare, "*Takepart*, October 6, 2014.]

55. Shani, 前掲 .

56. カリフォルニア州がひとつの国だと仮定すると、この国は世界有数の点滴灌漑の導入国に位置づけられる。現在、カリフォルニア州では灌漑農地の39% で点滴灌漑がおこなわれ、果樹栽培にいたっては75% も採用されている。[Gwen N. Tindula, Morteza N. Orang, and Richard L. Snyder, "Survey of Irrigation Methods in California in 2010,"*Journal of Irrigation and Drainage Engineering* 139, no. 3 (August 2013): 233-235.]

57. Postel, "Drip Irrigation Expanding Worldwide," 前掲 .

58. Yuval Azulai, "Kibbutz Naan Sells NaanDanJain Irrigation,"*Globes*, May 14, 2012.

59. Barak, 前掲 , March 18, 2013.

60. 世界銀行によると、「水道事業と電気事業における利用者への助成は世界的に見られる特徴である。事例によっては、一般税収からの巨額な支出がなければ成り立たない事業も存在しており、その場合、設備投資あるいは定期的な補塡によって歳入不足を補うなどのいずれかの方法が用いられている。（略）一般助成金あるいは特別助成金によって財務上の損失を単に吸収するだけの事業体もあり、資本金を徐々に減らしていき、修繕費や維持費を先送りしがちである」。[World Bank, *Water, Electricity, and the Poor: Who Benefits from Utility Subsidies?* eds. Kristin Komives, Vivien Foster, Jonathan Halp-

19. Plastro は John Deere に売却され、その後、再度民間企業に身売りするまで John Deere Water の名称で営業をしていた*。 NaanDan はインドの大手企業 Jain Irrigation に買収された**。

* Yoram Gabison, "FIMI wins auction for control of John Deere Water,"*Haaretz*, February 17, 2014.

** "About Us,"NaanDanJain, 2014年11月26日にアクセス :www.naandanjain.com/Company/Irrigation -Solutions/ .

20. Werber, 前掲 .
21. Erez Meltzer への電話によるインタビュー。January 23, 2013.
22. Werber, 前掲 .
23. 2013年5月5日、著者訪問。
24. Barbara Shivek へのインタビュー。Kibbutz Hatzerim (Israel), May 5, 2013.
25. イスラエルでは特例を除いて、国民全員に兵役が課されている。18歳になると男性3年、女性2年の兵役に服する。
26. Rafi Mehoudar へのインタビュー。Tel Aviv, April 18, 2013.
27. Postel, "Drip Irrigation Expanding Worldwide," 前掲 .
28. Netafim, *Drip Irrigation— Israeli Innovation That Has Changed the World* (Presentation, Naty Barak, JNF Summit, Las Vegas, April 28, 2013), 19.
29. Naty Barak, 前掲 .
30. Mehoudar, 前掲 .
31. ヘブライ大学の Aharon Friedman は次のように植物の生理と生産量について説明する。「水があれば植物が元気なのは、呼吸と光合成をおこなっている最中に気孔から水を蒸発できるからです。水がない状態では、気孔が開いているのは短時間になって、呼吸や光合成による炭素固定が減少します。その結果は成長の鈍化、生産量の減少として現れます」。[Aharon Friedman とのEメール。October 3, 2014.]
32. John Seewer, "Toledo, Ohio Water Contamination Leaves Residents Scrambling to Buy Bottled Water,"*Huffington Post*, October 2, 2014.
33. Danny Ariel へのインタビュー。Tel Aviv, October 28, 2013.
34. Mehoudar, 前掲 .
35. Uri Shani への電話によるインタビュー。July 4, 2013.
36. 同上 .
37. Hazera Genetics, *Hazera—History of Success* (YouTube, 2011),2015年3月9日にアクセス : www.youtube. com/watch?v=mKItOZwrzRY.
38. Shoshan Haran への電話によるインタビュー。July 1, 2013.
39. Nili Shalev とのEメール。September 5, 2014.
40. Zvi Amit とのEメール。February 2, 2015.
41. Moshe Bar への電話によるインタビュー。December 26, 2013.
42. Shoshan Haran への電話によるインタビュー。July 1, 2013.
43. Zvi Amit への電話によるインタビュー。July 10, 2013.
44. Blass, *Drip Irrigation*, 前掲 , 3.

第4章　したたる水で作物を育てる

1 . Simcha Blass, *Mei Meriva u-Ma'as*（『水との格闘：シムカ・ブラス回想録』）(Israel: Massada Ltd., 1973), 330-331.

2 . 古代の中東地域における灌漑の歴史については Sandra Postel, *Pillar of Sand: Can the Irrigation Miracle Last?* (New York: W. W. Norton & Company, 1999), 13-39を参照。

3 . Sandra Postel,"Drip Irrigation Expanding Worldwide,"*News Watch*, June 25, 2012.

4 . 同上 .

5 . Ministry of Agriculture and Rural Development, *Irrigation Agriculture— The Israeli Experience*, ed. Anat Lowengart-Aycicegi (Jerusalem: Ministry of Agriculture), 6.

6 . 1962年には全給水量の78％が農業部門で消費されていた。[Aaron Wiener, *Development and Management of Water Supplies under Conditions of Scarcity of Resources*. Tel Aviv: TAHAL, April 1964.]

7 . United Nations World Water Assessment Program, *The United Nations World Water Development Report 2014: Water and Energy* (Paris: United Nations Education, Scientific and Cultural Organization, 2014), 56.

8 . Netafim, *Irrigation and Strategies for Investment* (Presentation, Naty Barak, Agricultural Investment 2011, London, 5-6, October 2011).

9 . Simcha Blass, *Drip Irrigation* (Tel Aviv: Water Works— Consulting and Design, July 1969), 3.

10. この若手研究者である Dan Goldberg はアカデミックの道を閉ざされ、その後、コンサルタントとしてカリブ海や南米諸国で点滴灌漑を活用したバナナ栽培を指導する*。Goldberg は生涯にわたって点滴灌漑の普及活動をおこない、共著も１冊著している**。

* Yossi Shalhevet への電話によるインタビュー。October 3, 2014.

** Dan Goldberg, Baruch Gornat, and D. Rimon, *Drip Irrigation: Principles, Design, and Agricultural Practices* (Kfar Shmaryahu, Israel: Drip Irrigation Scientific Publications,1976).

11. Uri Werber へのインタビュー。Kibbutz Hatzerim (Israel), May 5, 2013.

12. Zwi Keren, *Oasis in the Desert: The Story of Kibbutz Hatzerim*, trans. Kfar Blum Translation (Kibbutz Hatzerim, Israel: Kibbutz Hatzerim Press, 1988), 159-164.

13. Werber, 前掲 .

14. 同上 .

15. Daniel Gavron, *The Kibbutz: Awakening from Utopia* (Washington, DC: Rowman & Littlefield Publishers, 2000), 124-125.

16. Ruth Keren へのインタビュー。Kibbutz Hatzerim (Israel), May 5, 2013.

17. 1970年代に点滴灌漑の製造会社を設立して Netafim と競合した３カ所のキブツは Kibbutz Gvat (Plastro)、Kibbutz Na'an (Na'an)、Kibbutz Dan (Dan)。Na'an と Dan は2001年 に合併、以降は NaanDan として事業を継続する。事業規模は劣るものの、このほか７社が点滴灌漑に参入、その多くはキブツを母体にしていた。これら二番手のなかで Kibbutz Metzer の Metzerplas はもっとも成功した企業で、現在でもこの分野で事業を展開している。

18. Naty Barak へのインタビュー。New York, March 21, 2013.

Blass との仕事は厄介な場合が少なくなかったようである。
* Ruti Arad との電話によるインタビュー。March 6, 2013.
** Uzi Arad とのインタビュー。New York, March 30, 2013.
65.“Hi'gia Professor Lowdermilk”（「ローダーミルク教授来訪」）, *Davar*, June 7,1964.

第 3 章　給水システムを経営する

1 . State of Israel, *Water Law*, 5719-1959, Section 125-126(a).
2 . Uri Shani への電話によるインタビュー。March 17, 2013.
3 . David Pargament へのインタビュー。Tel Aviv, April 26, 2013.
4 . Yoav Kislev, *The Water Economy of Israel* (Jerusalem: Taub Center for Social Policy Studies in Israel, November 2011), 104.
5 . Olga Slepner との E メール。April 23, 2014.
6 . Oded Fixler へのインタビュー。Tel Aviv, May 6, 2013.
7 . Shani, 前掲 .
8 . “Israel Spells Out 2010 Tariff Plan,”Global Water Intelligence, November 19, 2009.
9 . Nir Barlev への電話によるインタビュー。April 9, 2013.
10. 同上 .
11. 基礎自治体の水道事業体をめぐる論争は現在も進行しており、市長とその一派は地元の水道の管理をふたたび市長のもとに置こうとしている。[Avi Bar-Eli, “Be'lakhatz Ha-Reshuyot Ha-Mekomiyot — Lapid Hit'kapel Ve'Shina et Khok Ta'agidei Ha'Mayim”（「地元当局の圧力：水道事業体に関する法律をめぐるラピッドの降伏と変更」）, *The Marker*, January 7, 2014.]
12. Shimon Tal への電話によるインタビュー。March 6, 2013.
13. Nir Barlev への電話によるインタビュー。April 11, 2013.
14. Taniv Rophe への電話によるインタビュー。October 7, 2013.
15. Shimon Tal, 前掲 , March 6, 2013.
16. 同上 .
17. 理由不明の水損失率が40％以上に達している都市には、デリー（53％）、ダブリン（40％）、グラスゴー（44％）、ハイデラバード（50％）、ジャカルタ（51％）、モントリオール（40％）、ソフィア（62％）などがある。[Smart Water Networks Forum Research, *Stated NRW (Non-Revenue Water) Rates in Urban Networks* (Portsmouth, U.K.: Smart Water Networks Forum, August 2010).]
18. Olga Slepner との E メール。November 26, 2014.
19. Abraham Tenne へのインタビュー。Tel Aviv, April 25, 2013.
20. Slepner, 前掲 .
21. Barlev, 前掲 , April 11, 2013.
22. 同上 .
23. 同上 .
24. Zohar Yinon へのインタビュー。Jerusalem, April 24, 2013.
25. 同上 .

Press, 2010), 217-281を参照。

45. Central Bureau of Statistics, *Israel in Statistics: 1948-2007* (Jerusalem: Central Bureau of Statistics, May 2009), 2.

46. 建国から3年半の移民の数は1948年（10万1828人）、1949年（23万9954人）、1950年（17万563人）、1952年（17万5279人）。[Ministry of Foreign Affairs, *Population of Israel: General Trends and Indicators* (Jerusalem: Ministry of Foreign Affairs, December 24, 1998).]

47. Nadav Morag "Water, Geopolitics and State Building: The Case of Israel,"*Middle Eastern Studies* 37, no. 3 (2001): 179-198.

48. Daniel Gordis, *Menachem Begin: The Battle for Israel's Soul* (New York: Schocken, 2014), 111.

49. Chris Sneddon and Coleen Fox, "The Cold War, the US Bureau of Reclamation, and the Technopolitics of River Basin Development, 1950-1970,"*Political Geography* 30 (2011): 457.

50. W. H. Lawrence, "Eisenhower Sends Johnston to Mid-East to Ease Tension: Film Official Will Press for Israeli-Arab Accord and Economic Development,"*The New York Times*, October 16, 1953.

51「ジョンストン使節団」の報告と分析に関してはJeffrey Sosland, *Cooperating Rivals: The Riparian Politics of the Jordan River Basin* (Albany, NY: State University of New York Press, 2007), 37-61を参照。

52. Blass, 前掲, 203-204.

53. John S. Cotton, *Plan for the Development of the Water Resources of the Jordan and Litani River Basins* (Jerusalem: Ministry of Agriculture, 1954), 62.

54. ジョンストン・プランの修正に関する分析はSamer Alatout, "Hydro-Imaginaries and the Construction of the Political Geography of the Jordan River: The Johnston Mission, 1953-56,"in *Environmental Imaginaries of the Middle East and North Africa*, eds. Diana K. Davis and Edmund Burke III (Athens, OH: Ohio University Press, 2011) を参照。

55. "Israel Inaugurates Yarkon-Negev Pipeline Amid Great Festivities,"*Jewish Telegraphic Agency*, July 29, 1955.

56. Seltzer, 前掲, 128.

57. Bezalel Amikam, "Ish Ha-Mayim"（「ウォーターマン」）, *Al HaMishmar*, August 27,1982.

58. David Ben-Gurion, *Letter to Simcha Blass*, March 3, 1956.

59. Yael Shoham and Ofra Sarig, *Ha-Movil Ha-Artzi: Min Ha-Kineret ve-ad Pe-atei Negev*（『国営水輸送網：ガリラヤ湖からネゲヴ砂漠へ』）(Tel Aviv: Mekorot, 1995), back cover page.

60. Noel Maurer and Carlos Yu, "What Roosevelt Took: The Economic Impact of the Panama Canal, 1903-37," Harvard Business School, Work Paper: 06-041 (March 2006), 3.

61. 国営水輸送網の建設が始まって2年後の1961年、ベルシェバ中心部の人口は9万7200人だった。現在は66万4000人。[Central Bureau of Statistics, *Statistical Abstract of Israel 2014* (Jerusalem: Central Bureau of Statistics, 2014).]

62. この段落内で記述した考えに関してはDaniel Hoffmanに感謝を申し上げる。

63. Seltzer, 前掲, 132.

64. Aron Wiener (1912-2007) もまたすばらしい水の技術者だった。娘のRuti*と義理の息子Uzi Arad**とのインタビューを通じ、Wienerは控えめな人柄で、気むずかしい

31. Makovsky, 前掲 , 238.
32. 1945年当時のパレスチナにおけるイギリスの位置づけについて。「中東における大英帝国の安全保障にとって、パレスチナは分断されないままイギリスに統治されている必要があった。（略）パレスチナとトランスヨルダンはイギリスの中東安全保障政策の要であり（略）、軍事的な見地からも、パレスチナの分断は癒しがたい災いをイギリスにもたらすという点で中東の防衛委員会の意見は一致していた」。[Minister Resident in the Middle East, "Imperial Security in the Middle East," July 2, 1945, 7.]
33. イギリスの統治に対する抵抗手段をめぐってはシオニスト集団ごとに違いが存在していた。Ben-Gurion と労働シオニズムは概して交渉と政治的手続きを重んじていた。Irgun（イルグン・IZL）と Stern Gang（シュテルン・ギャング［レヒ］）はさらに過激な武力闘争を選んだ。詳しくは Howard M. Sachar, *A History of Israel: From the Rise of Zionism to Our Time* (New York: Knopf, 1976), 249-278を参照。
34. Ben-Gurion がネゲヴ砂漠に抱いた構想の詳細については David Ben-Gurion, "Introduction," in *Masters of the Desert: 6,000 Years in the Negev*, ed. Yaakov Morris (New York, G. P. Putnam's Sons, 1961), 11-16を参照。
35. Kellerman, 前掲 , 248-249.
36. Blass, 前掲 , 141-143.
37. Uri Werber へのインタビュー。Kibbutz Hatzerim (Israel), May 5, 2013.
38. Blass, 前掲 , 142.
39. 同上 , 145.
40. Mekorot, *60 Shanah Le-Kav Ha-Rishon La-Negev*（『ネゲヴ導水管60年史』）(Tel Aviv: Mekorot, 2007).
41. 1931年に実施されたパレスチナの国勢調査ではベルシェバ地区の人口は５万1082人、うち４万7981人は遊牧民で3101人が入植地のコミュニティーに住んでいた*。人口は1948年までには７万人に達したと見積もられるが、その多くはベドウィンだった**。以上から、1948年の実際の人口は５万1082人と７万人の中間にあり、ネゲヴ地区の面積が4700平方マイル（12000 ㎢）であることから、1948年時点の同地区の人口密度は1平方マイル（2.59 ㎢）当たり約15名だったと推定される。
* Government of Palestine, *Census of Palestine 1931, Volume II. Palestine, Part II, Tables*, ed. E. Mills (Alexandria: Government of Palestine, 1933), 2-3.
** Shlomo Swirski and Yael Hasson, *Invisible Citizens: Israel Government Policy toward the Negev Bedouin*, trans. Ruth Morris (Tel Aviv: Adva Center, 2006), 9.
42. テクニオン－イスラエル工科大学教授で水文学者の Uri Shamir は、Blass の証言は正しかったにせよ、それは工学や科学というより、イデオロギー色の濃い「シオニスト流の水文学」だと語った。[Uri Shamir へのインタビュー。Caesarea (Israel), May 1, 2013.]
43. 1948年の第一次中東戦争の分析に関しては Benny Morris, *Righteous Victims: A History of the Zionist-Arab Conflict, 1881-2001* (New York: Vintage, 2001), 215-258を参照。
44. イスラエルの建国に続き、アラブ諸国から流入したユダヤ人については Martin Gilbert, *In Ishmael's House: A History of Jews in Muslim Lands* (New Haven, CT: Yale University

13. Donna M. Herzog, "Contested Waterscapes: Constructing Israeli Water and Identity,"PhD Dissertation, New York University, 2015, 70.

14. Blass, 前掲, 129-130.

15. Elisha Kally and Gideon Fishelson, *Water and Peace: Water Resources and the Arab-Israeli Peace Process* (Westport, CT: Praeger, 1993), 6-7.

16. Lowdermilk とアメリカ農務省のイスラエルへの調査旅行については Walter Clay Lowdermilk, *Conquest of the Land through Seven Thousand Years* (Washington, DC: U.S. Department of Agriculture, 1948) を参照。

17. Walter Clay Lowdermilk, *Palestine, Land of Promise* 3rd. ed. (New York: Harper & Brothers, 1944), 5.

18. 同上, 4.

19. 同上, 148-161.

20. Walter Clay Lowdermilk の *Palestine, Land of Promise* は Harper & Brothers から1944年に初版が刊行された。

21. Amir Mane, "Americans in Haifa: The Lowdermilks and the American-Israeli Relationship," *Journal of Israeli History* 30, no. 1 (2011), 71. *Palestine, Land of Promise* はヘブライ語、イディッシュ語など7カ国語に翻訳された。

22. R. L. Duffus, "Practical View of Palestine,"review of *Palestine, Land of Promise*, ed. Walter Clay Lowdermilk, *The New York Times*, May 21, 1944, Sunday Book Review.

23. *New York Herald Tribune* に掲載された *Palestine, Land of Promise* の書評の抜粋。「Lowdermilk 氏はこの本でシオニストがなにを目ざしているか報告している。それはきわめて刺激に満ちた報告であり、この刺激はひとえに氏本人の独自の視点に負っている。氏は一人の土壌保全家としてパレスチナで進行している実験に目を凝らしているのであって、ユダヤ人としてでもないし、誰もが覚える当たり前の人道主義的な本能でないのは、困難を抱えたユダヤ人への同情心からでもないのと同じである。(略) 氏が掲げる大胆なテーマは、パレスチナでおこなわれているこの試みに対し、さらに変わらぬ支援が加わることで——事実、心からの支援を得て、実験は拡大している——中東の地に究極の恩恵がもたらせるかもしれないということであり、一方でそれはユダヤ人に大いなる展望を授けることになるだろう」。[Philip Wagner, "The Miracle That Is Going on in Palestine: The Jews Restore Fertility Where the Desert Had Crept In,"review of *Palestine, Land of Promise*, ed. Walter Clay Lowdermilk, the *New York Herald Tribune*, April 2, 1944, Weekly Book Review Section.]

24. Lowdermilk, *Palestine, Land of Promise*, 前掲, 227.

25. 同上.

26. 同上, 229.

27. Guilford Glazer への電話によるインタビュー。December 12, 2012.

28. Inez Marks Lowdermilk, *All in a Lifetime: An Autobiography* (Berkeley, CA: The Lowdermilk Trust, 1985), 229.

29. 同上.

30. Westher Hess への電話によるインタビュー。April 2, 2014.

University Press, 2008), 183-184.

2. 大英帝国はイスラム教徒の反乱、インドやパレスチナなどの植民地に潜んでいる〝第五列（レジスタンス）〟を恐れていたことに加え、来るべき戦争に備えてイラクやイスラム教徒が多く住む地域に存在する膨大な量の石油の確保にも腐心していた。[Tuvia Friling, *Arrows in the Dark: David Ben-Gurion, the Yishuv Leadership, and Rescue Attempts during the Holocaust*, trans. Ora Cummings (Madison, WI: University of Wisconsin Press, 2005), 2.]

3. 1939年のイギリスの白書に関しては Charles D. Smith, *Palestine and the Arab-Israeli Conflict*, 6th ed. (Boston: Bedford/St. Martin's, 2007), 165-169を参照。

4. パレスチナの〝経済的収容能力〟に関する包括的な研究は Shalom Reichman, Yossi Katz, and Yair Paz, "The Absorptive Capacity of Palestine,1882-1948," *Middle Eastern Studies* 33, no. 2 (1997): 338-361を参照。

5. Miriam Eshkol への電話によるインタビュー。April 29, 2013.

6. 建国以前に創設された組織をいくつかあげると、Histadrut Labor Federation（イスラエル労働総同盟）は1920年に設立、また、病院や学校などの公共施設の建設を目的とする基金の運営組織 Keren Hayesod の活動が始まったのも1920年のことだった。道路敷設や監視塔の建設工事をおこなう Solel Boneh の設立は1921年、Bank Hapoalim（労働総同盟系銀行）も同年に設立。ヘブライ大学は1925年設立、The Jewish Agency for Palestine（パレスチナユダヤ機関）は1929年に組織化、移民の促進、移住対策などに当たった。

7. Mekorot という命名にはいささかおもしろい由来がある。イシューヴが創設されていた当時、組織の命名に関しては、いずれも聖書に由来する言葉を選び、シオニストの事業が古い起源にまでさかのぼるものにしようと試みられていた。Mekorot の場合、ヘブライ語聖書の『詩編』に「神の声（Mekolot）は水の轟きにまさりて」（『詩編』93章4）というくだりがあるのを役員の1人が見つけたが、Mekolot と書くところをあえて Mekorot と誤記する。Mekorot は「源」という意味で、水資源を開発する会社としてはこちらのほうがふさわしかったからである。その後に開催された役員会議で、聖書に精通するある役員がこの誤記を指摘したものの、件の役員は自説を主張して相手を説き伏せた。[*Assaf Seltzer, Meḳorot: Sipurah Shel Hevrat Ha-Mayim Ha-Le'umit—75 Ha-Shanim Ha-Rishonot*（『国営水道会社メコロット75年史』）(Jerusalem: Yad Yitzhak Ben-Zvi, 2011), 35.]

8. 同上 , 30-32.

9. Haim Gvirtzman, *Mash'avei Ha-Mayim Be-Yiśrael: Peraḳim Be-hydrologia U've-Mada'ei Ha-Sevivah*（『イスラエルの水資源：水文学と環境科学からの考察』）(Jerusalem: Yad Ben-Zvi Press, 2002), 190.

10. Aharon Kellerman, *Society and Settlement: Jewish Land of Israel in the Twentieth Century* (Albany, NY: State University of New York Press, 1993), 245-247.

11. Simcha Blass, *Mei Meriva u-Ma'as*（『水との格闘：シムカ・ブラス回想録』）(Israel: Massada Ltd., 1973), 125-128.

12. 同上 , 125.

1975) と Shlomo Avineri, *Herzl: Theodor Herzl and the Foundation of the Jewish State*, trans. Haim Watzman (London: Weidenfeld & Nicolson, 2013) を参照。

9. Yehuda Avner, *The Prime Ministers: An Intimate Narrative of Israeli Leadership* (New Milford, CT: The Toby Press, 2010), 105.

10. Theodor Herzl, *The Complete Diaries of Theodor Herzl*, ed. Raphael Patai, trans. Harry Zohn (London: Herzl Press, 1960), 755.

11. Theodor Herzl, *Old New Land (Altneuland)* (Minneapolis, MN: Filiquarian Publishing LLC, 2007), 51.

12. 同上, 264.

13. 同上, 268.

14. 『イザヤ書』12章3。

15. 振り付けが施された水がモチーフの歌にはこのほかにも次のような曲がある。"*Yasem Midbar Le'Agam Mayim*"（砂漠は湖に変わる）1944年、"*Etz HaRimon*"（ザクロの木）1948年。

16. Abraham B. Yehoshua, *Early in the Summer of 1970* (New York: Schocken, 1971).

17. Amos Oz, *My Michael* (New York: Knopf, 1972).（邦訳『わたしのミハエル』村田靖子訳、角川書店、1977年）

18. Assaf Gavron への電話によるインタビュー。July 16, 2014.

19. State of Israel, *Water Drilling Control Law*, 5715-1955, Section 4.

20. State of Israel, *Water Measurement Law*, 5715-1955, Section 2(a).

21. 同上, Section 3(a).

22. State of Israel, *Drainage and Flood Control Law*, 5718-1957, Section 1.

23. 同上, Section 4(a).

24. 同上, Section 5.

25. State of Israel Water Commission, *The Water Laws of Israel*, ed. M. Virshubski (Tel Aviv: State of Israel Water Commission, March 1964), i.

26. State of Israel, *Water Law*, 5719-1959, Section 1.

27. 同上, Section 4.

28. 同上, Section 3.

29. 同上, Section 9(1).

30. Shimon Tal への電話によるインタビュー。March 11, 2013.

31. French Republic, *Civil Code*, Article 642.

32. 同上, Article 641.

33. Arnon Soffer へのインタビュー。Haifa, May 2, 2013. 元イスラエル首相 Ehud Barak は「ジャングルのなかの邸宅（a villa in a jungle）」というレトリックを使うことでよく知られ、教授は別の文脈でこの言い回しをよく借用して水に関するコメントをしている。

第2章　水は国が管理する

1. Michael Makovsky, *Churchill's Promised Land: Zionism and Statecraft* (New Haven, CT: Yale

* Central Bureau of Statistics, *Israel's Population on the Eve of Independence Day* (Jerusalem: Central Bureau of Statistics, May 1, 2014).

** Central Bureau of Statistics, *Israel in Statistics: 1948-2007* (Jerusalem: Central Bureau of Statistics, May 2009), 2.

28. 世界銀行によるとイスラエルのGDP（米ドルベース）は2005年以降で倍増している。

29. Benjamin Netanyahu, *Speech after Signing the California-Israel Cooperation Agreement* (Mountain View, CA, March 5, 2014).

30. 世界資源研究所が調査した2013年のウォーター・ストレスランキングでは、イスラエルは世界で21番だった。「超高ストレス国」として最上位の一国に分類されていた。[Paul Reig, Andrew Maddocks, and Francis Gassert, "World's 36 Most Water-Stressed Countries," *World Resources Institute*, December 12, 2013.]

31. パレスチナ自治政府に対してイスラエルは、西岸地区に150億ガロン（5680万㎥）*、ガザ地区に26億ガロン（980万㎥）** の水を供給している。現在ではヨルダン王国に対しても年間140億ガロン（5300万㎥）の給水を実施。さらに2015年2月、イスラエルとヨルダンは、現在アカバに建設を計画中の海水淡水化プラントに関し、ヨルダンがこのプラントで製造された淡水を年間90億ガロン（3400万㎥）購入、それに対してイスラエルはヨルダンへの給水量を280億ガロン（1億600万㎥）に倍増させる旨の同意書に調印した ***。

* Mekorot, *Mekorot's Association with the Palestinians Regarding Water Supplies* (Tel Aviv: Mekorot, 2014), 6. Palestinian Water Authority, *Annual Status Report on Water Resources, Water Supply, and Wastewater in the Occupied State of Palestine—2011* (Ramallah: Palestinian Water Authority, 2012), 28についても参照されたし。

** Yaakov Lappin, "Israel to Double Amount of Water Entering Gaza," *The Jerusalem Post*, March 4, 2015.

*** Sharon Udasin, "Israeli, Jordanian Officials Signing Historic Agreement on Water Trade," *The Jerusalem Post*, February 26, 2015.

第1章　水を敬う文化

1. Aya Mironi へのインタビュー。New York, February 3, 2014.
2. Uri Schor へのインタビュー。Tel Aviv, April 25, 2013.
3. ユダヤ人の宗教の源と雨や水との結びつきについては Wolf Gafni, Pinhas Michaeli, Ahouva Bar-Lev, Yerahmiel Barylka, and Edward Levin, *Beside Streams of Waters: Rain and Water in the Prayers and Ceremonies of the Holiday* (Jerusalem: Jewish National Fund, Keren Kayemeth LeYisrael, Religious Organizations Department,1990) を参照。
4. 『民数記』20章1-13 および『出エジプト記』17章6。
5. 『申命記』11章14 および 28章12。
6. 『申命記』11章17。
7. James Strong, *Strong's Exhaustive Concordance of the Bible* (Peabody, MA: Hendrickson Publishers, 2009).
8. Theodor Herzl に関して詳しくは Amos Elon, *Herzl* (New York: Holt, Rinehart and Winston,

Times, April 14, 2014.

16. United Nations, Department of Economic and Social Affairs, *World Population Prospects: The 2012 Revision, Key Findings and Advance Tables* (New York: United Nations, Department of Economic and Social Affairs, 2013), 1.
17. 今後40年で世界の人口は20億増え、2050年までには90億人を突破すると予測されている。国連食糧農業機関（FAO）が最近まとめた調査では、将来見込まれる食糧需要に応じるには、世界の農業生産を2005－2007年レベルの60％増まで引き上げなくてはならないという。[Food and Agriculture Organization of the United Nations, *Statistical Yearbook 2013, World Food and Agriculture* (Rome: Food and Agriculture Organization of the United Nations, 2013), 123.]
18. Homi Kharas and Geoffrey Gertz, *The New Global Middle Class: A Cross-Over from West to East* (Washington, DC: Wolfensohn Center for Development at Brookings, 2010), 5.
19. Office of the Director of National Intelligence, *Global Water Security*, 前掲 , i.
20. 2014年の国連報告によると、「鉱物由来の燃料の場合、通常、末端から末端の工程（採掘から精製）において、石油1ガロン（3.8L）当たり水2～4ガロン(7.5～15L)が必要である。天然ガスでは、1BOE（石油換算バレル）で約5～13ガロン(19～50L)の水が使われている（略)。水圧破砕法では、1本の井戸につき200万～800万ガロン（7500～3万㎥）の水が通常注入されている」。[United Nations World Water Assessment Program, *The United Nations World Water Development Report 2014: Water and Energy* (Paris: United Nations Education, Scientific and Cultural Organization, 2014), 30.]
21. 五大湖は表面温度の上昇にともなう蒸発で湖水量を減らした一例。[Andrew D. Gronewold and Craig A. Stow,"Water Loss from the Great Lakes,"*Science* 343 (March 7, 2014): 1084-1085.]
22. Doron Markel へのインタビュー。Sapir Pumping Station (Israel), April 29, 2013.
23. 一例をあげるなら、ノースカロライナ州のレジューン基地では、兵士と民間人を合わせて50万人が30年以上にわたって発がん性物質を含む水を飲みつづけていた。基地外のドライクリーニング会社などが汚染源だった。[U.S. Department of Health and Human Services, The President's Cancer Panel, *Reducing Environmental Cancer Risk: What We Can Do Now: 2008-2009 Annual Report President's Cancer Panel*, ed. Suzanne H. Reuben (Bethesda, MD: President's Cancer Panel, 2010), 78.]
24. Smart Water Networks Forum Research, *Stated NRW (Non-Revenue Water) Rates in Urban Networks* (Portsmouth, U.K.: Smart Water Networks Forum, August 2010), 3.
25. 1986年から2004年にかけて、ヨルダンの首都アンマンの平均漏水率は53％*、トルコの5番目の大都市アダナの漏水率は69％**。

    * Nadhir Al-Ansari, N. Alibrahiem, M. Alsaman, and Sven Knutsson, "Water Supply Network Losses in Jordan,"*Journal of Water Resource and Protection* 6, no. 2 (February 2014): 87.

    ** Smart Water Networks Forum Research, 前掲 .
26. David Dunlap,"Far, Far Below Ground, Directing Water to New York City Taps,"*The New York Times*, November 19, 2014.
27. 2014年末のイスラエルの人口は830万人*。1948年5月15日時点の人口は80万6000人**。

原　註

はじめに　迫りくる水危機

1．"Who We Are,"National Intelligence Council, 2014年11月24日にアクセス：www.dni.gov/index.php/about/organization/national-intelligence-council-who-we-are.

2．Office of the Director of National Intelligence, National Intelligence Council, *Global Water Security*, Intelligence Community Assessment (Washington, DC: National Intelligence Council, February 2, 2012).

3．Office of the Director of National Intelligence, National Intelligence Council, *Global Trends 2025: A Transformed World* (Washington, DC: National Intelligence Council, November 2008), 51.

4．Office of the Director of National Intelligence, *Global Water Security*, 前掲, iv.

5．同上, iii.

6．Luciana Magalhaes, Reed Johnson, and Paul Kiernan,"Blackouts Roll through Large Swath of Brazil,"*The Wall Street Journal*, January 19, 2015.

7．Office of the Director of National Intelligence, *Global Water Security*, 前掲, iii.

8．世界的な水の安全保障と、それに関する情報コミュニティーのアセスメントを論じたさらに広範な論議については Marcus DuBois King, *Water, U.S. Foreign Policy and American Leadership* (Washington, DC: Elliott School of International Affairs, George Washington University, October 2013) を参照。

9．U.S. Department of Interior, U.S. Geological Survey, *Ground-Water Availability in the United States*, eds. Thomas E. Reilly, Kevin F. Dennehy, William M. Alley, and William L. Cunning (Reston, VA: U.S. Geological Survey), 44.

10．ハイ・プレーンズ帯水層の涸渇に関しては、その一例として NBC News の特集「豊富な地下水を汲みつくしたテキサス州アマリロの農場」[Brian Brown,"The Last Drop: America's Breadbasket Faces Dire Water Crisis,"*NBC News*, July 6, 2014.] を参照。

11．Erla Zwingle, "Ogallala Aquifer: Well Spring of the High Plains,"*National Geographic* 183, no. 3, 83.

12．U.S. Department of Interior, U.S. Geological Survey, *Groundwater Depletion in the United States (1900-2008)*, Scientific Investigations Report 2013-5079, ed. Leonard F. Konikow (Reston, VA: U.S. Geological Survey, 2013), 22.

13．Michael Wines, "States in Parched Southwest Take Steps to Bolster Lake Mead,"*The New York Times*, December 17, 2014.

14．2014年2月、アリゾナ州ウィリアムズで厳しい給水制限をともなう条例が制定され、そのなかには「公衆衛生あるいは緊急の目的を除き」運搬された水および原水の使用禁止、新たな建築許可をいっさい停止する旨が含まれていた。[City of Williams, *Level 4 Water Restrictions: URGENT NOTICE* (Williams, AZ: City of Williams, 2014).]

15．Lizette Alvarez, "Florida Lawmakers Proposing a Salve for Ailing Springs,"*The New York*

Zohar Yinon：エルサレム水道事業体 Hagihon 最高経営責任者。

Moshe Yizraeli：イスラエル水管理公社地域水問題顧問。

Ori Yogev：WhiteWater 会長。イスラエル財務省主計局元局長。

Michael "Miki" Zaide：イスラエル水管理公社ストラテジック・プランニング局長。

Dan Zaslavsky：テクニオン－イスラエル工科大学名誉教授。農業工学専攻。水委員会元理事長。

Jim Zehringer：オハイオ州天然資源局主幹。

Aviram Zuck：KKL-JNF 上ガリラヤ－ゴラン地区森林監督担当。

Udi Zukerman：Mekorot グローバルビジネスおよびアントレプレナーシップ担当取締役。

David Siegel：在ロサンゼルス・イスラエル総領事。
Davide Signa：国連食糧農業機関（FAO）の食糧安全保障専門官。
Olga Slepner：イスラエル水管理公社総合事務局および広報担当責任者。
Yossi Smoler：イスラエル経済省主任研究員部（OCS）インキュベータープログラム部長。
Ephraim Sneh：イスラエル元国防副大臣。ヨルダン川西岸地区民政統治総責任者。
Arnon Soffer：ハイファ大学名誉教授。同校地理学科創設者。
Jeffrey Sosland：アメリカン大学教授。作家。著作に *Cooperating Rivals: The Riparian Politics of the Jordan River Basin* がある。
Efi Stenzler：KKL-JNF 最高経営責任者兼会長。
Andrew Stone：イギリス貴族院議員。Marks and Spencer 元常務取締役。
Kelvin Stroud：合衆国上院議員 Mark Pryor（アーカンソー州）事務局上院水コーカス（Senate Water Caucus）法務補佐。
Charles Swartz：アメリカ－イスラエル科学技術振興財団プログラムマネージャー。MERC 元プログラムマネージャー。
Alon Tal：ベン・グリオン大学環境政策教授。アラバ環境学研究所創設者。イスラエル緑の党議長。
Danny Tal：イスラエル経済省貿易官。2008年から2013年まで中国広東省対イスラエル経済顧問。
Shimon Tal：イスラエル水委員会元委員長。Mekorot 元最高技術責任者。
Abdelrahman Tamimi：パレスチナ水文学グループ水環境資源開発部門理事。
Micha Taub：IDE Technologies のソレク脱塩施設運用責任者。
Abraham Tenne：イスラエル水管理公社脱塩部門取締役。Desalinated Water Administration 会長。
Nirit Ulitzer：CheckLight 共同創業者。同社最高技術責任者。
David Waxman：NiroSof 会長。IDE Technologies 元最高経営責任者。
Alex Weisberg：TAHAL 元水供給部門次長。
Yirmi Weisberg：TAHAL 元副社長。
Uri Werber：Netafim 創業者。同社元統括マネージャー。
Ronen Wolfman：Hutchison Water Group 最高財務担当責任者兼取締役。Mekorot 元最高経営責任者。イスラエル財務省社会資本予算部門元専門官。
Sivan Ya'ari：Innovation: Africa 創設者。最高経営責任者。
Glenn Yago：Financial Innovation Lab（Milken Institute）創設者。
Meir Yaacoby：Innovation: Africa チーフエンジニア。
Yossi Yaacoby：Mekorot の WaTech 本部長。
Humberto Yaakov：Yad Hana 廃水処理施設課長。
Grisha Yakubovich：イスラエル国防省民政官事務所（COGAT）室長。大佐。
Adi Yefet：イスラエル経済省イスラエル NewTech 水部門ディレクター。
Alon Yegens：TAHAL International 副社長。TAHAL Assets 最高経営責任者。
Barak Yekutiely：Aquate 創業者。同社最高経営責任者。
Joshua Yeres：エルサレム水道事業体 Hagihon 事業開発部門相談役。

Mira Rashty：Tel Afek－The National Water Center 最高経営責任者。書店 Sipur Pashut 店主。

Sari Razili：Galcon 最高執行責任者。

Ariel Rejwan：Mekorot 事業開発部門副社長。

Dan Reisner：Herzog Fox & Neeman 共同経営者。イスラエル－パレスチナ自治政府水問題主任交渉官。オスロ合意II協定書条文およびイスラエル－ヨルダン水資源合意の条文を起草。

Guy Reshef：イスラエル水管理公社水質およびモニタリング管理者。

Edward Rifman：イスラエル航空宇宙軍建設部隊（ラモン空軍基地）少佐。

Russell Robinson：JNF（アメリカ支部）最高経営責任者。

Meir Rom：Mekorot 統計学者。キネレト湖（ガリラヤ湖）流域地区担当。

Rami Ronen：Strauss Water 最高経営責任者。

Taniv Rophe：イスラエル農業省計画調査官。

Ruhakana Rugunda：ウガンダ首相。

Mary Rose Ryan：Inez Marks Lowdermilk と Walter Clay Lowdermilk の知人。

Ofer Sachs：イスラエル輸出国際協力機構（IEICI）最高経営責任者。

Ariel Sagi：ARI 最高経営責任者。

David"Dudu"Sapir：Mekorot 水供給部門エンジニア。

Uri Schor：イスラエル水管理公社スポークスパーソン。

Yehoshua Schwarz：TAHAL 顧問。同社元上席執行役員。

Raphael Semiat：テクニオン－イスラエル工科大学教授。ケミカルエンジニアリング専攻。

Nechemya Shahaf：ベソル川保全局局長。

Ami Shaham：アラバ排水整備局統括マネージャー。

Gabi Shaham：ウォーターコンサルタント。TAHAL 元エンジニア。

Amos Shalev：Bermad 会長。

Nili Shalev：イスラエル経済省北米担当官。

Yosi Shalhevet：ヴォルカニ・センター農業研究機構元所長。イスラエル科学・人文アカデミー中国派遣団元代表。

Yossi Shmaya：Mekorot 中央濾過施設地域マネージャー。

Uri Shamir：テクニオン－イスラエル工科大学名誉教授。地下水研究所初代所長。

Uri Shani：イスラエル水管理公社元理事長。エルサレム・ヘブライ大学教授。実業家。発明家。

Asaf Shariv：Amelia Ventures 共同創業者。同社共同経営者。ペレス平和センター元最高経営責任者。在ニューヨーク・イスラエル元総領事。

Sandra Shapira：Amiad 広報担当部長。

Rachel Shaul：Netafim マーケティング担当部長。

Amnon Shefi：Hi-Teach 最高経営責任者。

Avraham Baiga Shochat：イスラエル財務相。

Barbara Shivek：Kibbutz Hatzerim 共同記録保存担当者。

Tami Shor：イスラエル水管理公社副統括マネージャー（法令部門）。

Kris Kiefer：合衆国上院議員 Jeff Flake（アリゾナ州）事務局法務責任者。
Marcus King：ジョージ・ワシントン大学エリオット国際関係大学院調査担当部長。
Yoav Kislev：エルサレム・ヘブライ大学農業経済学教授。
Karni Krieger：Mekorot 中央事務局職員。
Naomi Lauter：Lowdermilk 家知人。
Eytan Levy：Emefcy 最高経営責任者。
Clive Lipchin：アラバ環境学研究所越境水管理センター所長。
Miriam"Mickey"Loeb：Sidney Loeb 未亡人。
Fredi Lokiec：IDE Technologies 特別プロジェクト担当上級取締役。
Uri Lubrani：元在イラン・イスラエル大使。
Joe MacIlvaine：Paramount Farming Company 社長。
Israel Mantel：Mekorot 元上席執行役員。
Doron Markel：イスラエル水管理公社キネレト湖（ガリラヤ湖）流域モニターおよび管理担当部長。
Sondra Markowitz：Inez Marks Lowdermilk 知人。
Osnat Maron：Mekorot 記録保存室長。
Bashar Masri：Massar International 創設者。
Raphael "Rafi" Mehoudar：発明家。
Erez Meltzer：Netafim 元最高経営責任者。
Clemens Messerschmidt：水文学者。
Medy Michail：TAHAL 元コンサルティングエンジニア。
Hillel Milo：AquaAgro Fund 共同経営責任者。
Aya Mironi：Google 経営幹部。
Patricia "Pat" Mulroy：南ネバダ水道局（SNWA）統括マネージャー。
Baruch Nagar：イスラエル水管理公社水利調整官（ヨルダン川西岸地区およびガザ地区）。
Efi Naim：KKL-JNF フラ渓谷およびゴラン地区監督官（北部地域）。
Shahar Nuriel：Amiad 研究開発部門テクノロジスト。
Booky Oren：Booky Oren Global Water Technologies Ltd. 最高経営責任者。Mekorot 元会長。Netafim 元事業開発本部長。
Gili Ovadia：アメリカ西海岸地区イスラエル経済使節団理事官。
Huageng Pan：Dowell Technological & Environmental Engineering Co. 創業者。同社社長。
Tom Pankratz：*Water Desalination Report* 編集長。
David Pargament：ヤルコン川保全局局長。
Amir Peleg：TaKaDu 創業者。同社最高経営責任者。
Chemi Peres：Pitango 最高経営責任者。
Shimon Peres：イスラエル大統領。
Mark Peters：合衆国国際開発庁（USAID）ヨルダン川西岸地区およびガザ地区技術政策アドバイザー。
Menahem Priel：Mekorot 脱塩事業および特別プロジェクト担当部長。
Kish Rajan：カリフォルニア州事業経済開発局局長。

Moshe Gablinger：TAHAL 元水資源開発上級エンジニア。
Assaf Gavron：作家。小説 *Hydromania* の著者。
Shlomo Getz：ハイファ大学キブツ調査研究所所長。
Shabtai Glass：上ガリラヤ水組合マネージャー。
Guilford Glazer：フィランソロピスト。Ben-Gurion がテネシー川流域開発公社を訪問した際に案内。
Nati Glick：EMS-Mekorot Projects 人工降雨部門部長。
Noam Goldstein：Potash Operations（Dead Sea Works）副社長。
Noam Gonen：Trigger-Foresight（Deloitte Consulting）共同経営者（Agamim 研究の著者）。
Don Gopen：CDM シャフダン・プロジェクトマネージャー
Haim Gvirtzman：エルサレム・ヘブライ大学地球科学研究所水文学教授。イスラエル水管理公社評議会会員。
Kobi Haber：Bank Leumi 金融経済部門取締役。財務省主計局元局長。
Dvora HaCohen：バル・イラン大学教授。現代ユダヤ人史研究。
Suleiman Halasah：アラバ環境学研究所越境水管理センター副所長代理。
Shoshan Haran：Fair Planet 創設者で同 NGO の統括マネージャー。Trait Exploration（Hazera Genetics Ltd.）元部長。
Dave Harden：合衆国国際開発庁（USAID）ヨルダン川西岸地区およびガザ地区ミッションディレクター。
Leila Hashweh：ベン・グリオン大学大学院生。
Zvi Herman：イスラエル農業省農業国際開発協力局（CINADCO）元管理官。
Donna Herzog：ニューヨーク大学在学生。イスラエル研究専攻。
Westher Hess：Inez Marks Lowdermilk と Walter Clay Lowdermilk の息女。
Daniel Hoffman：ADAN Technological and Economic Services Ltd. 創業者および共同経営者。
Dillon Hosier：在ロサンゼルス・イスラエル総領事館政治顧問。
Avshalom Hurvitz：生物学者。GalilAlgae（養魚場）研究開発マネージャー。
Nelly Icekson-Tal：Mekorot シャフダン下水処理施設所長。
Rafi Ifergan：Mekorot 最高技術責任者。
Eytan Israeli：Israel Water Works Association（イスラエル水道協会）顧問
Ran Israeli：Bermad 最高経営責任者。
Arie Issar：ベン・グリオン大学名誉教授。環境水文学および微生物学専攻。
Paula Kabalo：ベン・グリオン大学ベン・グリオン研究所所長。
Zevi Kahanov：JNF Parsons Water Fund 理事。
Adam Kanarek：Mekorot シャフダン下水処理施設元統括マネージャー。
Eugene Kandel：イスラエル首相府国家経済会議主任。
Itzik Kantor：Plasson 元統括マネージャー。
Yoram Kapulnik：ヴォルカニ・センター農業研究機構所長。
Fadil Kawash：パレスチナ水道局元委員。元パレスチナ水問題主任交渉官。
Ora Kedem：ワイツマン科学研究所名誉教授。ベン・グリオン大学共同設立者。
Ruth Keren：Kibbutz Hatzerim 主任記録保存担当者。

Assaf Barnea：Kinrot Ventures 最高経営責任者。
Jehad Bashir：パレスチナ水道局合同技術委員会主任。
Sarit Bason：Mekorot 脱塩化部門エンジニア。
Assaf Bassi：Galcon 研究開発部門課長。
Erika Ben-Basat：Amiad 研究開発部門リサーチ・コーディネーター。
Ronen Benjamin：Owini（Mitrelli）最高執行責任者。アンゴラ・プロジェクト本部長。
Diego Berger：Mekorot 水文学者。キネレト湖（ガリラヤ湖のヘブライ語名）流域の調査担当。
Nathan Berkman：ADAN Technological and Economic Services Ltd. 共同創業者。IDE Technologies 元常務取締役。
Yitzhak Blass：Simcha Blass 子息。
Oren Blonder：MemTech 営業・マーケティング部門副社長。
Saar Bracha：TAHAL 最高経営責任者。
Shmuel Brenner：イスラエル環境省元専門官。アラバ環境学研究所環境学教授。
Gidon Bromberg：EcoPeace Middle East イスラエル側共同ディレクター。
Ilan Cohen：イスラエル首相府元長官。
Nadav Cohen：イスラエル外務省大使。「水の外交」担当。
Gabby Czertok：HydroSpin 元最高経営責任者。
Arik Dayan：Amiad 社長兼最高経営責任者。
Oded Distel：イスラエル経済省イスラエル NewTech ディレクター。
Haim Divon：在オランダ・イスラエル大使。外務省国際協力センター（MASHAV）元本部長。
Ze'ev Efrat：Aquarius Spectrum 最高経営責任者。
Sara Elhanany：イスラエル水管理公社水質保全部門室長。
Richard Engel：国家情報会議環境天然資源プログラムディレクター。アメリカ空軍少将（退役）。
Miriam Eshkol：イスラエル元首相 Levi Eshkol 未亡人。
Yaqub Eyad：廃棄物・廃水処理ディレクター（ヨルダン川西岸地区サルフィト）。パレスチナ水道局元職員。
Salam Fayyad：パレスチナ自治政府元首相。
Gilad Fernandes：イスラエル水管理公社次長（経済部門）。
Ze'ev Fisher：Mapal Green Energy Ltd. 創業者。同社最高経営責任者。
Oded Fixler：イスラエル水管理公社次長（エンジニアリング部門）。
Itai Freeman：Pareto Strategies 最高経営責任者。ベソル川再生事業元マネージャー。ベルシェバリバー・パーク事業開発マネージャー。
Elad Frenkel：Aqwise 最高経営責任者。
Ronnie Friedman：エルサレム・ヘブライ大学農学部免疫学教授。
Tuvia Friling：ベン・グリオン大学イスラエル史教授。
Noah Galil：テクニオン－イスラエル工科大学土木環境工学教授。
Moshe Ga'on：Gaon Holdings 最高経営責任者。

インタビュー一覧（肩書はインタビュー時）

註：インタビューに際しては諸般の理由から匿名を条件に応じていただいた方がいる。この条件のもとに忌憚のない話をうかがえた点を踏まえ、そうした方がたのお名前は一覧から割愛している。

Rashad Al-Sa'ed：衛生工学および環境工学教授。ビルゼイド大学。
Almotaz Abadi：パレスチナ水道局相談役および援助調整ユニット主任。
Alfred Abed Rabo：化学および地下水学教授。ベツレヘム大学。
Shmuel Aberbach：TAHAL 水文学部門元副部長。
Itzhak Abt：ペレス平和センター農業・水利・環境部門元理事。イスラエル農業省農業国際開発協力局（CINADCO）元管理官。
Yousef Abu Mayla：水および環境学教授。アル・アズハル大学ガザ分校。
Eilon Adar：ザッカーバーグ水利研究所所長。ベン・グリオン大学教授。水文学および乾地研究。
Refael Aharon：Applied Cleantech 最高経営責任者。
Avi Aharoni：Mekorot 廃水および再生水部門担当部長。
Ido Aharoni：在ニューヨーク・イスラエル総領事。
Zvi Amit：Hazera Genetics Ltd. 種苗担当課長。
Rotem Arad：Atlantium 副社長。食品飲料部門部長（アメリカ、ヨーロッパ、日本担当）。
Ruti Arad：Aaron Wiener 息女。
Uzi Arad：Aaron Wiener 女婿。Israel National Security 元相談役。
Shaul Arlosoroff：Mekorot 元取締役。イスラエル水委員会元副委員。
Natan Aridan：編集者。イスラエル研究。ベン・グリオン大学。
Danny Ariel：Netafim サトウキビおよび自作農向けプロダクトマネージャー。
David Arison：Miya Arison Group グローバル・ビジネスリレーション部門取締役。
Shaul Ashkenazy：Plasson 会長。同社元統括マネージャー。
Assaf Atar：Kibbutz Hatzerim 共同記録保存担当者。
Shaddad Attili：パレスチナ自治政府水利庁長官。パレスチナ水道局議長。
Ornit Avidar：Waterways Solutions 創業者。同社専務取締役。
Ram Aviram：テル・ハイ大学水資源政策教授。元イスラエル大使として「水の外交」を担当。
Dror Avisar：水化学教授。テル・アヴィヴ大学水化学研究所所長。
Yehuda Avner：作家。元イスラエル大使。おもな作品に *The Prime Ministers* がある。
Bonnie Azoulay：Mekorot 水生生物学者。
Miriam Balaban：*Desalination and Water Treatment Journal* の創刊者および編集者。
Moshe Bar：Syngenta 外部種苗コラボレーション・グローバルディレクター。
Naty Barak：Netafim 最高サステナビリティ責任者。
Nir Barlev：Ra'anana Water Corporation 常務取締役。

Texas Comptroller of Public Accounts. *Texas Water Report: Going Deeper for the Solution*. Austin, TX: Texas Comptroller of Public Accounts, 2014.

The Government of the Hashemite Kingdom of Jordan, Ministry of Water and Irrigation. *Red Sea– Dead Sea Project/Phase 1*. Amman: Ministry of Water and Irrigation, January 2014.

The Israel Export and International Cooperation Institute, *Israel's Agriculture*. Tel Aviv: The Israel Export and International Cooperation Institute, 2012.

The Parliamentary（クネセト）Committee of Inquiry on the Israeli Water Sector. *Report*. Jerusalem: Knesset, June 2002.

Tolts, Mark. *Post-Soviet Aliyah and Jewish Demographic Transformation*. Presentation, Fifteenth World Congress of Jewish Studies, 2009.

Trigger Consulting. *Seizing Israel's Opportunities in the Global Water Market*. Tel Aviv: Trigger Consulting, 2005.

United Nations World Water Assessment Program. *The United Nations World Water Development Report 2014: Water and Energy*. Paris: United Nations Education, Scientific and Cultural Organization, 2014.

U.S. Agency for International Development. *West Bank/Gaza: Water Resources and Infrastructure Program*. Washington, DC: U.S. Agency for International Development, January 2013.

U.S. Department of Interior, Office of Saline Water. *Office of Saline Water's Report*（要約版）. Washington, DC: Office of Saline Water, 1962.

U.S. Government Accountability Office. *Freshwater: Supply Concerns Continue, and Uncertainties Complicate Planning*, GAO-14-430. Washington, DC: U.S. Government Accountability Office, May 2014.

World Bank, Red Sea–Dead Sea Water Conveyance Study Program. *Dead Sea Study: Draft Final Report*. Washington, DC: Red Sea–Dead Sea Water Conveyance Study Program, April 2011.

———. *Preliminary Environmental and Social Assessment*. Washington, DC: Red Sea–Dead Sea Water Conveyance Study Program, July 2012.

World Bank. *Water, Electricity, and the Poor: Who Benefits from Utility Subsidies?* Edited by Kristin Komives, Vivien Foster, Jonathan Halpern, and Quentin Wodon. Washington, DC: World Bank, 2005.

———. *West Bank and Gaza: Assessment of Restrictions on Palestinian Water Sector*, Report No. 47657-GZ. Washington, DC: World Bank, April 2009.

Zimmerman, Bennett, Roberta Seid, and Michael L. Wise. *The Million Person Gap: The Arab Population in the West Bank and Gaza*. Ramat Gan, Israel: The Begin-Sadat Center for Strategic Studies, 2005.

Netafim. *Irrigation & Strategies for Investment.* Presentation, Naty Barak, Agricultural Investment 2011, London, October 5–6, 2011.

———. *Drip Irrigation — Israeli Innovation That Has Changed the World.* Presentation, Naty Barak, JNF Summit, Las Vegas, April 28, 2013.

Office of the Director of National Intelligence, National Intelligence Council. *Global Water Security*, Intelligence Community Assessment. Washington, DC: National Intelligence Council, February 2, 2012.

———. *Global Trends 2025: A Transformed World.* Washington, DC: National Intelligence Council, November 2008.

Office of the United Nations Special Coordinator for the Middle East Peace Process. *Gaza in 2020: A Liveable Place?* Jerusalem: UNSCO, August 2012.

Organization for Economic Co-operation and Development (OECD). *Main Science and Technology Indicators Volume 2014*. Issue 2. Paris: OECD Publishing, 2015.

Palestinian Central Bureau of Statistics. *Palestine in Figures, 2004*. Ramallah: Palestinian Central Bureau of Statistics, May 2005.

———. *The Statistical Report, Household Environment Study*. Ramallah: Palestinian Central Bureau of Statistics, November 2013.

Palestinian Water Authority. *Palestinian Water Sector: Status Summary Report September 2012.* Ramallah: Palestinian Water Authority, September 2012.

———. *Annual Status Report on Water Resources, Water Supply, and Wastewater in the Occupied State of Palestine—2011*. Ramallah: Palestinian Water Authority, 2012.

———. *Water Sector Reform Plan 2014–16 (Final)*. Ramallah: Palestinian Water Authority, December 2013.

Parliamentary（クネセト）Commission of Inquiry with Regard to Lessons to Be Learned from the Maccabiah Bridge Disaster. *Report*. Jerusalem: Knesset: July 9, 2000.

Pullabhotla, Hemant K., Chandan Kumar, and Shilp Verma. *Micro-Irrigation Subsidies in Gujarat and Andhra Pradesh: Implications for Market Dynamics and Growth*. Sri Lanka: WMI-TATA Water Policy Program, 2012.

Sharp, Jeremy. *Jordan: Background and U.S. Relationships*. Washington, DC: Library of Congress, Congressional Research Service, May 8, 2014.

———. *U.S. Foreign Aid to Israel.* Washington, DC: Library of Congress, Congressional Research Service, April 11, 2014.

———. *Water Scarcity in Iran: A Challenge for the Regime?* Washington, DC: Library of Congress, Congressional Research Service, April 22, 2014.

Shuval, Hillel I. *Public Health Aspects of Waste Water Utilization in Israel.* Presentation, Purdue Industrial Wastes Conference, May 1, 1962.

Smart Water Networks Forum Research. *Stated NRW (Non-Revenue Water) Rates in Urban Networks*. Portsmouth, U.K.: Smart Water Networks Forum, August 2010.

Swirski, Shlomo, and Yael Hasson. *Invisible Citizens: Israel Government Policy toward the Negev Bedouin*. Translated by Ruth Morris. Tel Aviv: Adva Center, 2006.

Israel Water Authority, October 2011.

———. *The Water Issue between Israel and the Palestinians: Main Facts*. Jerusalem: Israel Water Authority, February 2012.

———. *The State Department 2012 Human Rights Report: Responses of the Water Authority to the Water Related Palestinian Arguments as Presented in the Report*. Jerusalem: Israel Water Authority, 2012.

———. *Economics Aspects in Water Management in Israel: Policy and Prices*. Edited by Gilad Fernandes. Jerusalem: Israel Water Authority, Date unknown.

Jordan River Rehabilitation Administration. *The Lower Jordan River: Rehabilitation and Landscape Development Master Plan*. Edited by Ram Aviram. Jerusalem: Jordan Rehabilitation Administration, January 2014.

Kharas, Homi, and Geoffrey Gertz. *The New Global Middle Class: A Cross-Over from West to East*. Washington, DC: Wolfensohn Center for Development at Brookings, 2010.

King, Marcus DuBois. *Water, U.S. Foreign Policy and American Leadership*. Washington, DC: Elliott School of International Affairs, George Washington University, October 2013.

Kislev, Yoav. *The Water Economy of Israel*. Jerusalem: Taub Center for Social Policy Studies in Israel, November 2011.

Lokiec, Fredi. *South Israel 100 Million m^3/Year Seawater Desalination Facility: Build, Operate and Transfer (BOT) Project*. Kadima, Israel: IDE Technologies Ltd., March 2006.

Lowdermilk, Walter Clay. *Conquest of the Land through Seven Thousand Years*. Washington, DC: U.S. Department of Agriculture, 1948.

Lux Research. *Making Money in the Water Industry*, LRWI-R-13-4. New York: Lux Research, December 2013.

MacGowan, Charles F. *History, Function, and Program of the Office of Saline Water*. Presentation, New Mexico Water Conference, July 1–3, 1963.

Malik, Ravinder P. S., and M. S. Rathore. *Accelerating Adoption of Drip Irrigation in Madhya Pradesh, India, AgWater Solutions Project*. Sri Lanka: IWMI, September 2012.

MATIMOP: Israeli Industry Center for R&D. *International Cooperation and Government Support for R&D: The Israeli Case Study*. Ed. Michel Hivert. Jerusalem: MATIMOP, 2012.

Mekorot. *Masskinot Veh-ah-dat Ha-Yarkon* (「ヤルコン川に関する調査委員会の最終報告」). Edited by Simcha Blass. Tel Aviv: Mekorot, March 18, 1954.

———. *Wastewater Reclamation and Reuse*. Edited by Batya Yadin, Adam Kanarek, and Yael Shoham. Tel Aviv: Mekorot, 1993.

———. *Mekorot's Association with the Palestinians Regarding Water Supplies*. Tel Aviv: Mekorot, 2014.

Ministry of Agriculture and Rural Development. *Irrigation Agriculture — The Israeli Experience*. Edited by Anat Lowengart-Aycicegi. Jerusalem: Ministry of Agriculture.

———. *Technological Incubator's Program*. Presentation, Yossi Smoler, October 17, 2010.

Ministry of Economy, Office of the Chief Scientist. *Research and Development 2012–14*. Jerusalem: Office of the Chief Scientist, September 2014.

ians: The FoEME Proposal. Amman, Bethlehem, and Tel Aviv: Friends of the Earth Middle East, November 2010.

Central Bureau of Statistics. *Census of Population 1967: West Bank of the Jordan, Gaza Strip and Northern Sinai Golan Heights*. Jerusalem: Central Bureau of Statistics, 1967.

———. *Israel in Statistics: 1948–2007.* Jerusalem: Central Bureau of Statistics, May 2009.

City of Williams. *Level 4 Water Restrictions: URGENT NOTICE.* Williams, AZ: City of Williams, 2014.

Cotton, John S. *Plan for the Development of the Water Resources of the Jordan and Litani River Basins*. Jerusalem: Ministry of Agriculture, 1954.

Electric Power Research Institute. *Water and Sustainability (Volume 4): U.S. Electricity Consumption for Water Supply and Treatment — The Next Half Century*. Palo Alto, CA: Electric Power Research Institute, March 2002.

FAFO Research Foundation. *Iraqis in Jordan: Their Number and Characteristics*. Oslo: FAFO Research Foundation, May 2007.

Food and Agriculture Organization of the United Nations. *Statistical Yearbook 2013, World Food and Agriculture*. Rome: Food and Agriculture Organization of the United Nations, 2013.

Gafni, Wolf, Pinhas Michaeli, Ahouva Bar-Lev, Yerahmiel Barylka, and Edward Levin. *Beside Streams of Waters: Rain and Water in the Prayers and Ceremonies of the Holiday*. Jerusalem: Jewish National Fund, Keren Kayemeth LeYisrael, Religious Organizations Department, 1990.

Government of India, Ministry of Agriculture. *Report on the Task Force on Microirrigation*. New Delhi: Ministry of Agriculture, January 2004.

Government of Israel. *The Central Arava: Proposals for the Development of Water Resources*, Report 69-093. Jerusalem: Government of Israel, September 1969.

Gvirtzman, Haim. *The Israeli-Palestinian Water Conflict: An Israeli Perspective*. Ramat Gan, Israel: The Begin-Sadat Center for Strategic Studies, January 2012.

IDE Technologies Ltd. *IDE Technologies Limited*. Presentation, Gal Zohar, CFO Forum, 2011.

———. *Reference List*. Tel Aviv: IDE Technologies Ltd., 2013.

International Commission on Irrigation and Drainage. *World Irrigated Area-Region Wise/Country Wise*. New Delhi: International Commission on Irrigation and Drainage, 2012.

——— . *Sprinkler and Micro Irrigated Areas*. New Delhi: International Commission on Irrigation and Drainage, May 2012.

International Fund for Agricultural Development. *Smallholders, Food Security and the Environment* (Rome: International Fund for Agricultural Development, 2013).

Israel Ministry of Foreign Affairs, MASHAV — Israel's Agency for International Development Cooperation, Annual Report 2013 (Jerusalem: Ministry of Foreign Affairs).

Israel State Comptroller. *Report for 2011*. Jerusalem: State Comptroller, December 2011.

Israel Water Authority. *Sea Water Desalination in Israel: Planning, Coping with Difficulties, and Economic Aspects of Long-Term Risks*. Edited by Abraham Tenne. Jerusalem: Israel Water Authority, October 2010.

———. *The Master Plan for Desalination in Israel, 2020*. Edited by Abraham Tenne. Jerusalem:

Sneddon, Chris, and Coleen Fox. "The Cold War, the US Bureau of Reclamation, and the Technopolitics of Tiver Basin Development, 1950–1970."*Political Geography* 30 (2011): 450–460.
Stemple, John. "Viewpoint: A Brief Review of Afforestation Efforts in Israel."*Rangelands* 20, no. 2 (April 1998): 15–18.
Tal, Alon. "Thirsting for Pragmatism: A Constructive Alternative to Amnesty International's Report on Palestinian Access to Water."*Israel Journal of Foreign Affairs* 4, no. 2 (2010): 59–73.
Tenne, Abraham, Daniel Hoffman, and Eytan Levi. "Quantifying the Actual Benefits of Large-Scale Seawater Desalination in Israel."*Desalination and Water Treatment* 51, no. 1–3 (July 2012): 26–37.
Tindula, Gwen N., Morteza N. Orang, and Richard L. Snyder. "Survey of Irrigation Methods in California in 2010."*Journal of Irrigation and Drainage Engineering* 139, no. 3 (August 2013): 233–238.
Voss, Katalyn A., James S. Famiglietti, MinHui Lo, Caroline de Linage, Matthew Rodell, and Sean C. Swenson. "Groundwater Depletion in the Middle East from GRACE with Implications for Transboundary Water Management in the Tigris-Euphrates-Western Iran Region."*Water Resources Research* 49, no. 2: 904–914.
"U.S., Israel Finally to Build Horizontal Tube Prototype at Ashdod."*Water Desalination Report* 11, no. 27 (July 3, 1975).
Wolfowitz, Paul. "Nuclear Proliferation in the Middle East: The Politics and Economics of Proposals for Nuclear Desalting."PhD Dissertation. University of Chicago, 1972.
Zwingle, Erla. "Ogallala Aquifer: Well Spring of the High Plains."*National Geographic* 183, no. 3: 80–109.

●報告書、新聞、講演など

Al-Yaqubi, Ahmad. *Sustainable Water Resources Management of Gaza Coastal Aquifer*. Presentation, Second International Conference on Water Resources and Arid Environment, 2006.
Amnesty International. *Thirsting for Justice: Palestinian Access to Water Restricted*. London: Amnesty International Publications, 2009.
———. *Troubled Waters—Palestinians Denied Fair Access to Water*. London: Amnesty International Publications, 2009.
Anglo-American Committee of Inquiry. *A Survey of Palestine: Prepared in December 1945 and January 1946 for the Information of the Anglo-American Committee of Inquiry*. Jerusalem: Government Printer, 1946–47.
Arab Republic of Egypt, Ministry of Water and Irrigation. *Integrated Water Resources Management Plan*. Cairo: Ministry of Water and Irrigation, June 2005.
Attili, Shaddad. *Israel and Palestine: Legal and Policy Aspects of the Current and Future Joint Management of the Shared Water Resources*. Ramallah: Palestine Liberation Organization Negotiation Support Unit, 2004.
Blass, Simcha. *Drip Irrigation*. Tel Aviv: Water Works—Consulting and Design, July 1969.
Brooks, David B., and Julie Trottier. *An Agreement to Share Water between Israelis and Palestin-*

Alqadi, Khaled A., and Lalit Kumar. "Water Policy in Jordan."*International Journal of Water Resources Development* 30, no. 2 (2014): 322–334.

Babran, Sediqeh, and Nazli Honarbakhsh. "Bohran Vaziat-e Ab Dar Jahan va Iran"（ペルシャ語版「世界とイランにおける水危機」）. *Rahbord*, no. 48 (2008).

Bartlett, Bruce. "The Crisis of Socialism in Israel."*Orbis* 35 (1991): 53–61.

Berkman, Nathan. "Back in the Old Days."*Israel Desalination Society*, 2007.

Birkett, James D. "A Brief Illustrated History of Desalination: From the Bible to 1940."*Desalination* 50 (1984):17–52.

Brown, Judith A. "The Earthquake in Western Iran, September 1962."*Geography* 48, no. 2 (April 1963): 184–185.

Femia, Francesco, and Caitlin Werrell. "Syria: Climate Change, Drought and Social Unrest."*The Center for Climate and Security*, March 3, 2012.

Gabay, Shoshana. "Restoring Israel's Rivers."*Israel Ministry of Foreign Affairs*, 2001.

Gronewold, Andrew D., and Craig A. Stow. "Water Loss from the Great Lakes."*Science* 343, no. 6175 (March 7, 2014): 1084–1085.

Heffez, Adam. "How Yemen Chewed Itself Dry."*Foreign Affairs*, July 23, 2013.

Herzog, Donna M. "Contested Waterscapes: Constructing Israeli Water and Identity."PhD Dissertation. New York University, 2015.

Johnson, Lyndon B. "If We Could Take the Salt Out of Water."*The New York Times Magazine*, October 30, 1960.

Kay, Avi. "From *Altneuland* to the New Promised Land: A Study of the Evolution and Americanization of the Israeli Economy."*Jewish Political Studies Review* 24, no. 1–2 (2012): 99–128.

Lowdermilk, Walter Clay. "Water for the New Israel."（私家版）1967/68.

Mane, Amir. "Americans in Haifa: The Lowdermilks and the American-Israeli Relationship." *Journal of Israeli History* 30, no. 1 (2011): 65–82.

Maurer, Noel, and Carlos Yu. "What Roosevelt Took: The Economic Impact of the Panama Canal, 1903–37."*Harvard Business School*, 06-041 (March 2006).

Morag, Nadav. "Water, Geopolitics and State Building: The Case of Israel."*Middle Eastern Studies* 37, no. 3 (2001): 179–198.

Ofek, Elie, and Matthew Preble. "TaKaDu."Harvard Business School, Case Study, 514-083 (January 2014).

Postel, Sandra. "Growing More Food with Less Water."*Scientific American* 284, no. 2 (2001): 46–59.

Reichman, Shalom, Yossi Katz, and Yair Paz. "The Absorptive Capacity of Palestine, 1882–1948."*Middle Eastern Studies* 33, no. 2 (1997): 338–361.

Reig, Paul, Andrew Maddocks, and Francis Gassert. *"World's 36 Most Water-Stressed Countries."World Resources Institute*, December 12, 2013.

Ron, Zvi Y. D. "Ancient and Modern Developments of Water Resources in the Holy Land and the Israeli-Arab Conflict: A Reply."*Transactions of the Institute of British Geographers, New Series* 11, no. 3 (1986): 360–369.

Yehoshua, Abraham B. *Early in the Summer of 1970*. New York: Schocken, 1971.

●チャプター（イタリック体は書名および誌名。“ ” 内章題）

Alatout, Samer. “Hydro-Imaginaries and the Construction of the Political Geography of the Jordan River: The Johnston Mission, 1953–56.”In *Environmental Imaginaries of the Middle East and North Africa*. Edited by Diana K. Davis and Edmund Burke III. Athens, OH: Ohio University Press, 2011.

Dowty, Alan. “Israel's First Decade: Building a Civic State.”In *Israel: The First Decade of Independence*. Edited by Selwyn K. Troen and Noah Lucas. Albany: State University of New York Press, 1995.

Gleick, Peter H., and Matthew Heberger. “Water and Conflict: Events, Trends, and Analysis (2011–2012).”In *The World's Water*, vol. 8. Edited by Peter H. Gleick. Oakland, CA: Pacific Institute for Studies in Development, Environment and Security, 2014.

Gordon, A. D. “Our Tasks Ahead.”In *The Zionist Idea: A Historical Analysis and Reader*. Edited by Arthur Hertzberg. Philadelphia: Jewish Publication Society, 1997.

Kislev, Yoav. “Agricultural Cooperatives in Israel, Past and Present.”In *Agricultural Transition in Post-Soviet Europe and Central Asia after 20 Years*. Edited by A. Kimhi and Z. Lerman. Halle, Germany: Leibniz Institute of Agricultural Development in Transition Economies.

Laster, Richard, and Dan Livney. “Israel: The Evolution of Water Law and Policy.”In *The Evolution of the Law and Politics of Water*. Edited by Joseph W. Dellapenna and Joyeeta Gupta. Dordrecht, Netherlands: Springer, 2009.

Lowdermilk, Walter Clay. “Israel: A Pilot Project for Total Development of Water Resources.”In *Essays in Honor of Abba Hillel Silver*. Edited by Daniel Jeremy Silver. New York: MacMillan, 1963.

Tajrishy, Masoud. “National Report of Iran.”In *Mid-Term Proceedings on Capacity Development for the Safe Use of Wastewater in Agriculture*. Edited by Reza Ardakanian, Hani Sewilam, and Jens Liebe. Bonn, Germany: UN– Water Decade Program on Capacity Development, August 2012.

Tajrishy, Masoud, and Ahmad Abrishamchi. “Integrated Approach to Water and Wastewater Management for Tehran, Iran.”In *Water Conservation, Reuse, and Recyding: Proceedings of an Iranian-American Workshop*. Edited by National Research Council. Washington, DC: The National Academies Press, 2005.

●紀要、特集記事，学位論文（イタリック体は書名および誌名。“ ” 内章題）

Abrahams, Harold J. “The Hezekiah Tunnel.”*Journal–American Water Works Association* 70, no. 8 (August 1978): 406–410.

Al-Ansari, Nadhir, N. Alibrahiem, M. Alsaman, and Sven Knutsson. “Water Supply Network Losses in Jordan.”*Journal of Water Resource and Protection* 6, no. 2 (February 2014): 83–96.

Alatout, Samer. “‘States' of Scarcity: Water, Space, and Identity Politics in Israel, 1948–59.”*Environmental Planning D: Society and Space* 26, no. 6 (July 2008): 959–982.

ty Press, 1981.
Rivlin, Paul. *The Israeli Economy from the Foundation of the State through the 21st Century.* Cambridge: Cambridge University Press, 2011.
Rubin, Barry, and Wolfgang G. Schwanitz. *Nazis, Islamists, and the Making of the Modern Middle East.* New Haven, CT: Yale University Press, 2014.
Sachar, Howard M. *A History of Israel: From the Rise of Zionism to Our Time*. New York: Knopf, 1976.
Salzman, James. *Drinking Water: A History*. New York: Overlook Duckworth, 2012.
Segev, Tom. *The Seventh Million: The Israelis and the Holocaust.* Translated by Haim Watzman. New York: Hill & Wang, 1993.
Seltzer, Assaf. *Meḳorot: Sipurah Shel Hevrat Ha-Mayim Ha-Le'umit—75 Ha-Shanim Ha-Rishonot*（『国営水道会社メコロット75年史』）. Jerusalem: Yad Yitzhak Ben-Zvi, 2011.
Senor, Dan, and Saul Singer. *Start-Up Nation: The Story of Israel's Economic Miracle*. New York: Twelve, 2009.（邦訳『アップル、グーグル、マイクロソフトはなぜ、イスラエル企業を欲しがるのか？』宮本喜一訳、ダイヤモンド社、2012年）
Shalhevet, Joseph. *China and Israel: Science in the Service of Diplomacy*. Israel: Joseph Shalhevet, 2009.
Shilo, Zeev, and Nissan Navo. *TAHAL: Chamishim Ha-Shanim Ha-Rishonim*（『TAHAL50年史』）. Israel: Shinar Publications, 2008.
Shoham, Yael, and Ofra Sarig. *Ha-Movil Ha-Artzi: Min Ha-Kineret ve-ad Pe-atei Negev*（『国営水輸送網：ガリラヤ湖からネゲヴ砂漠へ』）. Tel Aviv: Mekorot, 1995.
Smith, Charles D. *Palestine and the Arab-Israeli Conflict*. 6th ed. Boston: Bedford/St. Martin's, 2007.
Soffer, Arnon. *Rivers of Fire: The Conflict over Water in the Middle East.* Translated by Murray Rosovsky and Nina Copaken. Lanham, MA: Rowman & Littlefield, 1999.
Solomon, Steven. *Water: The Epic Struggle for Wealth, Power and Civilization*. New York: Harper Perennial, 2010.
Sosland, Jeffrey. *Cooperating Rivals: The Riparian Politics of the Jordan River Basin*. Albany, NY:State University of New York Press, 2007.
Strong, James. *Strong's Exhaustive Concordance of the Bible*. Peabody, MA: Hendrickson Publishers, 2009.
Tal, Alon. *Pollution in a Promised Land: An Environmental History of Israel*. Berkeley, CA: University of California Press, 2002.
Tal, Alon, and Alfred Abed Rabbo. *Water Wisdom: Preparing the Groundwork for Cooperative and Sustainable Water Management in the Middle East.* New Brunswick, NJ: Rutgers University Press, 2010.
Wiener, Aaron. *Development and Management of Water Supplies Under Conditions of Scarcity of Resources*. Tel Aviv: TAHAL, April 1964.
Wolf, Aaron. *Hydropolitics along the Jordan River: Scarce Water and its Impact on the Arab-Israeli Conflict*. Tokyo: United Nations University Press, 1995.

Gvirtzman, Haim. *Mash'avei Ha-Mayim Be-Yisrael: Perakim Be-hydrologia U've Mada'ei Ha-Sevivah* (『イスラエルの水資源：水文学と環境科学からの考察』) Jerusalem: Yad Ben-Zvi Press, 2002.

Hacohen, Dvora. *Immigrants in Turmoil: Mass Immigration to Israel and Its Repercussions in the 1950s and After*. Syracuse, NY: Syracuse University Press, 2003.

Herzl, Theodor. *Old New Land (Altneuland)*. Minneapolis, MN: Filiquarian Publishing LLC, 2007.

Imeson, Anton. *Desertification, Land Degradation, and Sustainability*. Hoboken, NJ: Wiley, 2012.

Kally, Elisha, and Gideon Fishelson. *Water and Peace: Water Resources and the Arab-Israeli Peace Process*. Westport, CT: Praeger, 1993.

Kellerman, Aharon. *Society and Settlement: Jewish Land of Israel in the Twentieth Century*. Albany, NY: State University of New York Press, 1993.

Keren, Zwi. *Oasis in the Desert: The Story of Kibbutz Hatzerim*. Translated by Kfar Blum. Kibbutz Hatzerim, Israel: Kibbutz Hatzerim Press, 1988.

Lowdermilk, Inez Marks. *All in a Lifetime: An Autobiography*. Berkeley, CA: The Lowdermilk Trust, 1985.

Lowdermilk, Walter Clay. *Palestine, Land of Promise*. 3rd ed. New York: Harper & Brothers, 1944.

Makovsky, Michael. *Churchill's Promised Land: Zionism and Statecraft*. New Haven, CT: Yale University Press, 2008.

McCarthy, Justin. *The Population of Palestine: Population History and Statistics of the Late Ottoman Period and the Mandate*. New York: Columbia University Press, 1990.

Mekorot. *60 Shanah Le-Kav Ha-Rishon La-Negev* (『ネゲヴ導水管60年史』). Tel Aviv: Mekorot, 2007.

Metzer, Jacob. *The Divided Economy of Mandatory Palestine*. Cambridge: Cambridge University Press, 1998.

Mithen, Steven. *Thirst: Water and Power in the Ancient World*. Cambridge, MA: Harvard University Press, 2012.

Morris, Benny. *Righteous Victims: A History of the Zionist-Arab Conflict, 1881–2001*. New York: Vintage, 2001.

Morris, Yaakov. *Masters of the Desert: 6,000 Years in the Negev*. New York: G. P. Putnam's Sons, 1961.

Oz, Amos. *My Michael*. New York: Knopf, 1972.（邦訳『わたしのミハエル』村田靖子訳、角川書店、1977年）

Palgi, Michael, and Shulamit Reinharz. *One Hundred Years of Kibbutz Life: A Century of Crises and Reinvention*. New Brunswick, NJ: Transaction, 2011.

Patten, Howard A. *Israel and the Cold War: Diplomacy, Strategy and the Policy of the Periphery at the United Nations*. New York: I. B. Tauris, 2013.

Postel, Sandra. *Pillar of Sand: Can the Irrigation Miracle Last?* New York: W. W. Norton & Company, 1999.

Rayman, Paula. *The Kibbutz Community and Nation Building*. Princeton, NJ: Princeton Universi-

参考文献

●書籍

Almogi, Yosef. *Total Commitment*. East Brunswick, NJ: Cornwall Books, 1982.

Amir, Giora. *Movil Ha-Mayim: Hayav U'Po'alo shel Aharon Wiener*（『水を届ける者：アーロン・ウィナーの生涯』). Kibbutz Daliya, Israel: Ma'arechet Publishing, 2012.

Avineri, Shlomo. *Herzl: Theodor Herzl and the Foundation of the Jewish State*. Translated by Haim Watzman. London: Weidenfeld & Nicolson, 2013.

Avner, Yehuda. *The Prime Ministers: An Intimate Narrative of Israeli Leadership*. New Milford, CT: The Toby Press, 2010.

Becker, Nir. *Water Policy in Israel: Context, Issues and Options*. Dordrecht, Netherlands: Springer, 2013.

Black, Edwin. *The Transfer Agreement: The Dramatic Story of the Pact Between the Third Reich and Jewish Palestine*. Northampton, MA: Brookline Books, 1999.

Blass, Simcha. *Mei Meriva u-Ma'as*（『水との格闘：シムカ・ブラス回想録』). Israel: Massada Ltd., 1973.

Doron, Paul H. *Seldom a Dull Moment: Memoirs of an Israeli Water Engineer*. Tel Aviv: Paul H. Doron, 1987.

Drinan, Joanne E. *Water and Wastewater Treatment: A Guide for the Nonengineering Professional*. Boca Raton, FL: CRC Press, 2001.

Elon, Amos. *Herzl*. New York: Holt, Rinehart and Winston, 1975.

Fisher, Franklin M., and Annette Huber-Lee. *Liquid Assets: An Economic Approach for Water Management and Conflict Resolution in the Middle East and Beyond*. Washington, DC: Resources for the Future, 2005.

Friling, Tuvia. *Arrows in the Dark*. Translated by Ora Cummings. Madison, WI: University of Wisconsin Press, 2005.

Gavron, Assaf. *Hidromanyah*（『ハイドロマニア』). Or Yehuda, Israel: Zmora-Bitan, Dvir Publishing House Ltd., 2008.

Gavron, Daniel. *The Kibbutz: Awakening from Utopia*. Lanham, MD: Rowman & Littlefield, 2000.

Gidor, Fanny. *Socio-Economic Disparities in Israel*. Piscataway, NJ: Transaction Publishers, 1979.

Gilbert, Martin. *In Ishmael's House: A History of Jews in Muslim Lands*. New Haven, CT: Yale University Press, 2010.

Golan, Galia. *Soviet Policies in the Middle East: From World War Two to Gorbachev*. Cambridge: Cambridge University Press, 1990.（邦訳『冷戦下・ソ連の対中東戦略』木村申二・花田朋子・丸山功訳、第三書館、2001年）

Goldberg, Dan, Baruch Gornat, and Daniel Rimon. *Drip Irrigation: Principles, Design, and Agricultural Practices*. Kfar Shmaryahu, Israel: Drip Irrigation Scientific Publications, 1976.

Gordis, Daniel. *Menachem Begin: The Battle for Israel's Soul*. New York: Schocken, 2014.

著者略歴――――
セス・M・シーゲル Seth M. Siegel

1953年、ニューヨーク市生まれ。コーネル大学卒業後、ヘブライ大学で国際関係学を専攻。その後、コーネル大学法学院で法務博士号を取得。弁護士、起業家、アクティビスト。水資源、国家安全保障、中東問題をテーマにニューヨーク・タイムズ、ウォールストリート・ジャーナルをはじめ、ヨーロッパ、アジアのメディアに数多く寄稿するほか、フォーリン・アフェアーズ誌を刊行する外交問題評議会の会員でもある。

訳者略歴――――
秋山　勝 あきやま・まさる

立教大学卒業。出版社勤務を経て翻訳の仕事に。訳書に、ジャレド・ダイアモンド『若い読者のための第三のチンパンジー』、バーバラ・キング『死を悼む動物たち』、ジョン・ゲヘーガン『伊四〇〇型潜水艦 最後の航跡』（以上、草思社）、マーティン・フォード『テクノロジーが雇用の75％を奪う』（朝日新聞出版）他。

水危機を乗り越える！
砂漠の国イスラエルの驚異のソリューション

2016年6月27日　第1刷発行

著　者　セス・M・シーゲル
訳　者　秋山　勝
装幀者　間村俊一
発行者　藤田　博
発行所　株式会社 草思社
〒160-0022　東京都新宿区新宿5-3-15
電話　営業 03(4580)7676　編集 03(4580)7680
振替　00170-9-23552

本文組版　株式会社 キャップス
印刷所　中央精版印刷株式会社
製本所　株式会社坂田製本

ISBN978-4-7942-2209-1　Printed in Japan　検印省略